AF453959

LA GALERIE

DES

COMBINATEURS.

LA GALERIE

DES

COMBINATEURS,

OUVRAGE DÉDIÉ

AUX ACTIONNAIRES

DE LA LOTERIE DE L'ÉCOLE
ROYALE MILITAIRE.

Avec 4 Planches gravées en Taille-douce.

Prix, 6 ₶ broché.

A PARIS

Chez {

COUTURIER fils, Libraire, Quai des Augustins, au Coq.

MERIGOT le jeune, Libraire, Quai des Augus-tins, au coin de la Rue Pavée ;

ET

chez l'AUTEUR, rue des Lavandieres Sainte-Op-portune, vis-à-vis la rue des Mauvaises Paroles.

M. DCC. LXXIII.
Avec Approbation & Privilege du Roi.

A MESSIEURS
LES ACTIONNAIRES
DE LA LOTERIE
DE L'ÉCOLE ROYALE MILITAIRE.

MESSIEURS,

Je me suis flatté que cet Ouvrage excite-roit votre curiosité : il est de nature à vous plaire par la carriere immense qu'il présente aux calculs & aux combinaisons que vous aimez à faire sur la seule des Loteries qui puisse offrir cet amusement à ses Action-naires. Un Lot gagné aux Loteries ordinaires ne flatte que l'intérêt ; une Chance obte-nue à celle-ci flatte en même temps &

l'intérêt & l'amour-propre : nous croyons alors la devoir à la solidité & à la justesse de nos combinaisons bien plus qu'aux faveurs ou aux caprices de la fortune, & c'est un plaisir bien délicat que celui qui naît de cet opinion, souvent fondée & toujours permise à des Actionnaires éclairés.

Puisse, Messieurs, cet Ouvrage concourir au succès de vos spéculations, & puisse ce succès justifier la liberté que j'ai prise de vous le dédier.

J'ai l'honneur d'être,

MESSIEURS,

Votre très-humble & très-obéissant serviteur,

GRÄFF.

AVANT-PROPOS.

QUELQUES Actionnaires de la Loterie de l'École Royale Militaire imaginent qu'il exiſte une certaine combinaiſon capable de mettre ceux qui en ont la connoiſſance à portée de gagner avec plus de certitude, que ceux qui ne jouent cette Loterie qu'au hazard. Il en eſt même qui ſe perſuadent que l'on pourroit, d'après les événemens paſſés, établir des ſpéculations certaines ſur les événemens futurs, & trouver ainſi une clef de calcul, capable d'indiquer les nombres qui doivent ſortir aux Tirages à venir. Ils ſuppoſent qu'un tirage actuel n'eſt qu'une ſuite naturelle d'un tirage précédent dont ils cherchent avidement le ſecret principe.

Sans s'épuiſer en raiſonnemens contre des idées ſi chimériques, il ſuffit, pour en ſentir le vuide & le néant, de réfléchir ſur la nature de cette Loterie, ſur les principes de ſon établiſſement & ſur la maniere dont on en exécute les tirages. On ſentira que les cinq Numéros, extraits, à un tirage, de la roue de fortune qui en contenoit 90, ſont remis dans cette roue, au tirage ſuivant, & qu'étant expoſés aux mêmes incidents & aux mêmes loix de mouvement qui ont opéré leur sortie à ce premier tirage, ils peuvent par-là même sortir encore au second, au troisieme, au quatrieme, &c. &c.

Cette probabilité existante réellement détruit donc absolument tout l'édifice que les Actionnaires, dont je parle, voudroient établir sur des fondements aussi frivoles que les leurs ; mais comme il est aussi rare qu'elle se vérifie qu'il est vrai qu'elle existe, elle ne peut contre-balancer la confiance que les Jeux combinés doivent donner à des Actionnaires sensés & prudents qui, d'après le genre même de cette possibilité réelle dont l'effet peut cependant ne se vérifier jamais, doivent naturellement espérer que leurs Mises étant bien distribuées & adroitement combinées sur une certaine quantité de Numéros, pourront, après avoir essuyé quelques mois une suite de hazards défavorables, éprouver à la fin un coup heureux.

On peut donc assurer que la maniere la plus probable de gagner à la Loterie de l'Ecole Royale Militaire, est celle de diriger ses mises sur des Jeux combinés, & j'ose dire que la méthode la plus sûre & la plus avantageuse de les diriger, est celle que je propose aux Actionnaires dans cet Ouvrage que j'ai divisé en trois Parties.

La premiere Partie comprend les différentes manieres de diriger un très-grand nombre de Mises : 1°, par Extraits simples sur un & sur plusieurs Numéros : 2°, par Extraits & Ambes : 3°, par Extraits & Ternes : 4°, par Extraits, Ambes & Ternes. Ces quatre différentes sortes de Mises sont présentées toutes faites dans 38 Tableaux dont chacun indique. 1° le nombre des N°ˢ. sur lesquels on doit les diriger : 2°, le nombre des Tirages pendant lesquels on peut les continuer : 3°, le prix de la chance ou des chances par elles-mêmes : 4°, le montant de la Mise entiere par elle-même : 5°, le total progressif de toutes les Mises qu'on aura déja faites jusqu'à tel ou tel Tirage ; 6°, enfin le produit d'une ou de deux chances dans les Tableaux des Mises par Extraits simples ou Extraits liés, & le produit de 2 ou de 3 chances dans les Tableaux des Mises par Extraits & Ambes , par Extraits & Ternes ou par Extraits, Ambes & Ternes.

Toutes ces Mises se trouvent dirigées de maniere qu'on peut les suivre chacune pendant un très-grand nombre de Tirages , & qu'à chacun de ces Tirages le moindre de tous les Lots qui peuvent y écheoir , non-seulement recouvre le total de la dépense de toutes les Mises qui ont précédé cette sortie , mais donne encore un bénéfice qui devient plus ou moins confidérable, fuivant que le Tirage où l'on gagne ce Lot eft plus ou moins arriéré.

La feconde Partie indique les différentes manieres de diriger pendant un très-grand nombre de Tirages, une prodigieufe quantité de Mifes : 1°, par Ambes : 2°, par Ternes : 3°, par Ambes & Ternes, le tout avec les mêmes avantages que ceux dont je viens de parler, c'eft-à-dire, que la moindre des chances, à quelque Tirage qu'elle arrive, recouvre avec bénéfice toutes les Mifes antérieures. Ces différents Jeux comprennent enfemble 142 Tableaux. Je ne m'étendrai point ici fur les différentes Combinaifons de ces Jeux en particulier. Les explications qui fe trouvent à la tête de chacune d'elles dans le corps de l'Ouvrage, en feront voir les avantages & la variété.

Enfin la troifieme Partie eft compofée des différentes méthodes de diriger des Mifes par Extraits fimples & par Ambes fecs, de maniere cependant qu'il faut, pour parvenir au grand but qu'on fe propofe dans le Jeu de ces Extraits, la fortie de 2 Numéros & quelquefois de 3 ; & dans le Jeu des Ambes, la fortie de 3 Numéros, attendu que dans le premier de ces Jeux la fortie d'un feul Extrait, & dans le fecond la fortie d'un feul Ambe ne rendent qu'une partie de la Mife. Mais ces Mifes font dirigées fur un fi grand nombre de Numéros, & on peut les fuivre pendant un fi grand nombre de Tirages confécutifs, qu'elles paroîtront peut-être préférables à toute autre aux yeux du plus grand nombre des Actionnaires qui, capables d'en approfondir les calculs, en reconnoîtront bien-tôt toutes les probabilités & tous les avantages. Cette troifieme Partie comprend 84 Tableaux.

Les explications que je donne à la tête de chaque Jeu ou de chaque Combinaifon me difpenfent de m'étendre davantage fur les principes & le but de cette multitude de Mifes toutes faites. Je ne dois pas cependant laiffer ignorer que ce n'eft qu'après les recherches les plus profondes fur les différents calculs dont cette Loterie eft fufceptible que j'ai pu me trouver en état de faire part au Public d'un travail fi difficile dans fon exécution, & qui préfente aux Actionnaires tant de facilité & tant de fûreté pour les Mifes qu'ils voudront adopter. C'eft par une fuite des mêmes recherches que je fuis parvenu à trouver une clef fûre, au moyen de laquelle tous les Tableaux de cet Ouvrage ne m'ont gueres coûté que le temps de les tracer d'un feul jet, fans qu'il m'eût été néceffaire de recourir à l'infinité des opérations arithmétiques qu'ils paroiffent avoir exigées, &

que tout autre qui n'auroit pas eu cette clef, auroit été obligé d'employer. On trouvera l'explication de ma méthode à la fin de cet Ouvrage.

Je dois prévenir auſſi que toute ſpéculation ſur le choix des Numéros étant nulle ſuivant mes principes, ou, pour mieux dire, ſuivant les véritables principes des choſes, on peut tout ſimplement prendre & tirer au hazard les Numéros ſur leſquels on veut jouer & les conſerver ou en prendre d'autres à chacun des Tirages pendant leſquels on peut ſuivre & pouſ-ſer les Miſes que je propoſe. Je ne prétends cependant pas ôter aux Actionnaires la liberté du choix des Numéros, puiſque c'eſt une des prérogatives que les Actionnaires trouvent dans la Loterie de l'Ecole Royale Militaire, & que les autres Loteries ne lui accordent pas. Je de-vrois, à cette occaſion, m'étendre ſur les avantages de cette Loterie & ſur la préférence qu'elle doit naturellement obtenir ſur toutes les autres; mais on a déja tant de fois démontré ces avantages dans différents écrits qui ont paru juſ-qu'à préſent, & la maniere dont elle eſt ſuivie, démontre ſi clairement cette préférence qu'il eſt inutile de diſcuter de nouveau ces deux ob-jets. Je me flatte d'ailleurs que mon Ouvrage par lui-même ajoutera au goût décidé du

Public, & me conciliera ainſi la double faveur & des Actionnaires & de l'Adminiſtration de cette Loterie.

Je m'étois auſſi propoſé de n'entrer dans aucun détail purement relatif à la nature de la Loterie de l'Ecole Royale Militaire, au nombre des chances différentes qui réſultent des 90 Numéros dont elle eſt compoſée, à leurs dénominations reſpectives, à la ſomme que l'on peut placer ſur chacune d'elles, aux différentes regles de calcul par leſquelles on peut trouver le plus promptement & le plus facilement combien telle ou telle quantité de Numéros produiſent de chances, c'eſt-à-dire, d'Extraits, d'Ambes & de Ternes. Tous ces différents objets ont été clairement expliqués dans les avis multipliés que l'Adminiſtration de cette Loterie a rendu publics ; &, depuis pluſieurs années, il a paru en différents temps des écrits particuliers qui ne laiſſent rien à deſirer à cet égard. Mais j'ai cru que dans un Ouvrage de la nature de celui que je préſente au Public, il étoit eſſentiel de ne retrancher aucune des inſtructions, & de ne négliger aucun des éclairciſſements capables de mettre les perſonnes mêmes qui n'auroient pas encore la moindre idée de cette Loterie, en état de s'y intéreſſer avec connoiſſance de cauſe.

Je vais donc répéter ici ce qui a déja été dit & publié, mais ce que peut-être on ne pourroit trouver qu'épars dans différents écrits.

Instruction sur la Loterie de l'Ecole Royale Militaire.

CETTE Loterie consiste en 90 Numéros depuis le Numéro 1 jusques & compris le Numéros 90. Ces 90 Numéros sont enfermés l'un après l'autre en présence du Public qui assiste aux Tirages, dans autant d'étuis de carton, & chaque étui ainsi garni de son Numéro est jetté de même dans une roue de fortune. Lorsque ces étuis y sont tous jettés, & après plusieurs tours de roue, on en tire cinq l'un après l'autre, & le Crieur public nomme les Numéros qu'on en retire, & les fait voir aux Spectateurs dans les deux sens, c'est-à-dire, du côté où le Numéro est tracé en chiffre, & de celui où il est écrit en toutes lettres. Ces cinq Numéros extraits ainsi de la roue de fortune, décident du gain ou de la perte que doivent faire ceux qui se sont intéressés à cette Loterie, dont il se fait un Tirage chaque mois.

Il y a sept manieres principales de s'y inté-
resser, Savoir :

1°, par Extrait simple.
2°, par Ambe simple.
3°, par Terne simple.
4°, par Extraits & Ambes à la fois.
5°, par Extraits & Ternes à la fois.
6°, par Ambes & Ternes à la fois.
7°, par Extraits , Ambes & Ternes à la fois.

De l'Extrait.

ON nomme *Extrait* tout Numéro quelconque faisant une chance par lui-même sans
l'accessoire d'un second ou troisieme Numéro ;
la plus basse Mise que l'on peut faire sur un Numéro par Extrait , est de 12 sols ; & la plus
forte est de 6000ʰ. La Loterie donne pour
cette chance à l'Actionnaire 15 fois la Mise ,
c'est-à-dire, 15 pieces de 12 sols s'il n'y place
que 12 sols, 15 écus s'il y place un écu, &c.
Ainsi jouer par Extrait sur un Numéro, c'est
gager avec la Loterie un contre 15 qu'un
Numéro qu'on a choisi sera du nombre des
cinq qui sortiront de la roue de fortune.

L'Actionnaire qui veut jouer par Extraits
simples à 12 sols sur 2, 3 , 4 & 5 Num. &c,
doit payer 2, 3 , 4 & 5 pieces de 12 sols , &c;
la raison en est que par la sortie de tel que ce
soit de ces Numéros , la Loterie lui payera 15

pieces de 12 fols ; qu'elle lui en payera 30 s'il lui en fort 2 ; 45 s'il lui en fort 3 ; 60 s'il lui en fort 4 , & 75 s'il lui en fort cinq.

De l'Ambe.

On nomme *Ambe* la liaifon de deux différents Numéros quelconques. On peut placer fur cette chance depuis 3 fols jufqu'à 300ᵗᵗ : elle rapporte 270 fois la Mife , c'eft-à-dire, que pour 3 fols la Loterie paye à l'Actionnaire 270 fois 3 fols ; l'Actionnaire qui joue par Ambe fimple , gage avec la Loterie un contre 270 que les 2 Numéros qu'il a choifis , feront du nombre des 5 qui fortiront de la roue de fortune. S'il n'en fort qu'un , il perd fa gageure , c'eft-à-dire , fa Mife.

Lorfque l'on joue par Ambes liés fur plufieurs Numéros à la fois , il faut , par la même raifon que l'on vient de donner à l'article de l'Extrait , payer autant de fois la fomme qu'on veut placer fur chaque Ambe , qu'il réfulte d'Ambes du nombre des Numéros qu'on a choifis. Par exemple , fi l'on veut jouer par Ambes à 3 fols fur 5 Numéros , il faut payer 10 fois 3 fols ; parce que de 5 Numéros il réfulte 10 Ambes , c'eft-à-dire , que 5 Numéros fe préfentent 2 à 2 fous dix Combinaifons

différentes

différentes comme on va le voir. Suppofons que les 5 Numéros choifis par l'Actionnaire foient 5, 10, 25, 30 & 35. Voici les 10 Ambes ou les 10 Combinaifons différentes qu'ils préfentent de 2 en 2, Savoir :

5.	10.	1 Ambe ou une Combinaifon de 2.
5.	25.	1 *idem.*
5.	30.	1 *idem.*
5.	35.	1 *idem.*
10.	25.	1 *idem.*
10.	30.	1 *idem.*
10.	35.	1 *idem.*
25.	30.	1 *idem.*
25.	35.	1 *idem.*
30.	35.	1 *idem.*

TOTAL........ 10 Ambes ou 10 Combinaifons de 2.

Du Terne.

ON nomme *Terne* la liaifon ou la réunion de 3 Numéros quelconques. On peut placer fur cette chance depuis 3 fols jufqu'à 150 : elle rapporte 5200 fois la Mife, c'eft à-dire, que l'Actionnaire qui la joue, gage avec la Loterie un contre 5200 que les 3 Numéros qu'il a choifis, feront du nombre des 5 qui fortiront de la roue ; ainfi il perd fa gageure, c'eft-à-dire, fa Mife, s'il ne fort qu'un feul ou que 2 de ces 3 Numéros. Il faut, lorfqu'on veut jouer par Ternes, obferver les mêmes regles que celles qui font relatives au Jeu par Ambes, c'eft-à-dire, payer autant de fois la fomme qu'on veut placer sur chaque Terne qu'il résulte de Ternes ou de Combinaisons par 3, du nombre des Numéros qu'on a choisis. Par exemple, si l'on veut jouer par Ternes les 5 Numéros 5, 10, 25, 30 & 35, à 3 sols le Terne, il faut payer dix fois 3 sols, parce qu'il résulte de ces 5 Numéros 10 Ternes ou 10 Combinaisons différentes de 3 Numéros, savoir :

5.	10.	25.	1 Terne ou une Combinaison par 3.
5.	10.	30.	1 *idem.*
5.	10.	35.	1 *idem.*
5.	25.	30.	1 *idem.*
5.	25.	35.	1 *idem.*
5.	30.	35.	1 *idem.*
10.	25.	30.	1 *idem.*
10.	25.	35.	1 *idem.*
10.	30.	35.	1 *idem.*
25.	30.	35.	1 *idem.*

TOTAL..... 10 Ternes ou 10 Combinaisons par 3.

D'après ces notions, il sera aisé de sentir que les Actionnaires qui voudront jouer sur un certain nombre de Numéros toutes les chances qui résultent de ces Numéros, auront à payer, s'ils jouent les Extraits à 12 sols, autant de pieces de 12 sols qu'ils auront choisis de Numéros ; s'ils jouent les Ambes à 3 sols, autant de fois 3 sols qu'il résulte d'Ambes du nombre de ces Numéros ; & s'ils jouent les Ternes à 3 s. autant de fois 3 sols qu'il résulte de Ternes du même nombre de Numéros. Ainsi à supposer qu'ils veulent jouer fur les 5 Numéros énoncés ci-deſſus par Extraits à 12ſ, Ambes & Ternes à 3 ſols , leur billet leur coûtera

 1°, 5 pieces de 12 ſols pour les 5 Extraits, ci... 3ᵗᵗ ſ
 2°, 10 fois 3 ſols pour les 10 Ambes , ci............ 1 10
 3°, 10 fois 3 ſols pour les 10 Ternes , ci............ 1 10

       TOTAL........ 6ᵗᵗ

Auſſi , comme ils auront payé toutes ces chances réſultantes, ils ſeront payés de toutes celles qui pourront écheoir dans ce billet, c'eſt-à-dire , que s'il ſort un ſeul Numéro , ils auront un Extrait pour lequel la Loterie leur payera 15 fois la piece de 12 ſols qu'ils auront placée ſur chacun de ces 5 Numéros ; s'il leur ſort 2 Numéros, la Loterie leur payera ,

 1°, 2 Extraits, c'eſt-à-dire , 30 fois 12 ſols.

 2°, Un Ambe, c'eſt-à-dire , 270 fois les 3 ſols qu'ils ont placés ſur chacun des 10 Ambes qui réſultent des 5 Numéros. S'il leur ſort 3 Numéros, la Loterie leur payera ,

 1°, 3 Extraits, c'eſt-à-dire, 45 fois 12 ſols.

 2°, 3 Ambes, c'eſt-à-dire, 810 fois 3 ſols ; parce que de 3 Numéros il réſulte 3 Ambes pour chacun deſquelles elle donne 270 fois les 3 ſols, & par conſéquent 810 fois 3 ſols pour les 3 Ambes.

 3°, Un Terne, c'eſt-à-dire , 5200 fois les 3 ſols qu'ils auront placé ſur chacun des 10

Ternes qui réfultent des 5 Numéros qu'ils auront choifis.

Il me refte à indiquer les deux principales
regles les plus promptes & les plus faciles pour
trouver combien une quantité quelconque de
Numéros produit d'Ambes, de Ternes, de
Quaternes * & de Quines.

Premiere Regle.

Supposé telle quantité de Numéros qu'il
vous plaira, par exemple, 10 Numéros. Il
faut 1°, multiplier ces 10 Numéros par 10
moins un, c'eft-à-dire par 9, & la moitié du
produit donnera les Ambes. 2°, Multiplier ces
Ambes par le même multiplicateur moins un,
c'eft à-dire par 8, & le tiers du produit donnera
les Ternes. 3°, Multiplier ces Ternes par leur
multiplicateur moins un, c'eft-à-dire par 7,
& le quart du produit donnera les Quaternes.
4°, Multiplier ces Quaternes par leur multiplicateur moins un, c'eft-à-dire par 6, & le
cinquieme du produit donnera les Quines.

---

* La Loterie n'admet point de Mifes par Quaterne ni par Quine :
on ne les placera ici que pour la curiofité des Actionnaires. Le
Quaterne eft payé comme 6 Ambes ou quatre Ternes, & le Quine
comme 10 Ambes ou 10 Ternes, fuivant les chances que l'on
adopte.

Opération de cette Regle.

10 Numéros.
9
―――――
90
font... 45 Ambes.
8
―――――
360
font... 120 Ternes.
7
―――――
840
font... 210 Quaternes.
6
―――――
1260
font... 252 Quines.

Seconde Regle.

Soit donnée la quantité de 10 Numéros dont on veut favoir le nombre d'Ambes, de Ternes, de Quaternes & de Quines qui en réfultent.

Pofez cette quantité fur une ligne horizontale de la maniere fuivante 1.2.3.4.5.6.7.8.9.10. Mettez 1 fous 2, & additionnez; l'addition vous donnera 3 que vous poferez fous le nombre 3, & qui fera la quantité d'Ambes réfultants de 3 Numéros; additionnez ces 3 Ambes avec le nombre 3 fous lequel vous les avez pofés ; l'addition vous donnera 6 que vous poferez fous le nombre 4, & qui fera la quantité d'Ambes réfultants de 4 Numéros ; additionnez ces 6 Ambes avec le nombre 4 fous lequel vous les avez pofés, l'addition vous donnera 10 que vous poferez fous le nombre 5, & qui fera la quantité d'Ambes réfultants de 5 Numéros ; additionnez ces 10 Ambes avec le nombre 5 fous lequel vous les avez pofés, l'addition vous donnera 15 que vous poferez fous le nombre 6, & qui fera la quantité d'Ambes réfultants de 6 Numéros ; additionnez ces 15 Ambes avec le nombre 6 fous lequel vous les avez pofés, l'addition vous donnera 21 que vous poferez fous le nombre 7, & qui fera la quantité d'Ambes réfultants de 7 Numéros ; additionnez ces 21 Ambes avec le nombre 7 fous lequel vous les avez pofés, l'addition vous donnera 28 que vous poferez fous le nombre 8, & qui fera la quantité des Ambes réfultants de 8 Numéros ; additionnez ces 28 Ambes avec le nombre 8 fous lequel vous les avez pofés, l'addition vous donnera 36 que vous poferez fous le nombre 9, & qui fera la quantité des Ambes réfultants des 9 Numéros. Enfin additionnez ces 36 Ambes avec le nombre 9 fous lequel vous les avec pofés, l'addition vous donnera 45 que vous poferez fous le nombre 10, & qui vous donnera la quantité des Ambes réfultants de vos dix Numéros. Pour trouver les Ternes, vous poferez 1 fous le Numéro 3, & vous additionnerez ces 2 Nombres qui vous donneront 4 que vous poferez fous les 6 Ambes, & qui feront la quantité des Ternes réfultants de 4 Numéros ; vous additionnerez ces 4 Ternes avec les 6 Ambes, l'addition vous donnera 10 que vous poferez fous les 10 Ambes, & qui feront la quantité des Ternes réfultants de 5 Numéros ; vous additionnerez ces 10 Ternes avec les 10 Ambes, l'addition vous donnera 20 que vous poferez fous les 15 Ambes, & qui feront la quantité des Ternes réfultants de 6 Numéros ; vous additionnerez ces 20 Ternes avec les 15 Ambes, l'addition vous donnera 35 que vous poferez fous les 21 Ambes, & qui feront la quantité des Ternes réfultants de 7 Numéros ; vous additionnerez ces 35 Ternes avec les 21 Ambes, l'addition vous donnera 56 que vous poferez fous les 28 Ambes, & qui feront la quantité des Ternes réfultants des 8 Numéros ; vous additionnerez ces 56 Ternes avec les 28 Ambes, l'addition vous donnera 84 que vous poferez fous les 36 Ambes, & qui feront la quantité des Ternes réfultants de 9 Numéros. Enfin vous additionnerez ces 84 Ternes avec les 36 Ambes, l'addition vous donnera 120 que vous poferez fous les 45 Ambes, & qui feront la quantité des Ternes réfultants de vos 10 Numéros. Le procédé pour trouver les Quaternes eft le même : vous pofez 1 fous les Ternes qui réfultent de 4 Numéros, & vous l'additionnez avec les Ternes, ainfi de fuite. Il en eft auffi de même pour la découverte des Quines : vous pofez 1 fous les Quaternes réfultants de 5 Numéros, & vous l'additionnez avec les Quaternes.

Opération faite de cette Regle.

1.	2.	3.	4.	5.	6.	7.	8.	9.	10.
	1.	3.	6.	10.	15.	21.	28.	36.	45.
		1.	4.	10.	20.	35.	56.	84.	120.
			1.	5.	15.	35.	70.	126.	210.
				1.	6.	21.	56.	126.	252.

On voit par ce petit Tableau que le nombre d'Ambes, de Ternes, de Quaternes & de Quines que produifent les différentes quantités de Numéros qu'on a pofés horizontalement, fe trouvent placé perpendiculairement au-deffous de chacune de ces quantités.

On peut placer ces mêmes quantités de Numéros perpendiculairement, & alors le nombre des Ambes, Ternes, Quaternes & Quines répondra horizontalement à chacune de

ces

ces quantités. C'est la méthode qu'on a suivie pour former la Table de Progression des Ambes & Ternes qui résultent des 90 Numéros de la Loterie, Table que l'on trouve dans presque tous les écrits qui ont paru sur cette Loterie, & que j'ai cru devoir aussi placer sous les yeux des Actionnaires pour leur plus grande commodité.

Table de Progreſſion des Ambes & Ternes qui réſultent
des 90 Numéros ſur leſquels s'exécutent les Tirages
de la Loterie de l'Ecole Royale Militaire.

Nombres.	AMBES qui en réſultent.	TERNES qui en réſultent.	Suite des Nombres.	AMBES qui en réſultent.	TERNES qui en réſultent.
1.			46.	1035	15180
2.	1		47.	1081	16215
3.	3	1	48.	1128	17296
4.	6	4	49.	1176	18424
5.	10	10	50.	1225	19600
6.	15	20	51.	1275	20825
7.	21	35	52.	1326	22100
8.	28	56	53.	1378	23426
9.	36	84	54.	1431	24804
10.	45	120	55.	1485	26235
11.	55	165	56.	1540	27720
12.	66	220	57.	1596	29260
13	78	286	58.	1653	30856
14.	91	364	59.	1711	32509
15.	105	455	60.	1770	34220
16.	120	560	61.	1830	35990
17.	136	680	62.	1891	37820
18.	153	816	63.	1953	39711
19.	171	969	64.	2016	41664
20.	190	1140	65.	2080	43680
21.	210	1330	66.	2145	45760
22.	231	1540	67.	2211	47905
23.	253	1771	68.	2278	50116
24.	276	2024	69.	2346	52394
25.	300	2300	70.	2415	54740
26.	325	2600	71.	2485	57155
27.	351	2925	72.	2556	59640
28.	378	3276	73.	2628	62196
29.	406	3654	74.	2701	64824
30.	435	4060	75.	2775	67525
31.	465	4495	76.	2850	70300
32.	495	4960	77.	2926	73150
33.	528	5456	78.	3003	76076
34.	561	5984	79.	3081	79079
35.	595	6545	80.	3160	82160
36.	630	7140	81.	3240	85320
37.	666	7770	82.	3321	88560
38.	703	8436	83.	3403	91881
39.	741	9139	84.	3486	95284
40.	780	9880	85.	3570	98770
41.	820	10660	86.	3655	102340
42.	861	11480	87.	3741	105995
43.	903	12341	88.	3828	109736
44.	946	13244	89.	3916	113564
45.	990	14190	90.	4005	117480

Pour ne rien laiſſer deſirer aux Actionnaires, ils vont trouver auſſi le Tableau exact de tous les Tirages qui ont été exécutés depuis l'établiſſement de la Loterie. J'ai cru devoir y préſenter les Numéros dans l'ordre de leur ſortie. Outre qu'il en ſera plus exact, les Numéros qui ſe trouvent placés les uns ſous les autres étant tantôt d'une dixaine, tantôt de l'autre, pourront diriger le goût & la fantaiſie des Actionnaires qui voudront choiſir des Numéros dans le Tableau des Tirages déja exécutés.

Nombres & Epoques des Tirages de la Loterie de l'Ecole Royale Militaire depuis ſon Etabliſſement.

ANNÉES.	Dates.	Tirages.	Ordre de Sortie.				
1758.	18 Avril. . . .	1	83	4	51	27	5
	27 Juin.	2	45	87	50	47	6
	14 Août. . . .	3	15	38	54	11	29
	2 Octobre. . .	4	37	19	50	88	10
	23 Novembre.	5	31	71	81	50	27
1759.	15 Janvier. . .	6	53	10	84	22	45
	21 Février. . .	7	84	16	87	37	1
	9 Avril.	8	90	39	44	89	45
	16 Mai.	9	15	5	21	6	8
	27 Juin.	10	36	31	57	4	52
	27 Juillet. . . .	11	22	8	68	70	6
	30 Août.	12	67	29	16	32	85
	2 Octobre. . .	13	9	35	88	38	16
	5 Novembre.	14	36	72	38	43	3
	7 Décembre.	15	80	78	87	1	9

Suite des Nombres & Epoques des Tirages, &c.							
ANNÉES	**Dates.**	**Tirages.**	**Ordre de Sortie.**				
1760.	5 Janvier....	16	17	59	41	75	37
	5 Février....	17	39	30	64	28	56
	6 Mars.....	18	83	31	64	27	66
	5 Avril.....	19	7	23	12	57	83
	6 Mai.....	20	63	49	85	36	83
	6 Juin.....	21	71	58	30	35	64
	8 Juillet...	22	68	41	88	56	11
	7 Août.....	23	46	77	49	88	50
	6 Septembre.	24	62	89	28	30	38
	7 Octobre...	25	57	32	26	84	38
	6 Novembre.	26	6	20	38	52	57
	5 Décembre.	27	80	68	77	57	11
1761.	8 Janvier...	28	3	46	16	69	44
	13 Février...	29	50	42	71	33	66
	18 Mars.....	30	53	7	76	70	30
	21 Avril....	31	14	42	7	1	21
	22 Mai.....	32	21	36	63	39	9
	19 Juin.....	33	51	89	17	34	4
	17 Juillet....	34	59	5	45	44	89
	14 Août.....	35	64	11	70	53	65
	12 Septembre.	36	31	76	70	2	33
	14 Octobre...	37	76	46	64	21	82
	14 Novembre.	38	4	30	70	6	11
	12 Décembre.	39	81	39	24	16	83
1762.	12 Janvier...	40	11	45	3	90	82
	9 Février...	41	36	45	42	83	90
	9 Mars....	42	3	19	9	53	8
	10 Avril....	43	40	19	58	55	38
	7 Mai.....	44	27	76	59	17	75
	5 Juin.....	45	37	67	35	74	57
	5 Juillet...	46	53	38	6	26	32
	5 Août....	47	54	80	15	65	62
	6 Septembre.	48	31	38	37	61	74
	5 Octobre...	49	12	25	38	14	10
	5 Novembre.	50	31	87	54	20	53
	4 Décembre.	51	71	8	41	64	35

Suite des Nombres & Epoques des Tirages , &c.

ANNÉES.	Dates.	Tirages.	Ordre de Sortie.				
	5 Janvier...	52	69	89	66	82	20
	5 Février...	53	19	30	3	42	18
	5 Mars.....	54	79	43	22	82	44
	6 Avril.....	55	86	61	2	14	7
	5 Mai.....	56	19	34	7	59	56
	5 Juin.....	57	40	65	43	15	55
1763.	5 Juillet....	58	64	4	26	55	22
	5 Août.....	59	9	64	22	51	28
	5 Septembre.	60	25	75	17	38	82
	5 Octobre...	61	33	14	54	30	8
	5 Novembre.	62	27	25	58	67	48
	5 Décembre.	63	2	39	36	6	90
	5 Janvier...	64	84	87	82	86	23
	6 Février...	65	37	87	73	64	27
	5 Mars.....	66	48	5	80	46	86
	5 Avril....	67	62	2	59	54	55
	5 Mai.....	68	68	70	29	28	37
	5 Juin.....	69	53	90	48	73	65
1764.	5 Juillet....	70	7	64	46	48	79
	6 Août.....	71	70	21	35	77	23
	5 Septembre.	72	61	41	12	84	52
	5 Octobre...	73	21	79	7	60	53
	5 Novembre.	74	35	78	7	66	3
	5 Décembre.	75	30	74	89	88	14
	5 Janvier...	76	42	75	25	63	36
	5 Février...	77	17	65	45	69	42
	5 Mars.....	78	56	1	21	6	86
	6 Avril.....	79	37	11	19	13	81
	6 Mai......	80	42	86	11	17	64
	5 Juin... .	81	54	15	3	51	85
1765.	5 Juillet....	82	24	87	77	88	17
	5 Août. ...	83	10	29	66	17	76
	5 Septembre.	84	44	88	45	16	51
	5 Octobre...	85	36	51	35	37	62
	5 Novembre.	86	53	79	18	6	12
	5 Décembre.	87	20	62	73	26	80

Suite des Nombres & Epoques des Tirages, &c.

Années.		Dates.	Epoques.	Ordre de Sortie.				
1766.	4	Janvier....	88	55	30	59	36	86
	5	Février...	89	60	35	27	71	65
	5	Mars.....	90	79	63	86	83	55
	5	Avril....	91	24	60	42	52	20
	5	Mai.....	92	70	80	56	6	18
	6	Juin.....	93	32	41	28	17	21
	5	Juillet...	94	44	59	21	38	55
	5	Août.....	95	57	62	82	34	39
	5	Septembre.	96	15	1	84	56	20
	5	Octobre...	97	71	34	65	13	60
	5	Novembre.	98	13	35	48	29	71
	5	Décembre.	99	73	23	26	58	85
1767.	5	Janvier...	100	14	53	10	58	89
	5	Février...	101	37	17	8	52	20
	5	Mars.....	102	59	12	4	48	82
	6	Avril....	103	63	62	25	3	42
	5	Mai.....	104	90	70	42	47	66
	5	Juin.....	105	3	51	74	43	20
	6	Juillet....	106	45	4	64	79	31
	6	Août.....	107	58	59	16	83	82
	6	Septembre.	108	81	73	77	54	70
	5	Octobre...	109	25	64	83	27	62
	5	Novembre.	110	44	58	35	43	81
	5	Décembre.	111	40	85	16	15	83
1768.	5	Janvier...	112	47	59	67	48	88
	5	Février...	113	76	60	86	72	35
	5	Mars.....	114	86	23	22	58	54
	6	Avril....	115	43	54	30	73	22
	5	Mai.....	116	17	73	41	11	67
	6	Juin.....	117	75	14	7	32	31
	5	Juillet....	118	49	44	69	27	3
	5	Août.....	119	48	53	43	20	78
	5	Septembre.	120	17	11	50	38	71
	5	Octobre...	121	9	84	80	74	85
	5	Novembre.	122	39	78	1	71	44
	5	Décembre.	123	80	72	81	44	20

Suite des Nombres & Epoques des Tirages, &c.

ANNÉES.	Dates.	Epoques.	Ordre de Sortie				
1769.	6 Janvier...	124	86	83	72	55	35
	6 Février...	125	16	34	24	20	33
	5 Mars......	126	83	43	80	42	25
	5 Avril....	127	61	22	80	76	85
	5 Mai.....	128	88	58	28	43	62
	5 Juin.....	129	38	37	57	54	80
	5 Juillet....	130	30	10	58	76	68
	5 Août....	131	18	1	50	47	24
	5 Septembre.	132	35	80	89	16	59
	5 Octobre...	133	86	50	21	42	89
	6 Novembre.	134	78	52	54	59	9
	5 Décembre.	135	64	29	32	8	26
1770.	5 Janvier...	136	86	17	19	73	40
	5 Février...	137	33	39	18	5	53
	5 Mars......	138	22	82	1	3	62
	5 Avril....	139	42	17	62	21	13
	5 Mai.....	140	36	43	41	2	28
	6 Juin. ...	141	77	20	79	18	27
	5 Juillet....	142	67	81	30	82	79
	6 Août....	143	75	69	64	76	66
	5 Septembre.	144	8	9	1	30	3
	5 Octobre...	145	79	73	41	67	24
	5 Novembre.	146	14	63	31	18	78
	5 Décembre.	147	29	70	22	56	64
1771.	5 Janvier...	148	73	25	36	66	68
	5 Février...	149	69	45	78	30	44
	5 Mars....	150	27	31	83	7	48
	5 Avril....	151	75	30	62	6	10
	6 Mai.....	152	70	59	32	6	81
	5 Juin.....	153	64	78	69	22	85
	5 Juillet. ...	154	56	21	63	27	53
	5 Août....	155	72	61	26	53	33
	5 Septembre.	156	89	32	5	34	26
	5 Octobre...	157	4	41	70	81	28
	5 Novembre.	158	51	40	86	62	68
	5 Décembre.	159	47	16	90	39	44

Suite des Nombres & Epoques des Tirages , &c.

Années.	Dates.	Epoques.	Ordre de Sortie.				
	4 Janvier....	160	32	29	34	90	21
	5 Février...	161	67	46	52	53	30
	5 Mars....	162	77	54	40	72	23
	6 Avril....	163	5	69	29	71	26
	5 Mai.....	164	63	74	58	2	24
1772.	5 Juin.....	165					
	6 Juillet....	166					
	5 Août.....	167					
	5 Septembre.	168					
	5 Octobre..	169					
	5 Novembre.	170					
	5 Décembre.	171					

ERRATA.

Page 77. *Table* 22. *ligne* 3. on trouve ces deux lettres B.....B. *mettez* Z....Z.

Page 88. Le nombre qui accompagne la lettre H est 46 : *substituez-y le nombre* 42.

Page 112. La ligne pointée qui est indiquée à la 34ᵉ ligne du Tableau, doit être à la 36ᵉ ligne.

LA GALERIE

DES

COMBINATEURS.

PREMIERE PARTIE

CONTENANT,

1°, *les Jeux par Extrait simple.*
2°, *par Extraits liés.*
3°, *les Jeux combinés , appuyés sur les Extraits &*
compris dans trois Combinaisons , dont la premiere
contient le Jeu par Extraits & Ambes ; la seconde ,
le Jeu par Extraits & Ternes; & la troisieme , le Jeu
par Extraits , Ambes & Ternes.

Jeu par Extrait simple.

Ce Jeu est indiqué dans les sept Tableaux suivants des différentes Mises progressives que l'on peut faire avec le plus de sûreté & d'avantage sur un seul Numéro.

Le premier de ces tableaux offre à l'Actionnaire une carriere de 72 Tirages , c'eft-à-dire , le calcul tout fait , 1°, de la fomme qu'on doit placer par Extrait pendant le cours de ces 72 Tirages fur le N°. qu'on a choifi. 2°, Le total des fommes déja débourfées jufques & compris tel ou tel de ces 72 Tirages. 3°, Le montant du Produit que donne la fortie du Numéro également à tel ou tel de ces 72 Tirages.

Le fecond Tableau préfente une carriere de 67 Tirages.

Le 3e, une de 59.
Le 4e, une de 51.
Le 5e, une de 57.
Le 6e, une de 50.
Le 7e, une de 41.

Chacun de ces fept Tableaux offre une différente maniere de diriger les Mifes progreffives que l'on peut faire fur un Numéro , & ces fept différentes manieres ont chacune pardevers elles cet avantage commun , que dans le nombre donné des Tirages pendant lefquels on peut fuivre & pouffer les Mifes, la fortie, foit prochaine, foit éloignée, du N°. que l'on pourfuit non-feulement indemnife de toutes les fommes qu'on y a placées jufques-là, mais qu'elle donne encore un bénéfice réel à l'Actionnaire , bénéfice qui devient plus ou moins confidérable , fuivant que le N°. a été plus ou moins longtemps à fortir. Quant aux avantages qui peuvent leur être particuliers, c'eft à l'opinion de l'Actionnaire à les déterminer ; & il n'a pour cela qu'à confulter fon goût, fon efpoir, les fommes plus ou moins fortes qu'il fe propofe d'employer, & le plus ou le moins grand nombre de Tirages pendant lefquels il veut fuivre fa Mife.

PREMIER TABLEAU.

Du Jeu par EXTRAIT SIMPLE*, ou des Mises que l'on peut faire sur un seul Numéro.*

Tirages.	Prix de l'Extrait par lui-même a chaque Tirage.		Total des Sommes déja employées jusques & compris le Tirage indiqué.		Montant du Produit que donne la sortie du Numéro.
	₶	12 ſ	₶	12 ſ	
1					9 ₶
2	1	4	1	16	18
3	1	16	3	12	27
4	2	8	6		36
5	3		9		45
6	3	12	12	12	54
7	4	4	16	16	63
8	4	16	21	12	72
9	5	8	27		81
10	6		33		90
11	6	12	39	12	99
12	7	4	46	16	108
13	7	16	54	12	117
14	8	8	63		126
15	9		72		135
16	9	12	81	12	144
17	10	4	91	16	153
18	10	16	102	12	162
19	11	8	114		171
B . 20 .	12		126		180 . . . . B
21	13	4	139	4	198
22	15		154	4	225
23	17	8	171	12	261
24	20	8	192		306
25	24		216		360
26	28	4	244	4	423
27	33		277	4	495
28	38	8	315	12	576
29	44	8	360		666
30	51		411		765
31	58	4	469	4	873
32	66		535	4	990
33	74	8	609	12	1116

Suite du PREMIER TABLEAU *du Jeu par* EXTRAIT SIMPLE, *ou des Mises que l'on peut faire sur un seul Numéro.*

Tirages.	PRIX de l'Extrait par lui-même à chaque Tirage.		TOTAL des Sommes déja employées jusques & compris le Tirage indiqué.		MONTANT du Produit que donne la sortie du Numéro.
34	83 ₶	8 ſ	693 ₶	ſ	1251 ₶
35	93		786		1395
36	103	4	889	4	1548
37	114		1003	4	1710
38	125	8	1128	12	1881
39	137	8	1266		2061
40	150	12	1416	12	2259
41	165	12	1582	4	2484
42	183		1765	4	2745
43	203	8	1968	12	3051
44	227	8	2196		3411
45	255	12	2451	12	3834
46	288	12	2740	4	4329
47	327		3067	4	4905
48	371	8	3438	12	5571
49	422	8	3861		6336
50	480	12	4341	12	7209
51	546	12	4888	4	8199
52	621		5509	4	9315
53	704	8	6213	12	10566
54	797	8	7011		11961
55	900	12	7911	12	13509
56	1014	12	8926	4	15219
57	1140		10066	4	17100
58	1277	8	11343	12	19161
59	1428		12771	12	21420
60	1593	12	14365	4	23904
61	1776	12	16141	16	26649
62	1980		18121	16	29700
63	2207	8	20329	4	33111
64	2463		22792	4	36945
65	2751	12	25543	16	41274
66	3078	12	28622	8	46179

Suite du PREMIER TABLEAU *du Jeu par* EXTRAIT SIMPLE, *ou des Mises que l'on peut faire sur un seul Numéro.*

Tirages.	PRIX de l'Extrait par lui-même à chaque Tirage.		TOTAL des Sommes deja employées jusques & compris le Tirage indiqué.		MONTANT du Produit que donne la sortie du Numéro.
	tt	s	tt	s	tt
67	3450	1	32072	8	51750
68	3872	8	35944	16	58086
69	4353		40297	16	65295
70	4899	12	45197	8	73494
71	5520	12	50718		82809
72	6000		56718		90000

(A.... 1)

SECOND TABLEAU.

Du Jeu par EXTRAIT SIMPLE, *&c.*

	tt	s	tt	s	tt
1		12		12	9
2	1	4	1	16	18
3	1	16	3	12	27
4	2	8	6		36
5	3		9		45
6	3	12	12	12	54
7	4	4	16	16	63
8	4	16	21	12	72
9	5	8	27		81
10	6		33		90
11	6	12	39	12	99
12	7	4	46	16	108
13	7	16	54	12	117
14	8	8	63		126
15	9		72		135
16	9	12	81	12	144
17	10	4	91	16	153
B . 18 .	10	16	102	12	162	B
19	12		114	12	180
20	13	16	128	8	207
21	16	4	144	12	243

Suite du SECOND TABLEAU *du Jeu par* EXTRAIT SIMPLE, *ou des Mises que l'on peut faire sur un seul Numéro.*

Tirages.	PRIX de l'Extrait par lui-même à chaque Tirage.		TOTAL des Sommes déja employés jusques & compris le Tirage indiqué.		MONTANT du Produit que donne la sortie du Numéro.
22	19₶	4ſ	163₶	16ſ	288₶
23	22	16	186	12	342
24	27		213	12	405
25	31	16	245	8	477
26	37	4	282	12	558
27	43	4	325	16	648
28	49	16	375	12	747
29	57		432	12	855
30	64	16	497	8	972
31	73	4	570	12	1098
32	82	4	652	16	1233
33	91	16	744	12	1377
34	102		846	12	1530
35	112	16	959	8	1692
36	124	16	1084	4	1872
37	138	12	1222	16	2079
38	154	16	1377	12	2322
39	174		1551	12	2610
40	196	16	1748	8	2952
41	223	16	1972	4	3357
42	255	12	2227	16	3834
43	292	16	2520	12	4392
44	336		2856	12	5040
45	385	16	3242	8	5787
46	442	16	3685	4	6642
47	507	12	4192	16	7614
48	580	16	4773	12	8712
49	663		5436	12	9945
50	754	16	6191	8	11322
51	856	16	7048	4	12852
52	969	12	8017	16	14544
53	1094	8	9112	4	16416
54	1233		10345	4	18495

Suite du SECOND TABLEAU *du Jeu par* EXTRAIT SIMPLE, *ou des Mises que l'on peut faire sur un seul Numéro.*

Tirages	PRIX de l'Extrait par lui-même à chaque Tirage.		TOTAL des Sommes déja employées jusques & compris le Tirage indiqué.		MONTANT du Produit que donne la sortie du Numéro.
55	1387 ₶	16 ſ	11733 ₶	ſ	20817 ₶
56	1561	16	13294	16	23427
57	1758	12	15053	8	26379
58	1982	8	17035	16	29736
59	2238		19273	16	33570
60	2530	16	21804	12	37962
61	2866	16	24671	8	43002
62	3252	12	27924		48789
63	3695	8	31619	8	55431
64	4203		35822		63045
65	4783	16	40606		71757
66	5446	16	46053		81702
67	6000		52053		90000

(A.... 2)

TROISIEME TABLEAU.
Du Jeu par EXTRAIT SIMPLE, *&c.*

	₶	12 ſ	₶	12 ſ	9 ₶
1					9 ₶
2	1	4	1	16	18
3	1	16	3	12	27
4	2	8	6		36
5	3		9		45
6	3	12	12	12	54
7	4	4	16	16	63
8	4	16	21	12	72
9	5	8	27		81
10	6		33		90
11	6	12	39	12	99
12	7	4	46	16	108
13	7	16	54	12	117
14	8	8	63		126

Suite du TROISIEME TABLEAU du Jeu par EXTRAIT SIMPLE, ou des Mises que l'on peut faire sur un seul Numéro.

Tirages.	PRIX de l'Extrait par lui-même à chaque Tirage.		TOTAL des Sommes déjà employées jusques & compris le Tirage indiqué.		MONTANT du Produit que donne la sortie du Numéro.
B · 15 ·	.... 9tt ...... f ..		...... 72tt .... f ...		.... 135tt ...... B
16	10	4	82	4	153
17	12		94	4	180
18	14	8	108	12	216
19	17	8	126		261
20	21		147		315
21	25	4	172	4	378
22	30		202	4	450
23	35	8	237	12	531
24	41	8	279		621
25	48		327		720
26	55	4	382	4	828
27	63		445	4	945
28	71	8	516	12	1071
29	80	8	597		1206
30	90	12	687	12	1359
31	102	12	790	4	1539
32	117		907	4	1755
33	134	8	1041	12	2016
34	155	8	1197		2331
35	180	12	1377	12	2709
36	210	12	1588	4	3159
37	246		1834	4	3690
38	287	8	2121	12	4311
39	335	8	2457		5031
40	390	12	2847	12	5859
41	453	12	3301	4	6804
42	525		3826	4	7875
43	605	8	4431	12	9081
44	696		5127	12	10440
45	798	12	5926	4	11979
46	915	12	6841	16	13734
47	1050		7891	16	15750

Suite

Suite du TROISIEME TABLEAU *du Jeu par* EXTRAIT SIMPLE , *ou des Mises que l'on peut faire sur un seul Numéro.*

Tirages.	PRIX de l'Extrait par lui-même à chaque Tirage.		TOTAL des Sommes déja employées jusques & compris le Tirage indiqué.		MONTANT du Produit que donne la sortie du Numéro.
48	1205₶	8ſ	9397₶	4ſ	18081₶
49	1386		10483	4	20790
50	1596	12	12079	16	23949
51	1842	12	13922	8	27739
52	2130		16052	8	31950
53	2465	8	18517	16	36981
54	2856		21373	16	42840
55	3309	12	24683	8	49644
56	3834	12	28518		57519
57	4440		32958		66600
58	5136		38094		77040
59	5934	12	44028	12	89019

(A . . . 3)

QUATRIEME TABLEAU
du Jeu par EXTRAIT SIMPLE , &c.

Tirages	₶	12ſ	₶	12ſ	9₶
1					
2	1	4	1	16	18
3	1	16	3	12	27
4	2	8	6		36
5	3		9		45
6	3	12	12	12	54
7	4	4	16	16	63
8	4	16	21	12	72
9	5	8	27		81
10	6		33		90
11	6	12	39	12	99
B . 12 .	7	4	46	16	108	B
13	8	8	55	4	126
14	10	4	65	8	153
15	12	12	78		189

B

Suite du QUATRIEME TABLEAU *du Jeu par* EXTRAIT
SIMPLE, *ou des Mises que l'on peut faire
sur un seul Numéro.*

Tirages.	PRIX de l'Extrait par lui-même à chaque Tirage.		TOTAL des Sommes déjà employées jusques & compris le Tirage indiqué.		MONTANT du Produit que donne la sortie du Numéro.
16	15 tt	12 f	93 tt	12 f	234 tt
17	19	4	112	16	288
18	23	8	136	4	351
19	28	4	164	8	423
20	33	12	198		504
21	39	12	237	12	594
22	46	4	283	16	693
23	53	8	337	4	801
24	61	16	399		927
25	72		471		1080
26	84	12	555	12	1269
27	100	4	655	16	1503
28	119	8	775	4	1791
29	142	16	918		2142
30	171		1089		2565
31	204	12	1293	12	3069
32	244	4	1537	16	3663
33	290	8	1828	4	4356
34	343	16	2172		5157
35	405	12	2577	12	6084
36	477	12	3055	4	7164
37	562	4	3617	8	8433
38	662	8	4279	16	9936
39	781	16	5061	12	11727
40	924	12	5986	4	13869
41	1095	12	7081	16	16434
42	1300	4	8382		19503
43	1544	8	9926	8	23166
44	1834	16	11761	4	27522
45	2178	12	13939	16	32679
46	2584	4	16524		38763
47	3061	16	19585	16	45927
48	3624		23209	16	54360

Suite du QUATRIEME TABLEAU *du Jeu par* EXTRAIT SIMPLE*, ou des Mises que l'on peut faire sur un seul Numéro.*

Tirages.	PRIX de l'Extrait par lui-même à chaque Tirage.		TOTAL des Sommes déjà employées jus-ques & compris le Tirage indiqué.		MONTANT du Produit que donne la sortie du Numéro.
49	4286tt	8 ſ	27496tt	4 ſ	64296tt
50	5068	4	32564	8	76023
51	5992	16	38557	4	89892

(A.... 4)

CINQUIEME TABLEAU
du Jeu par EXTRAIT SIMPLE *, &c.*

1	3tt	3tt	45tt
2	6	9	90
3	9	18	135
4	12	30	180
5	15	45	225
6	18	63	270
7	21	84	315
8	24	108	360
9	27	135	405
10	30	165	450
11	33	198	495
12	36	234	540
13	39	273	585
14	42	315	630
15	45	360	675
16	48	408	720
17	51	459	765
18	54	513	810
19	57	570	855
B .20.	60	630	900	B
21	66	696	990
22	75	771	1125
23	87	858	1305
24	102	960	1530

Suite du CINQUIEME TABLEAU *du Jeu par* EXTRAIT SIMPLE, *ou des Mises que l'on peut faire sur un seul* N°.

Tirages.	PRIX de l'Extrait par lui-même à chaque Tirage.	TOTAL des Sommes déja employées jusques & compris le Tirage indiqué.	MONTANT du Produit que donne la sortie du Numéro.
25	120₶	1080₶	1800₶
26	141	1221	2115
27	165	1386	2475
28	192	1578	2880
29	222	1800	3330
30	255	2055	3825
31	291	2346	4365
32	330	2676	4950
33	372	3048	5580
34	417	3465	6255
35	465	3930	6975
36	516	4446	7740
37	570	5016	8550
38	627	5643	9405
39	687	6330	10305
40	753	7083	11295
41	828	7911	12420
42	915	8826	13725
43	1017	9843	15255
44	1137	10980	17055
45	1278	12258	19170
46	1443	13701	21645
47	1635	15336	24525
48	1857	17193	27855
49	2112	19305	31680
50	2403	21708	36045
51	2733	24441	40995
52	3105	27546	46575
53	3522	31068	52830
54	3987	35055	59805
55	4503	39558	67545
56	5073	44631	76095
57	5700	50331	85500

(A.... 5)

SIXIEME TABLEAU

du Jeu par EXTRAIT SIMPLE *, ou des Mifes que l'on peut faire fur un feul Numéro.*

Tirages.	PRIX de l'Extrait par lui-même à chaque Tirage.	TOTAL des Sommes déja employées jufques & compris le Tirage indiqué.	MONTANT du Produit que donne la fortie du Numéro.
1	3ᵗᵗ	3ᵗᵗ	45ᵗᵗ
2	6	9	90
3	9	18	135
4	12	30	180
5	15	45	225
6	18	63	270
7	21	84	315
8	24	108	360
9	27	135	405
10	30	165	450
11	33	198	495
12	36	234	540
13	39	273	585
14	42	315	630
15	45	360	675
B . 16 .	48	408	720 . B
17	54	462	810
18	63	525	945
19	75	600	1125
20	90	690	1350
21	108	798	1620
22	129	927	1935
23	153	1080	2295
24	180	1260	2700
25	210	1470	3150
26	243	1713	3645
27	279	1992	4185
28	318	2310	4770
29	360	2670	5400
30	405	3075	6075
31	453	3528	6795
32	507	4035	7605
33	570	4605	8550

Suite du SIXIEME TABLEAU *du Jeu par* EXTRAIT SIMPLE, *ou des Mises que l'on peut faire sur un seul Numéro.*

Tirages.	PRIX de l'Extrait par lui-même à chaque Tirage.	TOTAL des Sommes déja employées jusques & compris le Tirage indiqué.	MONTANT du Produit que donne la sortie du Numéro.
34	645 ₶	5250 ₶	9675 ₶
35	735	5985	11025
36	843	6828	12645
37	972	7800	14580
38	1125	8925	16875
39	1305	10230	19575
40	1515	11745	22725
41	1758	13503	26370
42	2037	15540	30555
43	2355	17895	35325
44	2715	20610	40725
45	3120	23730	46800
46	3573	27303	53595
47	4080	31383	61200
48	4650	36033	69750
49	5295	41328	79425
50	6000	47328	90000

(A .... 6)

SEPTIEME ET DERNIER TABLEAU
du Jeu par EXTRAIT SIMPLE, &c.

1	3 ₶	3 ₶	45 ₶
2	6	9	90
3	9	18	135
4	12	30	180
5	15	45	225
6	18	63	270
7	21	84	315
8	24	108	360
9	27	135	405
10	30	165	450

Suite du SEPTIEME *&* DERNIER TABLEAU *du Jeu par* EXTRAIT SIMPLE, *ou des Mises que l'on peut faire sur un seul Numéro.*

Tirages.	PRIX de l'Extrait par lui-même à chaque Tirage.	TOTAL des Sommes déja employées jusques & compris le Tirage indiqué.	MONTANT du Produit que donne la sortie du Numéro.	
11	33^{tt}	198^{tt}	495^{tt}	
B ..12.	....36....	....234....	....540....	B
13	42	276	630	
14	51	327	765	
15	63	390	945	
16	78	468	1170	
17	96	564	1440	
18	117	681	1755	
19	141	822	2115	
20	168	990	2520	
21	198	1188	2970	
22	231	1419	3465	
23	267	1686	4005	
24	309	1995	4635	
25	360	2355	5400	
26	423	2778	6345	
27	501	3279	7515	
28	597	3876	8955	
29	714	4590	10710	
30	855	5445	12825	
31	1023	6468	15345	
32	1221	7689	18315	
33	1452	9141	21780	
34	1719	10860	25785	
35	2028	12888	30420	
36	2388	15276	35820	
37	2811	18087	42165	
38	3312	21399	49680	
39	3909	25308	58635	
40	4623	29931	69345	
41	5478	35409	82170	

(A.... 7)

JEU PAR EXTRAITS LIÉS.

CE Jeu confiste dans les différentes Mifes progref-fives que l'on peut faire fur plufieurs Numéros de-puis deux jufqu'à dix, joués par Extraits. Ces Mifes font indiquées dans les neuf Tableaux fuivants , lef-quels offrent , ainfi que les précédents, le calcul tout fait de ces Mifes , le total des fommes qu'elles ont employées jufques & compris tel ou tel Tirage ; & enfin le produit qui doit réfulter de la fortie d'un Numéro , & celui que donne la fortie de deux Nu-méros.

Le premier Tableau préfente les Mifes que l'on peut faire fur deux Numéros, jufqu'à la concurrence de 45 Tirages.

Le 2^d fur 3 Numéros, jufqu'à la concurrence de 35 Tirages.

Le 3e fur 4 Numéros, jufqu'à la concurrence de 24 Tirages.

Le 4e fur 5 Numéros, jufqu'à la concurrence de 20 Tirages.

Le 5e fur 6 Numéros, jufqu'à la concurrence de 14 Tirages.

Le 6e fur 7 Numéros, jufqu'à la concurrence de 14 Tirages.

Le 7e fur 8 Numéros, jufqu'à la concurrence de 10 Tirages.

Le 8e fur 9 Numéros, jufqu'à la concurrence de 10 Tirages.

Et le 9e fur 10 Numéros, jufqu'à la concurrence de 9 Tirages.

Les Tableaux de ce jeu préfentent , relativement au nombre de Tirages qu'on peut avoir devant foi , une carriere moins étendue que celle qui est offerte dans les Tableaux du Jeu par *Extrait seul* ; mais il sera aisé de voir, en multipliant le nombre donné des Tirages fixés dans les 9 Tableaux suivants avec le nombre des Numéros sur lesquels on joue, que la carriere offerte dans ceux-ci, est plus vaste encore que celle que présente les Tableaux précédents.

Les neuf différentes manieres de jouer le Jeu indiqué par les neuf Tableaux suivants, ont, ainsi que les précédentes, cet avantage commun, que par la sortie d'un seul Numéro toutes les Mises qui ont précédé, & celle qui accompagne cette sortie, font recouvertes avec plus ou moins de bénéfice, suivant le Tirage plus ou moins éloigné où cette sortie s'opere ; mais un avantage particulier à chacune d'elles, c'est que la sortie des deux Numéros joués suivant la méthode indiquée dans le premier Tableau, double le produit total au profit de l'Actionnaire ; celle des trois Numéros dans le second Tableau, triple le produit ; celle de quatre Numéros dans le 3ᵉ, le quadruple ; & celle de cinq Numéros dans le 4ᵉ, 5ᵉ, 6ᵉ, 7ᵉ, 8ᵉ & 9ᵉ Tableaux, le quintuple.

PREMIER TABLEAU
du Jeu par Extraits liés sur deux Numéros.

Tirages.	Prix de l'Extrait par lui-même à chaque Tirage.		Montant de la Mise par elle-même à chaque Tirage.		Total des Sommes déjà employées jusques & compris le Tirage indiqué.		Montant du Produit que donne la sortie d'un Numéro.	Montant du Produit que donne la sortie de deux Numéros.
	tt	s	tt	s	tt	s	tt	tt
1		12	1	4	1	4	9	18
2	1	4	2	8	3	12	18	36
3	1	16	3	12	7	4	27	54
4	2	8	4	16	12		36	72
5	3		6		18		45	90
6	3	12	7	4	25	4	54	108
7	4	4	8	8	33	12	63	126
8	4	16	9	12	43	4	72	144
9	5	8	10	16	54		81	162
B.10	6		12		66		90	180 .B
11	7	4	14	8	80	8	108	216
12	9		18		98	8	135	270
13	11	8	22	16	121	4	171	342
14	14	8	28	16	150		216	432
15	18		36		186		270	540
16	22	4	44	8	230	8	333	666
17	27		54		284	8	405	810
18	32	8	64	16	349	4	486	972
19	38	8	76	16	426		576	1152
20	45	12	91	4	517	4	684	1368
21	54	12	109	4	626	8	819	1638
22	66		132		758	8	990	1980
23	80	8	160	16	919	4	1206	2412
24	98	8	196	16	1116		1476	2952
25	120	12	241	4	1357	4	1809	3618
26	147	12	295	4	1652	8	2214	4428
27	180		360		2012	8	2700	5400
28	218	8	436	16	2449	4	3276	6552
29	264		528		2977	4	3960	7920
30	318	12	637	4	3614	8	4779	9558
31	384	12	769	4	4383	12	5769	11538
32	465		930		5313	12	6975	13950
33	563	8	1126	16	6440	8	8451	16902

Suite du PREMIER TABLEAU *du Jeu par* EXTRAITS LIÉS *fur deux Numéros.*

Tirages.	PRIX de l'Extrait par lui-même à chaque Tirage.		MONTANT de la Mife par elle-même à chaque Tirage.		TOTAL des Sommes déja employées jufques & compris le Tirage indiqué.		MONTANT du Produit que donne la fortie d'un Nu-méro.	MONTANT du Produit que donne la fortie de deux Nu-méros.
34	684 tt	f	1368 tt	f	7808 tt	8 f	10260 tt	20520 tt
35	831	12	1663	4	9471	12	12474	24948
36	1011	12	2023	4	11494	16	15174	30348
37	1230		2460		13954	16	18450	36900
38	1494		2988		16942	16	22410	44820
39	1812	12	3625	4	20568		27189	54378
40	2197	4	4394	8	24962	8	32958	65916
41	2662	4	5324	8	30286	16	39933	79866
42	3225	12	6451	4	36738		48384	96768
43	3909	12	7819	4	44557	4	58644	117288
44	4741	4	9482	8	54039	12	71118	142236
45	5752	16	11505	12	65545	4	86292	172584

(A. 8) D. 32772 tt 12 f

SECOND TABLEAU

du Jeu par EXTRAITS LIÉS *fur trois Numéros.*

1		tt 12 f	1 tt	16 f	1 tt	16 f	9 tt	18 tt
2	1	4	3	12	5	8	18	36
3	1	16	5	8	10	16	27	54
4	2	8	7	4	18		36	72
5	3		9		27		45	90
6	3	12	10	16	37	16	54	108
B..7	.....4...	4..	.....12..	12 .	.....50...	8...	......63..	.....126. B
8	5	8	16	4	66	12	81	162
9	7	4	21	12	88	4	108	216
10	9	12	28	16	117		144	288
11	12	12	37	16	154	16	189	378
12	16	4	48	12	203	8	243	486
13	20	8	61	4	264	12	306	612
14	25	16	77	8	342		387	774

Suite du SECOND TAELEAU *du Jeu par* EXTRAITS LIÉS *fur trois Numéros.*

Tirages.	PRIX de l'Extrait par lui-même à chaque Tirage.	MONTANT de la Mise par elle-même à chaque Tirage.	TOTAL des Sommes déja employées jusques & compris le Tirage indiqué.	MONTANT du Produit que donne la fortie d'un Numéro.	MONTANT du Produit que donne la fortie de deux Numéros.
15	33℔ f	99℔ f	441℔ f	495℔	990℔
16	42 12	127 16	568 16	639	1273
17	55 4	165 12	734 8	828	1656
18	71 8	214 4	948 12	1071	2142
19	91 16	275 8	1224	1377	2754
20	117 12	352 16	1576 16	1764	3528
21	150 12	451 16	2028 12	2259	4518
22	193 4	579 12	2608 4	2898	5796
23	248 8	745 4	3353 8	3726	7452
24	319 16	959 8	4312 16	4797	9594
25	411 12	1234 16	5547 12	6174	12348
26	529 4	1587 12	7135 4	7938	15875
27	679 16	2039 8	9174 12	10197	20394
28	873	2619	11793 12	13095	26190
29	1121 8	3364 4	15157 16	16821	33642
30	1441 4	4323 12	19481 8	21618	43236
31	1852 16	5558 8	25039 16	27792	55584
32	2382	7146	32185 16	35730	71460
33	3061 16	9185 8	41371 4	45927	91854
34	3934 16	11804 8	53175 12	59022	118044
35	5056 4	15168 12	68344 4	75843	151686

(A. 9) D. 22781℔ 8f

TROISIEME TABLEAU

du Jeu par EXTRAITS LIÉS *fur quatre Numéros.*

1	℔12 f	2℔ 8f	2℔ 8f	9f	18℔
2	1 4	4 16	7 4	18	36
3	1 16	7 4	14 8	27	54
B.4	....2...8.	......9..12.	......24......	......36.	......72..B
5	3 12	14 8	38 8	54	108

Suite du TROSIEME TABLEAU *du Jeu par* EXTRAITS LIÉS *sur quatre Numéros.*

Tirages.	PRIX de l'Extrait par lui-même à chaque Tirage.	MONTANT de la Mise par elle-même à chaque Tirage.	TOTAL des Sommes déjà employées jusques & compris le tirage indiqué.	MONTANT du Produit que donne la sortie d'un Numéro.	MONTANT du Produit que donne la sortie de deux Numéros.
6	5 ₶ 8 s	21 ₶ 12 s	60 ₶ s	81 ₶	162 ₶
7	7 16	31 4	91 4	117	234
8	11 8	45 12	136 16	171	342
9	16 16	67 4	204	252	504
10	24 12	98 8	302 8	369	738
11	36	144	446 8	540	1080
12	52 16	211 4	657 12	792	1584
13	77 8	309 12	967 4	1161	2322
14	113 8	453 12	1420 16	1701	3402
15	166 4	664 16	2085 12	2493	4986
16	243 12	974 8	3060	3654	7308
17	357	1428	4488	5355	10710
18	523 4	2092 16	6580 16	7848	15696
19	766 16	3067 4	9648	11502	23004
20	1123 16	4495 4	14143 4	16857	33714
21	1647	6588	20731 4	24705	49410
22	2413 16	9655 4	30386 8	36207	72414
23	3537 12	14150 8	44536 16	53064	106128
24	5184 12	20728 8	65275 4	77769	155538

(A. 10) D. 16318 ₶ 16 s

QUATRIEME TABLEAU
du Jeu par EXTRAITS LIÉS *sur cinq Numéros.*

1	₶ 12 s	3 ₶	3 ₶	9 ₶	18 ₶
2	1 4	6	9	18	36
B. 3	....1..16.	......9......	.....18......	......27.	......54.B
4	3	15	33	45	90
5	4 16	24	57	72	144
6	7 15	39	96	117	234
7	12 12	63	159	189	378

Suite du QUATRIEME TABLEAU du Jeu par EXTRAITS LIÉS sur cinq Numéros.

Tirages.	PRIX de l'Extrait par lui-même à chaque Tirage.	MONTANT de la Mise par elle-même à chaque Tirage.	TOTAL des Sommes déja employées jusques & compris le Tirage indiqué.	MONTANT du Produit que donne la sortie d'un Numéro.	MONTANT du Produit que donne la sortie de deux Numéros.
8	20 tt 8	102 tt	261 tt	306 tt	612 tt
9	33	165	426	495	990
10	53 8	267	693	801	1602
11	86 8	432	1125	1296	2592
12	139 16	699	1824	2097	4194
13	226 4	1131	2955	3393	6786
14	366	1830	4785	5490	10980
15	592 4	2961	7746	8883	17766
16	958 4	4791	12537	14373	28746
17	1550 8	7752	20289	23256	46512
18	2508 12	12543	32832	37629	75258
19	4059	20295	53127	60885	121770
20	6000	30000	83127	90000	180000

(A. 11)   D. 16625 tt 8 i

CINQUIEME TABLEAU

du Jeu par EXTRAITS LIÉS sur six Numéros.

	tt 12 i	3 tt 12 i	3 tt 12 i	9 tt	18 tt
1					
2	1 4	7 4	10 16	18	36
3	2 8	14 8	25 4	36	72
4	4 16	28 16	54	72	144
5	9 12	57 12	111 12	144	288
6	19 4	115 4	226 16	288	576
7	38 8	230 8	457 4	576	1152
8	76 16	460 16	918	1152	2304
9	153 12	921 12	1839 12	2304	4608
10	307 4	1843 4	3682 16	4608	9216
11	614 8	3686 8	7369 4	9216	18432
12	1228 16	7372 16	14742	18432	36864

Suite du CINQUIEME TABLEAU *du Jeu par* EXTRAITS LIÉS *sur six Numéros.*

Tirages.	PRIX de l'Extrait par lui-même à chaque Tirage.	MONTANT de la Mise par elle-même à chaque Tirage.	TOTAL des Sommes déja employées jusques & compris le Tirage indiqué.	MONTANT du Produit que donne la sortie d'un Numero.	MONTANT du Produit que donne la sortie de deux Numéros.
13	2457 # 12 ſ	14745 # 12 ſ	29487 # 12 ſ	36864 #	73728 #
14	4915 4	29491 4	58978 16	73728	147456

(A. 12) D. 9829 # 16 ſ

SIXIEME TABLEAU
du Jeu par EXTRAITS LIÉS *sur sept Numéros.*

1	# 12 ſ	4 # 4 ſ	4 # 4 ſ	9 #	18 #
2	1 4	8 8	12 12	18	36
3	2 8	16 16	29 8	36	72
4	4 16	33 12	63	72	144
5	9 12	67 4	130 4	144	288
6	19 4	134 8	264 12	288	576
7	38 8	268 16	533 8	576	1152
8	76 16	537 12	1071	1152	2304
9	153 12	1075 4	2146 4	2304	4608
10	307 4	2150 8	4296 12	4608	9216
11	614 8	4300 16	8597 8	9216	18432
12	1228 16	8601 12	17199	18432	36864
13	2457 12	17203 4	34402 4	36864	73728
14	4915 4	34406 8	68808 12	73728	147456

(A. 13) D. 9829 # 16 ſ

SEPTIEME TABLEAU
du Jeu par EXTRAITS LIÉS *sur huit Numéros.*

Tirages.	PRIX de l'Extrait par lui-même à chaque Tirage.		MONTANT de la Mise par elle-même à chaque Tirage.		TOTAL des Sommes deja employées jusques & compris le Tirge indiqué.		MONTANT du Produit que donne la sortie d'un Numéro.	MONTANT du Produit que donne la sortie de deux Numéros.
1	tt12	f	4tt16	f	4tt16	f	9tt	18tt
2	1	4	9	12	14	8	18	36
B.3	....2...8.		.....19...4.		.....33..12.		......36.	......72.B
4	7	4	57	12	91	4	108	216
5	21	12	172	16	264		324	648
6	64	16	518	8	782	8	972	1944
7	194	8	1555	4	2337	12	2916	5832
8	583	4	4665	12	7003	4	8748	17496
9	1749	12	13996	16	21000		26244	52488
10	5248	16	41990	8	62990	8	78732	157464

(A. 14)   D. 7873tt 16f

HUITIEME TABLEAU
du Jeu par EXTRAITS LIÉS *sur neuf Numéros.*

Tirages.								
1	tt12	f	5tt 8	f	5tt 8	f	9tt	18tt
B.2	.....1...4.		.... 10..16.		.....16...4...		......18..	......36..B
3	3	12	32	8	48	12	54	108
4	10	16	97	4	145	16	162	324
5	32	8	291	12	437	8	486	972
6	97	4	874	16	1312	4	1458	2916
7	291	12	2624	8	3936	12	4374	8748
8	874	16	7873	4	11809	16	13122	26244
9	2624	8	23619	12	35429	8	39366	78732
10	6000		54000		89429	8	90000	180000

(A. 15)   D. 9936tt 12f

NEUVIEME

NEUVIEME TABLEAU
du Jeu par Extraits liés *sur dix Numéros.*

Tirages.	PRIX de l'Extrait par lui-méme à chaque Tirage.	MONTANT de la Mise par elle-méme à chaque Tirage.	TOTAL des Sommes déja employées jusques & compris le Tirage indiqué.	MONTANT du Produit que donne la fortie d'un Numéro.	MONTANT du produit que donne la fortie de deux Numeros.
1	₶12ſ	6₶	6₶	9₶	18₶
2	1 16	18	24	27	54
B. 3	....5...8.	......54.....	......78....	......81.	.....162 .B
.4	16 16	168	246	252	504
5	52 4	522	768	783	1566
6	162	1620	2388	2430	4860
7	502 16	5028	7416	7542	15084
8	1560 12	15606	23022	23409	46818
9	4843 16	48438	71460	72657	145314

(A.... 16) D....7146₶

Fin du Jeu par Extraits liés.

Jeux combinés dont les Mises sont appuyées & re-couvertes avec bénéfice par la sortie d'un seul Numéro.

PREMIERE COMBINAISON.

Jeu par Extraits & Ambes.

LES Mises que l'on veut faire, en adoptant ce Jeu, peuvent s'étendre sur 2, 3, 4, 5, 6, 7, 8 & 9 Numéros, ainsi qu'on le verra par les Tableaux suivants qui sont au nombre de huit.

Le premier peut conduire l'Actionnaire jusqu'à 39 Tirages inclusivement en jouant sur 2 Numéros.

Le 2 jusqu'à 26 en jouant sur 3 Numéros.

Le 3 jusqu'à 21 en jouant sur 4

Le 4 jusqu'à 14 en jouant sur 5

Le 5 jusqu'à 12 en jouant sur 6

Le 6 jusqu'à 8 en jouant sur 7

Le 7 jusqu'à 8 également en jouant sur 8 N^{os}. & le 8 jusqu'à 7 en jouant sur 9 Numéros.

Une simple explication du premier Tableau suffira pour donner l'intelligence de cette Combinaison, en faire voir toutes les ressources, en démontrer toute la sûreté, & mettre à portée d'en sentir tous les avantages. Ce premier Tableau présente à l'Actionnaire qui a choisi deux Numéros seulement, une carriere de 39 Tirages : en multipliant par le nombre de ces Numéros, c'est-à-dire, par 2, le nombre des Tirages, qui est de 39, on aura un total de 78 : ce total de 78 répond absolument à 78 Numéros, sur lesquels on joueroit par Extraits en une seule fois, c'est-à-dire en un seul tirage, & à 78 Ambes fecs joués également dans un feul Tirage. Or fur 78 Numéros joués par Extraits , il doit , à hazard égal entre un Actionnaire & la Loterie, en fortir au moins quatre , d'où l'on peut fentir combien il feroit hors des événements ordinaires qu'un Actionnaire pût être mené jufqu'au 39e Tirage , fans qu'il lui fortît un des deux Numéros joués pendant 38 Tirages, & combien il a lieu d'efpérer la fortie même de ces deux Numéros dans l'un ou l'autre des 39 Tirages. D'après le produit que pourroit lui donner cette fortie, qu'on juge de l'immenfité des gains qu'il feroit, fi dans les Mifes du fecond Tableau, à fuppofer qu'il les adoptât , il lui fortoit 3 Numéros ; 4 dans celles du 3e Tableau, & 5 dans celles du 4e, 5e, 6e, 7e ou 8e Tableaux , forties qui relativement au nombre des Tirages pendant lefquels on peut fuivre les Mifes indiquées, entrent , non pas feulement dans la claffe des chofes moralement poffibles, mais dans celle même des événements purement heureux, pour ne pas dire très-ordinaires.

PREMIER TABLEAU *du Jeu par* EXTRAITS & AMBES *sur deux Numéros.*

Tirages.	PRIX de l'Extrait par lui-même à chaque Tirage.		PRIX de l'Ambe par lui-même à chaque Tirage.		MONTANT de la Mise par elle-même à chaque Tirage.		TOTAL des sommes déjà employées jusques & compris le Tirage indiqué.		MONTANT du Produit que donne la sortie d'un Numéro.	MONTANT du Produit que donne la sortie de deux Numéros.	
	₶	ſ	₶	ſ	₶	ſ	₶	ſ	₶	₶	ſ
1		12		3	1	7	1	7	9	58	10
2		12		3	1	7	2	14	9	58	10
3		12		3	1	7	4	1	9	58	10
4		12		3	1	7	5	8	9	58	10
5	1	4		6	2	14	8	2	18	117	
B....6	1	4		6	2	14	10	16	18	117 ..... B	
7	1	16		9	4	1	14	17	27	175	10
8	2	8		12	5	8	20	5	36	234	
9	3			15	6	15	27		45	292	10
10	3	12		18	8	2	35	2	54	351	
11	4	16	1	4	10	16	45	18	72	468	
12	6		1	10	13	10	59	8	90	585	
13	7	16	1	19	17	11	76	19	117	760	10
14	10	4	2	11	22	19	99	18	153	994	10
15	13	4	3	6	29	14	129	12	198	1287	
16	16	16	4	4	37	16	167	8	252	1638	
17	21	12	5	8	48	12	216		324	2106	
18	27	12	6	18	62	2	278	2	414	2691	
19	35	8	8	17	79	13	357	15	531	3451	10
20	45	12	11	8	102	12	460	7	684	4446	
21	58	16	14	14	132	6	592	13	882	5733	

Suite du PREMIER TABLEAU *du Jeu par* EXTRAITS & AMBES *sur deux Numéros.*

22	75	12	18	18	170	2	762	15	1134	7371	
23	97	4	24	6	218	14	981	9	1458	9477	
24	124	16	31	4	280	16	1262	5	1872	12168	
25	160	4	40	1	360	9	1622	14	2403	15619	10
26	205	16	51	9	463	1	2085	15	3087	20065	10
27	264	12	66	3	595	7	2681	2	3969	25798	10
28	340	4	85	1	765	9	3446	11	5103	33169	10
29	437	8	109	7	984	3	4430	14	6561	42646	10
30	562	4	140	11	1264	19	5695	13	8433	54814	10
31	722	8	180	12	1625	8	7321	1	10836	70434	
32	928	4	232	1	2088	9	9409	10	13923	90499	10
33	1192	16	298	4	2683	16	12093	6	17892	116298	
34	1533		300		3366		15459	6	22995	126990	
35	1970	8	300		4240	16	19700	2	29556	140112	
36	2532	12	300		5365	4	25065	6	37989	156978	
37	3255		300		6810		31875	6	48325	178650	
38	4183	4	300		8666	8	40541	14	62748	206496	
39	5376		300		11052		51593	14	80640	242280	

H.... 1   (A.... 17)   D.... 24225#   E.... 3143..14f

SECOND TABLEAU *du Jeu par* EXTRAITS *&* AMBES *sur trois Numéros.*

Tirages.	PRIX de l'Extrait par lui-même à chaque Tirage.		PRIX de l'Ambe par lui-même à chaque Tirage.		MONTANT de la Mise par elle-même à chaque Tirage.		TOTAL des sommes déjà employées jusques & compris le Tirage indiqué.		MONTANT du Produit que donne la sortie d'un Numéro.	MONTANT du Produit que donne la sortie de deux Numéros.	
	tt	12 s	tt	3 s	2 tt	5 s	2 tt	5 s	9 tt	58 tt	10 s
1		12		3	2	5	2	5	9	58	10
2		12		3	2	5	4	10	9	58	10
B...3		12		3	2	5	6	15	9	58	10 ...B
4	1	4		6	4	10	11	5	18	117	
5	1	16		9	6	15	18		27	175	10
6	2	8		12	9		27		36	234	
7	3	12		18	13	10	40	10	54	351	
8	5	8	1	7	20	5	60	15	81	526	10
9	7	16	1	19	29	5	90		117	760	10
10	11	8	2	17	42	15	132	15	171	1111	10
11	16	16	4	4	63		195	15	252	1638	
12	24	12	6	3	92	5	288		369	2398	10
13	36		9		135		423		540	3510	
14	52	16	13	4	198		621		792	5148	
15	77	8	19	7	290	5	911	5	1161	7546	10
16	113	8	28	7	425	5	1336	10	1701	11056	10
17	166	4	41	11	623	5	1959	15	2493	16204	10
18	243	12	60	18	913	10	2873	5	3654	23751	
19	357		89	5	1338	15	4212		5355	34807	10
20	523	4	130	16	1962		6174		7848	51012	
21	766	16	191	14	2875	10	9049	10	11502	74763	

Suite du SECOND TABLEAU *du Jeu par* EXTRAITS & AMBES *sur trois Numéros.*

22	1123	16	280	19	4214	5	13263	15	16857	109570	10
23	1647		300		5841		19104	15	24705	130410	
24	2413	16	300		8141	8	27246	3	36207	153414	
25	3537	12	300		11512	16	38758	19	53064	187128	
26	5184	12	300		16453	16	55212	15	77769	236538	

(H.... 3)   (A.... 18)   (D.... 16320tt)   (E.... 2084tt 5f)

TROISIEME TABLEAU *du Jeu par* EXTRAITS & AMEES *sur quatre Numéros.*

1	tt 12f		tt 3f		3tt 6f		3tt 6f		9tt	58tt 10f	
B..2	..........12.		..........3.		......3......6..		......6...12...		........9...	......58...10...B	
3	1	4		6	6	12	13	4	18	117	
4	1	16		9	9	18	23	2.	27	175	10
5	3			15	16	10	39	12	45	252	10
6	4	16	1	4	26	8	66		72	468	
7	7	16	1	19	42	18	108	18	117	780	10
8	12	12	3	3	69	6	178	4	189	1228	10
9	20	8	5	2	112	4	290	8	306	1989	
10	33		8	5	181	10	471	18	495	3217	10
11	53	8	13	7	293	14	765	12	801	5206	10
12	86	8	21	12	475	4	1240	16	1296	8424	
13	139	16	34	19	768	18	2009	14	2097	13630	10
14	226	4	56	11	1244	2	3253	16	3393	22064	10
15	366		91	10	2013		5266	16	5490	35685	

Suite du TROISIEME TABLEAU *du Jeu par* EXTRAITS & AMBES *sur quatre Numéros.*

Tirages.	PRIX de l'Extrait par lui-même à chaque Tirage.		PRIX de l'Ambe par lui-même à chaque Tirage.		MONTANT de la Mile par elle-même à chaque Tirage.		TOTAL des sommes déja employées jusques & compris le Tirage indiqué.		MONTANT du Produit que donne la sortie d'un Numéro.	MONTANT du Produit que donne la sortie de deux Numéros.	
16	592tt	4s	148tt	1s	3257tt	2s	8523tt	18s	8883tt	57739tt	10s
17	958	4	239	11	5270	2	13794		14373	93424	10
18	1550	8	270		7821	12	21615	12	23256	119412	
19	2508	12	270		11654	8	33270		37629	148158	
20	4059		270		17856		51126		60885	194670	
21	6000		270		25620		76746		90000	252900	

(H.... 6)   (A.... 19)   (D.... 16626tt)   (E.... 1707tt)

QUATRIEME TABLEAU *du Jeu par* EXTRAITS & AMBES *sur cinq Numéros.*

	1tt 4s		tt 3s		7tt 10s	7tt 10s		18tt	76tt 10s
1	1tt	4s		3s	7tt 10s	7tt	10s	18tt	76tt 10s
2	2	8		6	15	22	10	36	153
3	4	16		12	30	52	10	72	306
4	9	12	1	4	60	112	10	144	612
5	19	4	2	8	120	232	10	288	1224
6	38	8	4	16	240	472	10	576	2448
7	76	16	9	12	480	952	10	1152	4896
8	153	12	19	4	960	1912	10	2304	9792
9	307	4	38	8	1920	3832	10	4608	19584

Suite

Suite du QUATRIEME TABLEAU du Jeu par EXTRAITS & AMBES sur cinq Numéros.

	tt	ſ	tt	ſ	tt	tt	ſ	tt	tt
10	614	8	76	16	3840	7672	10	9216	39168
11	1228	16	153	12	7680	15352	10	18432	78336
12	1800		168		10680	26032	10	27000	99360
13	3000		180		16800	42832	10	45000	138600
14	4800		192		25920	68752	10	72000	195840

(H.... 10)   (A.... 20)   (D.... 12056tt 8ſ)   (E 847tt 1ſ)

CINQUIEME TABLEAU du Jeu par EXTRAITS & AMBES sur six Numéros.

	tt	ſ	tt	ſ	tt	ſ	tt	ſ	tt	tt	ſ
1	2	8		3	16	13	16	13	36	112	10
2	4	16		6	33	6	49	19	72	225	
3	9	12		12	66	12	116	11	144	450	
4	19	4	1	4	133	4	249	15	288	900	
5	38	8	2	8	266	8	516	3	576	1800	
6	76	16	4	16	532	16	1048	19	1152	3600	
7	153	12	9	12	1065	12	2114	11	2304	7200	
8	307	4	19	4	2131	4	4245	15	4608	14400	
9	614	8	38	8	4262	8	8508	3	9216	28800	
10	1228	16	76	16	8524	16	17032	19	18432	57600	
11	2400		84		15660		32692	19	36000	54680	
12	4800		90		30150		62842	19	72000	168300	

(H.... 15)   (A.... 21)   (D.... 9655tt)   (E 327tt 9ſ)

E

SIXIEME TABLEAU *du Jeu par* EXTRAITS *&* AMBES *sur sept Numéros.*

Tirages.	PRIX de l'Extrait par lui-même à chaque Tirage.		PRIX de l'Ambe par lui-même à chaque Tirage.		MONTANT de la Mile par elle-même à chaque Tirage.		TOTAL des sommes déja employées jusques & compris le Tirage indiqué.		MONTANT du Produit que donne la sortie d'un Numéro.	MONTANT du Produit que donne la sortie de deux Numéros.	
	tt	s	tt	s	tt	s	tt	s	tt	tt	s
1	2	8		3	19	19	19	19	36	112	10
2	7	4		9	59	17	79	16	108	337	10
3	21	12	1	7	179	11	259	7	324	1012	10
4	64	16	4	1	538	13	798		972	3037	10
5	194	8	12	3	1615	19	2413	19	2916	9112	10
6	583	4	36	9	4847	17	7261	16	8748	27337	10
7	1749	12	109	7	14543	11	21805	7	26244	82012	10
8	5248	16	300		43041	12	64846	19	78732	238464	

(H.... 21)   (A.... 22)   (D.... 7872tt)   (E.... 463tt 19s)

SEPTIEME TABLEAU *du Jeu par* EXTRAITS *&* AMBES *sur huit Numéros.*

Tirages.	Prix Extrait tt	s	Prix Ambe tt	s	Montant Mile tt	s	Total tt	s	Produit 1 Num tt	Produit 2 Num tt	s
1	2	8		3	23	8	23	8	36	112	10
2	7	4		9	70	4	93	12	108	337	10
3	21	12	1	7	210	12	304	4	324	1012	10
4	64	16	4	1	631	16	936		972	3037	10
5	194	8	12	13	1895	8	2831	8	2916	9112	10
6	583	4	36	9	5686	4	8517	12	8748	27337	10
7	1749	12	109	7	17058	12	25576	4	26244	82012	10
8	5248	16	300		50390	8	75966	12	78732	238464	

(H.... 28)   (A.... 23)   (D.... 7872tt)   (E.... 463tt 19s)

HUITIEME TABLEAU *du Jeu par* EXTRAITS & AMBES *fur neuf Numéros.*

	livres sols	livres sols	livres sols	livres sols	livres	livres sols
1	7ᵗᵗ 16ˢ	3ˢ	75ᵗᵗ 12ˢ	75ᵗᵗ 12ˢ	117ᵗᵗ	274ᵗᵗ 10ˢ
2	23 8	9	226 16	302 8	351	823 10
3	70 4	1 7	680 8	982 16	1053	2470 10
4	210 12	4 1	2041 4	3024	3159	7411 10
5	631 16	12 3	6123 12	9147 12	9477	22234 10
6	1895 8	36 9	18370 16	27518 8	28431	66703 10
7	5686 4	109 7	55112 8	82630 16	85293	200110 10

(H.... 39) ′ A.... 24) (D.... 8525ᵗᵗ 8ˢ) (E.... 163ᵗᵗ 19ˢ)

Fin du Jeu par Extraits & *Ambes.*

Il eſt inutile de prévenir que dans ces Tableaux, ainſi que dans ceux qui ſuivront, on n'a pas cru néceſſaire de tracer autant de colonnes qu'il peut réſulter de différents Produits par la ſortie d'un ou de pluſieurs Numéros, de plus que n'en indiquent ces Tableaux : on peut juger par le produit que donne la ſortie d'un, de deux ou de trois Numéros, de celui que donneroit la ſortie de quatre ou de cinq. Le calcul qui en ſeroit à faire, a quelque choſe de trop intéreſſant pour en éviter la peine ; diſons mieux, pour en ôter le plaiſir à l'Actionnaire.

E ij

SECONDE COMBINAISON

des Jeux appuyés sur les Extraits.

Jeu par Extraits & Ternes.

On peut appliquer à cette seconde combinaison tout ce qui a été dit sur la premiere, c'est-à-dire, que par la sortie d'un seul Numéro, à tel Tirage que ce soit du nombre de ceux qui sont présentés sur chacun des sept Tableaux qui la composent, toutes les Mises qui ont précédé cette sortie, sont recouvertes avec bénéfice ; que par la sortie de 2 Numéros, le bénéfice est double relativement à l'Extrait, & que par celle de 3 Numéros l'Actionnaire fait un gain immense proportionné au Tirage plus ou moins éloigné où cette derniere sortie s'opere. Voici l'indication des sept Tableaux dont cette Combinaison est composée.

Le premier présente une carriere de 26 Tirages en jouant sur 3 Numéros.

Le 2d, une de 18 Tirages en jouant sur 4 Nos.
Le 3e, une de 14 Tirages en jouant sur 5
Le 4e, une de 11 Tirages en jouant sur 6
Le 5e, une de 8 Tirages en jouant sur 7
Le 6e, une de 7 Tirages en jouant sur 8
Et le 7e, une de 6 Tirages en jouant sur 9

PREMIER TABLEAU du Jeu par Extraits & Ternes sur trois Numéros.

Tirages.	Prix de l'Extrait par lui-même à chaque Tirage.		Prix du Terne par lui-même à chaque Tirage.		Montant de la Mise par elle-même à chaque Tirage.		Total des sommes déjà employées jusques & compris le Tirage indiqué.		Montant du Produit que donne la sortie d'un Numéro.	Montant du Produit que donne la sortie de trois Numéros.
	₶	12 ſ	₶	12 ſ	2 ₶	8 ſ	2 ₶	8 ſ	9 ₶	3147 ₶
1		12		12	2	8	2	8	9	3147
2		12		12	2	8	4	16	9	3147
B...3	....	12	....	12	...2	8	...7	4	...9	3147...B
4	1	4	1	4	4	16	12		18	6294
5	1	16	1	16	7	4	19	4	27	9441
6	2	8	2	8	9	12	28	16	36	12588
7	3	12	3	12	14	8	43	4	54	18882
8	5	8	5	8	21	12	64	16	81	28323
9	7	16	7	16	31	4	96		117	40911
10	11	8	11	8	45	12	141	12	171	59793
11	16	16	16	16	67	4	208	16	252	88116
12	24	12	24	12	98	8	307	4	369	129027
13	36		36		144		451	4	540	188820
14	52	16	48		206	8	657	12	792	251976
15	77	8	48		280	4	937	16	1161	253083
16	113	8	48		388	4	1326		1701	254703
17	166	4	48		546	12	1872	12	2493	257079
18	243	12	48		778	16	2651	8	3654	260562
19	357		48		1119		3770	8	5355	265665
20	523	4	48		1617	12	5388		7848	273144
21	766	16	48		2348	8	7736	8	11502	284106

Suite du PREMIER TABLEAU *du Jeu par* EXTRAITS & TERNES *sur trois Numéros.*

Tirages.	PRIX de l'Extrait par lui-même à chaque Tirage.		PRIX du Terne par lui-même à chaque Tirage.	MONTANT de la Mise par elle-même à chaque Tirage.		TOTAL des sommes déja employées jusques & compris le Tirage indiqué.		MONTANT du Produit que donne la sortie d'un Numéro.	MONTANT du Produit que donne la sortie de trois Numéros.
22	1123tt	16f	48tt	3419tt	8f	11155tt	16f	16857tt	300171tt
23	1647		48	4989		16144	16	24705	323715
24	2413	16	48	7289	8	23434	4	36207	358221
25	3537	12	48	10660	16	34095		53064	408792
26	5184	12	48	15601	16	49696	16	77769	482907

(K.... 1)   (A... 25)   (D.... 16320tt)   (G.... 736tt 16f)

SECOND TABLEAU *du Jeu par* EXTRAITS & TERNES *sur quatre Numéros.*

I	1tt	16f	tt	6f	8tt	8f	8tt	8f	27tt	1641tt
B...2.	3	...12.	..........12.		16	...16..	25	....4...	........54...	........3282 ....B
3	5	8		18	25	4	50	8	81	4923
4	9		1	10	42		92	8	135	8205
5	14	8	2	8	67	4	159	12	216	13128
6	23	8	3	18	109	4	268	16	351	21333
7	37	16	6	6	176	8	445	4	567	34461
8	61	4	10	4	285	12	730	16	918	55794
9	99		16	10	462		1192	16	1485	90255
10	160	4	26	14	747	12	1940	8	2403	146049
11	259	4	43	4	1209	12	3150		3888	236304

Suite du SECOND TABLEAU *du Jeu par* EXTRAITS *&* TERNES *sur quatre Numéros.*

№			48						
12	419	8	48	1869	12	5019	12	6291	268473
13	678	12	48	2906	8	7926		10179	280137
14	1098		48	4584		12510		16470	299010
15	1776	12	48	7298	8	19808	8	26649	329547
16	2874	12	48	11690	8	31498	16	43119	378957
17	4651	4	48	18796	16	50295	12	69768	458904
18	6000		48	24192		74487	12	90000	519600

(K.... 4) (A... 26) (D... 18173ᵗᵗ 8ˢ) (G... 418ᵗᵗ 10ˢ)

TROISIEME TABLEAU *du Jeu par* EXTRAITS *&* TERNES *sur cinq Numéro.*

№	1ᵗᵗ	4ˢ	ᵗᵗ	3ˢ	7ᵗᵗ 10ˢ	7ᵗᵗ	10ˢ	18ᵗᵗ	834ᵗᵗ
1									
2	2	8		6	15	22	10	36	1668
3	4	16		12	30	52	10	72	3336
4	9	12	1	4	60	112	10	144	6672
5	19	4	2	8	120	232	10	288	13344
6	38	8	4	16	240	472	10	576	26688
7	76	16	9	12	480	952	10	1152	53376
8	153	12	19	4	960	1912	10	2304	106752
9	307	4	38	8	1920	3832	10	4608	213504
10	614	8	48		3552	7384	10	9216	277248
11	1228	16	48		6624	14008	10	18432	304896
12	2457	12	48		12768	26776	10	36864	360192

Suite du TROISIEME TABLEAU *du Jeu par* EXTRAITS & TERNES *sur cinq Numéros.*

Tirages.	PRIX de l'Extrait par lui-même à chaque Tirage.	PRIX du Terne par lui-même à chaque Tirage.	MONTANT de la Mise par elle-même à chaque Tirage.	TOTAL des sommes déjà employées jusques & compris le Tirage indiqué.	MONTANT du Produit que donne la sortie d'un Numéro.	MONTANT du Produit que donne la sortie de trois Numéros.
13	3300tt	48tt	16980tt	43756tt 10l	49500tt	398100tt
14	6000	48	30480	74236 10	90000	519600

(K.... 10)   (A.... 27)   (D.... 14214tt)   (G.... 316tt 13f)

QUATRIEME TABLEAU *du Jeu par* EXTRAITS & TERNES *sur six Numéros.*

Tirages	PRIX de l'Extrait	PRIX du Terne	MONTANT de la Mise	TOTAL des sommes	MONTANT (un Numéro)	MONTANT (trois Numéros)
1	6tt	tt 3l	39tt	39tt	90tt	1050tt
2	12	6	78	117	180	2100
3	24	12	156	273	360	4200
4	48	1 4	312	585	720	8400
5	96	2 8	624	1209	1440	16800
6	192	4 16	1248	2457	2880	33600
7	384	9 12	2496	4953	5760	67200
8	768	19 4	4992	9945	11520	134400
9	1536	38 8	9984	19929	23040	268800
10	3072	48	19392	39321	46080	387840
11	6000	48	36960	76281	90000	519600

(K.... 20)   (A... 28)   (D.... 12138tt)   (G.... 172tt 13f)

CINQUIEME

CINQUIEME TABLEAU du Jeu par EXTRAITS & TERNES sur sept Numéros.

1	6tt	3s	47tt 5s	47tt 5s	90tt	1050tt
2	18	9	141 15	189	270	3150
3	54	1 7	425 5	614 5	810	9450
4	162	4 1	1275 15	1890	2430	28350
5	486	12 3	3827 5	5717 5	7290	85050
Z...6	...1458...	...36...9	..11481...15.	.17199..........	...21870...	......255150....Z
7	2916	48	22092	39291	43740	380820
8	6000	48	43680	82971	90000	519600

(K... 35)   (A... 29)   (D... 11100tt)   (G.... 150tt 12s)

SIXIEME TABLEAU du Jeu par EXTRAITS & TERNES sur huit Numéros.

1	12tt	3s	104tt 8s	104tt 8s	180tt	1320tt
2	36	9	313 4	417 12	540	3960
3	108	1 7	939 12	1357 4	1620	11880
4	324	4 1	2818 16	4176	4860	35640
5	972	12 3	8456 8	12632 8	14580	106920
6	2916	36 9	25369 4	38001 12	43740	320760
7	6000	48	50688	83689 12	90000	519600

(K... 56)   (A.... 30)   (D.... 10350tt)   (G.... 1.2tt 12s)

F

SEPTIEME TABLEAU *du Jeu par* EXTRAITS *&* TERNES *sur neuf Numéros.*

Tirages.	PRIX de l'Extrait par lui-même a chaque Tirage.	PRIX du Terne par lui-même à chaque Tirage.		MONTANT de la Mise par elle-même a chaque Tirage.		TOTAL des sommes déja employés jusques & compris le Tirage indiqué.		MONTANT du Produit que donne la sortie d'un Numéro.	MONTANT du Produit que donne la sortie de trois Numéros.
1	24tt	tt	3s	228tt	12s	228tt	12s	360tt	1860tt
2	72		9	685	16	914	8	1080	5580
3	216	1	7	2057	8	2971	16	3240	16740
4	648	4	1	6172	4	9144		9720	50220
5	1944	12	3	18516	12	27660	12	29160	150660
6	5832	36	9	55549	16	83210	8	87480	451980

(K.... 84)   (A... 31)   (D.... 7836tt)   (G... 54tt 12s)

Fin du Jeu par Extraits & Ternes.

Troisieme Combinaison
des Jeux appuyés sur les Extraits.

Jeu par Extraits, Ambes et Ternes.

L'ACTIONNAIRE verra avec plaifir que par cette Combinaifon il peut jouer avec avantage pendant un affez grand nombre de Tirages fur les trois fortes de chances à la fois, puifque, de même que dans les Jeux précédents, la fortie d'un feul Numéro couvre, avec un profit réel, fes dépenfes antérieures, quoiqu'elles fe trouvent très-multipliées & par le nombre des chances par elles-mêmes & par le nombre des Tirages pendant lefquels il peut les pourfuivre.

Les fept Tableaux fuivants offrent tout ce qu'on peut defirer de plus fatisfaifant, & de plus fûr à cet égard.

Le premier indique les Mifes que l'on peut faire progreffivement fur trois Numéros pendant 21 Tirages.

Le 2d fur 4 Numéros pendant 14 Tirages.
Le 3e fur 5 Numéros pendant 12 Tirages.
Le 4e fur 6 Numéros pendant 10 Tirages.
Le 5e fur 7 Numéros pendant 9 Tirages.
Le 6e fur 8 Numéros pendant 7 Tirages.
Et le 7e fur 9 Numéros pendant 6 Tirages.

PREMIER TABLEAU du Jeu par EXTRAITS, AMBES & TERNES sur trois Numéros.

Tirages.	PRIX de l'Extrait par lui-même à chaque Tirage.	PRIX de l'Ambe par lui-même à chaque Tirage.	PRIX du Terne par lui-même à chaque Tirage.	MONTANT de la Mise par elle-même a chaque Tirage.	TOTAL des Sommes déja employées jusques & compris le Tirage indiqué.	MONTANT du Produit que donne la sortie d'un Numéro.	MONTANT du Produit que donne la sortie de deux Numéros.	MONTANT du Produit que donne la sortie de trois Numéros.
I	tt 12ſ	tt 3ſ	tt 3ſ	2tt 8ſ	2tt 8ſ	9tt	58tt 10ſ	928tt 10ſ
B. 2	.... 12.	.... 3.	.... 3.	...... 2 ... 8.	...... 4 .. 16.	.... 9 ..	...... 58 .. 10.	..... 928 . 10 . B
3	1 4	6	6	4 16	9 12	18	117	1857
4	1 16	9	9	7 4	16 16	27	175 10	2785 10
5	3	15	15	12	28 16	45	292 10	4642 10
6	4 16	1 4	1 4	19 4	48	72	468	7428
7	7 16	1 19	1 19	31 4	79 4	117	760 10	12070 10
8	12 12	3 3	3 3	50 8	129 12	189	1228 10	19498 10
9	20 8	5 2	5 2	81 12	211 4	306	1989	31569
10	33	8 5	8 5	132	343 4	495	3217 10	51067 10
11	53 8	13 7	13 7	213 12	556 16	801	5206 10	82636 10
12	86 8	21 12	21 12	345 12	902 8	1296	8424	133704
13	139 16	34 19	34 19	559 4	1461 12	2097	13630 10	216340 10
14	226 4	56 11	48	896 5	2357 17	3393	22054 10	305584 10
15	366	91 10	48	1420 10	3778 7	5490	35685	340185
16	592 4	148 1	48	2268 15	6047 2	8883	57739 10	396169 10
17	958 4	239 11	48	3641 5	9688 7	14373	23424 10	486754 10
18	1500	300	48	5448	15136 7	22500	126000	560100

Suite du PREMIER TABLEAU *du Jeu par* EXTRAITS, AMBES & TERNES *sur* 3 Nos.

#	1tt 4f		tt 3f		tt 3f		6tt 6f		6tt 6f		18tt	76tt 10f	955tt 10f
19	2400		300		48		8148		23284	7	36000	153000	600600
20	3900		300		48		12648		35932	7	58500	198000	668100
21	6000		300		48		18948		54880	7	90000	261000	762600

(H... 3) (K... 1) (D... 16308tt) (A.... 32) (E... 1827tt) (G... 475tt 7f)

SECOND TABLEAU *du Jeu par* EXTRAITS, AMBES & TERNES *sur quatre Numéros.*

#	1tt 4f		tt 3f		tt 3f		6tt 6f		6tt 6f		18tt	76tt 10f	955tt 10f
1	1	4		3		3	6	6	6	6	18	76 10	955 10
2	2	8		6		6	12	12	18	18	36	153	1911
3	4	16		12		12	25	4	44	2	72	306	3822
4	9	12	1	4	1	4	50	8	94	10	144	612	7644
5	19	4	2	8	2	8	100	16	195	6	288	1224	15288
6	38	8	4	16	4	16	201	12	396	18	576	2448	30576
7	76	16	9	12	9	12	403	4	800	2	1152	4896	61152
8	153	12	19	4	19	4	806	8	1606	10	2304	9792	122304
9	307	4	38	8	38	8	1612	16	3219	6	4608	19584	244608
10	614	8	76	16	48		3110	8	6329	14	9216	39168	339456
11	1228	16	153	12	48		6028	16	12358	10	18432	78336	429312
12	2457	12	300		48		11822	8	24180	18	36864	154728	603192
13	3900		300		48		17592		41772	18	58500	198000	668100
14	6000		300		48		25992		67764	18	90000	261000	762600

(H... 6) (K... 4) (D... 14814tt) (A... 33) (E... 1207tt 1f) (G... 316tt 13f)

TROISIEME TABLEAU du Jeu par Extraits, Ambes & Ternes sur cinq Numéros.

Tirages.	PRIX de l'Extrait par lui-même à chaque Tirage.	PRIX de l'Ambe par lui-même à chaque Tirage.	PRIX du Terne par lui-même à chaque Tirage.	MONTANT de la Mise par elle-même à chaque Tirage.	TOTAL des Sommes deja employées jusques & compris le Tirage indiqué.	MONTANT du Produit que donne la sortie d'un Numéro.	MONTANT du Produit que donne la sortie de deux Numéros.	MONTANT du Produit que donne la sortie de trois Numéros.
1	2tt 8ſ	tt 3ſ	tt 3ſ	15tt	15tt	36tt	112tt10ſ	1009tt10ſ
2	4 16	6	6	30	45	72	225	2019
3	9 12	12	12	60	105	144	450	4038
4	19 4	1 4	1 4	120	225	288	900	8076
5	38 8	2 8	2 8	240	465	576	1800	16152
6	76 16	4 16	4 16	480	945	1152	3600	32304
7	153 12	9 12	9 12	960	1905	2304	7200	64608
8	307 4	19 4	19 4	1920	3825	4608	14400	129216
9	614 8	38 8	38 8	3840	7665	9216	28800	258432
10	1228 16	76 16	48	7392	15057	18432	57600	367104
11	2457 12	153 12	48	14304	29361	36864	115200	484608
12	4915 4	300	48	28056	57417	73728	228456	713784

(H.. 10) (K.. 10) (D..9828tt) (A.. 34) (E.. 607tt 1ſ) (G.. 220tt 13ſ)

QUATRIEME TABLEAU du Jeu par EXTRAITS, AMBES & TERNES sur six Numéros.

1	10tt 16ſ	tt 3ſ	tt 3ſ	70tt 1ſ	70tt 1ſ	162tt	364tt 10ſ	1387tt 10ſ
2	21 12	6	6	140 2	210 3	324	729	2775
3	43 4	12	12	280 4	490 7	648	1458	5550
4	86 8	1 4	1 4	560 8	1050 15	1296	2916	11100
5	172 16	2 8	2 8	1120 16	2171 11	2592	5832	22200
6	345 12	4 16	4 16	2241 12	4413 3	5184	11664	44400
7	691 4	9 12	9 12	4483 4	8896 7	10368	23328	88800
8	1382 8	19 4	19 4	8966 8	17862 15	20736	46656	177600
9	2764 16	38 8	38 8	17932 16	35795 11	41472	93312	355200
10	5529 12	76 16	48	35289 12	71085 3	82944	186624	560640

(H.. 15) (K.. 21) (D.. 11048tt 8ſ) (A.. 35) (E.. 153tt 9ſ) (G.. 124tt 13ſ)

CINQUIEME TABLEAU du Jeu par EXTRAITS, AMBES & TERNES sur sept Numéros.

1	15tt	tt 3ſ	tt 3ſ	113tt 8ſ	113tt 8ſ	225tt	490tt 10ſ	1576tt 10ſ
2	30	6	6	226 16	340 4	450	981	3153
3	60	12	12	453 12	793 16	900	1962	6306
4	120	1 4	1 4	907 4	1701	1800	3924	12612
5	240	2 8	2 8	1814 8	3515 8	3600	7848	25224
B.6	...480	...4..16.	..4.16,	.3618.16.	.7144...4.	...7200..	.15696......	...50448......B

Suite du CINQUIEME TABLEAU *du Jeu par* EXTRAITS, AMBES & TERNES *sur sept Numéros.*

Tirages.	PRIX de l'Extrait par lui-même à chaque Tirage.	PRIX de l'Ambe par lui-même à chaque Tirage.	PRIX du Terne par lui-même à chaque Tirage.	MONTANT de la Mise par elle-même à chaque Tirage.	TOTAL des Sommes déja employées jusques & compris le Tirage indiqué.	MONTANT du Produit que donne la sortie d'un Numéro.	MONTANT du Produit que donne la sortie de deux Numéros.	MONTANT du Produit que donne la sortie de trois Numéros.
7	975tt	9tt 15s	9tt 15s	7371tt 1s	14515tt 4s	14625tt	31882tt 10s	102472tt 10s
8	1980	19 16	19 16	14968 16	29484	29700	64746	208058
9	4020	40 4	40 4	30391 4	59875 4	60300	131454	422502

(H .. 21) (K... 35) (D... 7920tt) (A... 36) (E... 79tt 4s) (G... 79tt 4s)

SIXIEME TABLEAU *du Jeu par* EXTRAITS, AMBES & TERNES *sur huit Numéros.*

1	27tt	tt 3s	tt 3s	228tt 12s	225tt 12s	405tt	850tt 10s	2116tt 10s
B•2	....54....	........6.	........6.	...457...4.	...685.16.	....810..	...1701......	....4233......B
3	135	15	15	1143	1828 16	2025	4252 10	10582 10
4	324	1 16	1 16	2743 4	4572	4860	10206	25398
5	783	4 7	4 7	6629 8	11201 8	11745	24664 10	61378 10
6	1890	10 10	10 10	16002	27203 8	28350	59535	148155
7	4563	25 7	25 7	38633 8	65836 16	68445	143734 10	357688 10

(H...28) (K... 56) (D... 7776tt) (A... 37) (E...43tt 4s) (G... 43tt 4s)

SEPTIEME

SEPTIEME TABLEAU du Jeu par Extraits Ambes & Ternes sur neuf Numéros.

1	18₶	₶ 3ˢ	₶ 3ˢ	180₶	180₶	270₶	580₶ 10ˢ	1711₶ 10ˢ
2	54	9	9	540	720	810	1741 10	5134 10
B. 3	...162....	.1....7.	..1...7.	...1620....	...2340....	...2430..	...5224.10.	..15403.10.B
4	504	4 4	4 4	5040	7380	7560	16254	47922
5	1566	13 1	13 1	15660	23040	23490	50503 10	148900 10
6	4860	40 10	40 10	48600	71640	72900	156735	462105

(H... 36) (K... 84) (D...7164₶) (A... 38) (E... 59₶ 14ˢ) (G... 59₶ 14ˢ)

Fin du Jeu par Extraits, Ambes & Ternes.

SECONDE PARTIE

CONTENANT

Les différentes Combinaisons du Jeu par Ambes , du Jeu par Ternes , & du Jeu par Ambes & Ternes.

JEU PAR AMBES.

Premiere Combinaison de ce Jeu.

CETTE premiere Combinaison consiste à jouer sur plusieurs Numéros depuis 7 jusqu'à 18 , liés ensemble par Ambes : elle est indiquée & comprise dans les 26 Tableaux qui suivent.

Le premier présente les Mises toutes faites sur sept Numéros ainsi liés, pendant 64 Tirages , à chacun desquels la sortie d'un seul Ambe recouvre avec bénéfice toutes les Mises qui l'ont précédée.

Le 2^d également sur 7 Num. pendant 57 Tirages.
Le 3e également sur 7 Num. pendant 50 Tirages.
Le 4e sur 8 Numéros pendant 53 Tirages.
Le 5e également sur 8 Num. pendant 48 Tirages.
Le 6e également sur 8 Num. pendant 41 Tirages.
Le 7e sur 9 Numéros pendant 43 Tirages.
Le 8e également sur 9 Num. pendant 39 Tirages.
Le 9e également sur 9 Num. pendant 34 Tirages.
Le 10e sur 10 Numéros pendant 36 Tirages.
Le 11e également sur 10 Num. pendant 31 Tirages.
Le 12e également sur 10 Num. pendant 26 Tirages.
Le 13e sur 11 Num. pendant 31 Tirages.
Le 14e également sur 11 Num. pendant 26 Tirages.

Le 15e sur 12 Numéros pendant 26 Tirages.
Le 16e également sur 12 Num. pendant 20 Tirages.
Le 17e sur 13 Numéros pendant 20 Tirages.
Le 18e également sur 13 Num. pendant 16 Tirages.
Le 19e sur 14 Numéros pendant 16 Tirages.
Le 20e également sur 14 Num. pendant 16 Tirages.
Le 21e sur 15 Numéros pendant 14 Tirages.
Le 22e également sur 15 Num. pendant 12 Tirages.
Le 23e sur 16 Numéros pendant 13 Tirages.
Le 24e également sur 16 Num. pendant 12 Tirages.
Le 25e sur 17 Numéros pendant 11 Tirages.
Et le 26e sur 18 Numéros pendant 10 Tirages.

On peut voir, par l'exposé de ces Tableaux, quel nombre prodigieux d'Ambes l'Actionnaire peut jouer avec l'espoir au moins de retirer beaucoup plus que ses avances par la sortie d'un seul de ces Ambes, à tel tirage que ce soit, & avec l'espérance bien fondée de faire des gains immenses pour peu que le fort ne lui soit pas absolument contraire. Qu'on choisisse l'un de ces Tableaux, le 1ce, par exemple, l'Actionnaire qui a à jouer sur 10 Numéros, a devant lui 36 Tirages, & à chaque Tirage il joue sur 45 Ambes résultant de ces 10 Numéros liés. Ces 45 Ambes multipliés par le nombre de 36 qui est celui des Tirages pendant lesquels il peut jouer, formeront un total de 1620 Ambes qu'il a à jouer pendant le cours de ces 36 Tirages. Qu'on juge par ce nombre d'Ambes de l'espoir qu'il doit avoir non pas seulement qu'il lui en sorte un, mais deux, trois & même davantage, puisque la Loterie sur les 4005 qui résultent de 90 Numéros liés, en donne 10 aux Actionnaires.

On ne doit jamais oublier ce principe, qui est applicable à tous les Jeux & à toutes les Combinaisons de cet Ouvrage : savoir, qu'un Ambe à jouer pendant vingt Tirages, donne autant d'espoir pour la sortie à l'un de ces vingtiemes Tirages, que vingt Ambes secs pour la sortie d'un seul Ambe dans un seul & même Tirage. Que de deux Actionnaires l'un se décide à jouer de la premiere façon, & l'autre de la seconde, il n'y aura aucune raison de parier pour l'un, de préférence à l'autre, pour la sortie de l'Ambe; car la balance est absolument égale à cet égard.

PREMIER TABLEAU

de la premiere Combinaison du Jeu par AMBES *sur sept Numéros liés.*

Tirages.	PRIX de l'Ambe par lui-même à chaque Tirage.		MONTANT de la Mise par elle-même à chaque Tirage.		TOTAL des Sommes déja employées jusques & compris le Tirage indiqué.		MONTANT du Produit que donne la sortie d'un Ambe.		MONTANT du Produit de la sortie de 3 Numéros, c'est-à-dire, de 3 Ambes.	
	₶	ˢ	₶	ˢ	₶	ˢ	₶	ˢ	₶	ˢ
1		3	3	3	3	3	40	10	121	10
2		6	6	6	9	9	81		243	
3		9	9	9	18	18	121	10	364	10
4		12	12	12	31	10	162		486	
5		15	15	15	47	5	202	10	607	10
6		18	18	18	66	3	243		729	
7	1	1	22	1	88	4	283	10	850	10
8	1	4	25	4	113	8	324		972	
9	1	7	28	7	141	15	364	10	1093	10
10	1	10	31	10	173	5	405		1215	
11	1	13	34	13	207	18	445	10	1336	10
12	1	16	37	16	245	14	486		1458	
13	1	19	40	19	286	13	526	10	1579	10
14	2	2	44	2	330	15	567		1701	
15	2	5	47	5	378		607	10	1822	10
16	2	8	50	8	428	8	648		1944	
17	2	11	53	11	481	19	688	10	2065	10
18	2	14	56	14	538	13	729		2187	
19	2	17	59	17	598	10	769	10	2308	10
20	3		63		661	10	810		2430	
21	3	3	66	3	727	13	850	10	2551	10

Suite du PREMIER TABLEAU *de la premiere Combinaison du Jeu par* AMBES *sur sept Numéros liés.*

Tirages.	PRIX de l'Ambe par lui-même à chaque Tirage.		MONTANT de la Mise par elle-même à chaque Tirage.		TOTAL des Sommes déjà employées jusques & compris le Tirage indiqué.		MONTANT du Produit que donne la sortie d'un Ambe.		MONTANT du Produit de la sortie de 3 Numéros, c'est-à-dire, de 3 Ambes.	
	tt	s	tt	s	tt	s	tt	s	tt	s
22	3	6	69	6	796	19	891	1	2673	1
23	3	9	72	9	869	8	931	10	2794	10
B 24	...3..	12.	...75..	12.	...945..	....	...972..	....	...2916..	....B
25	3	18	81	18	1026	18	1053		3159	
26	4	7	91	7	1118	5	1174	10	3523	10
27	4	19	103	19	1222	4	1336	10	4009	10
28	5	14	119	14	1341	18	1539		4617	
29	6	12	138	12	1480	10	1782		5346	
30	7	13	160	13	1541	3	2065	10	6196	10
31	8	17	185	17	1827		2389	10	7168	10
32	10	4	214	4	2041	4	2754		8262	
33	11	14	245	14	2286	18	3159		9477	
34	13	7	285	7	2567	5	3604	10	10813	10
35	15	3	318	3	2885	8	4090	10	12271	10
36	17	2	359	2	3244	10	4617		13851	
37	19	4	403	4	3647	14	5184		15552	
38	21	9	450	9	4098	3	5791	10	17374	10
39	23	17	500	17	4599		6439	10	19318	10
40	26	8	554	8	5153	8	7128		21384	
41	29	2	611	2	5764	10	7857		23571	
42	31	19	670	19	6435	9	8626	10	25879	10
43	34	19	733	19	7169	8	9436	10	28309	10
44	38	2	800	2	7969	10	10287		30861	
45	41	8	869	8	8828	18	11178		33534	
46	44	17	941	17	9780	15	12109	10	36328	10
47	48	9	1017	9	10798	4	13081	10	39244	10
48	52	7	1099	7	11897	11	14134	10	42403	10
49	56	14	1190	14	13083	5	15309		45927	
50	61	13	1294	13	14382	18	16645	10	49936	10
51	67	7	1414	7	15797	5	18184	10	54553	10
52	73	19	1552	19	17350	4	19966	10	59899	10
53	81	12	1713	12	19063	16	22032		66096	
54	90	9	1899	9	20963	5	24421	10	73264	10
55	100	13	2113	13	23076	18	27175	10	81526	10

Suite du PREMIER TABLEAU *de la premiere Combinaison du Jeu par* AMBES *sur sept Numéros liés.*

Tirages.	PRIX de l'Ambe par lui-même à chaque Tirage.		MONTANT de la Mise par elle-même à chaque Tirage.		TOTAL des Sommes déja employées jusques & compris le Tirage indiqué.		MONTANT du Produit que donne la sortie d'un Ambe.		MONTANT du Produit de la sortie de 3 Numéros, c'est-a-dire, de 3 Ambes.	
56	112tt	7	2359tt	7s	25436tt	5s	30334tt	10s	91003tt	10s
57	125	14	2639	14	28075	19	33939		101817	
58	140	17	2957	17	31033	16	38029	10	114088	10
59	157	19	3316	19	34350	15	42646	10	127939	10
60	177	3	3720	3	38070	18	47830	10	143491	10
61	198	12	4170	12	42241	10	53622		160866	
62	222	9	4671	9	46912	19	60061	10	180184	10
63	248	17	5225	17	52138	16	67189	10	201568	10
64	277	19	5836	19	57975	15	75046	10	225139	10

(H.. 21)   (A.. 39)   (E... 2760tt 15s)

SECOND TABLEAU

de la premiere Combinaison du Jeu par AMBES, *sur sept Numéros liés.*

1	tt	3s	3tt	3s	3tt	3s	40tt	10s	121tt	10s
2		6	6	6	9	9	81		243	
3		9	9	9	18	18	121	10	364	10
4		12	12	12	31	10	162		486	
5		15	15	15	47	5	202	10	607	10
6		18	18	18	66	3	243		729	
7	1	1	22	1	88	4	283	10	850	10
8	1	4	25	4	113	8	324		972	
9	1	7	28	7	141	15	364	10	1093	10
10	1	10	31	10	173	5	405		1215	
11	1	13	34	13	207	18	445	10	1336	10
12	1	16	37	16	245	14	486		1458	
13	1	19	40	19	286	13	526	10	1579	10
14	2	2	44	2	330	15	567		1701	
15	2	5	47	5	378		607	10	1822	10
16	2	8	50	8	428	8	648		1944	

Suite du SECOND TABLEAU de la premiere Combinaison du Jeu par AMBES sur sept Numéros liés.

Tirages.	PRIX de l'Ambe par lui-même à chaque Tirage.		MONTANT de la Mise par elle-même à chaque Tirage.		TOTAL des Sommes déjà employées jusques & compris le Tirage indiqué.		MONTANT du Produit que donne la sortie d'un Ambe.		MONTANT du Produit de la sortie de 3 Numéros, c'est-à-dire, de 3 Ambes.	
17	2 ₶	11	55 ₶	11	481 ₶	19	688 ₶	10	2065 ₶	10
18	2	14	56	14	538	13	729		2187	
19	2	17	59	17	598	10	769	10	2308	10
B·20	...3......		...63......		...661.	10.	...810......		...2430......B	
21	3	6	69	6	730	16	891		2673	
22	3	15	78	15	809	11	1012	10	3037	10
23	4	7	91	7	900	18	1174	10	3523	10
24	5	2	107	2	1008		1377		4131	
25	6		126		1134		1620		4860	
26	7	1	148	1	1282	1	1903	10	5710	10
27	8	5	173	5	1455	6	2227	10	6682	10
28	9	12	201	12	1656	18	2592		7776	
29	11	2	233	2	1890		2997		8991	
30	12	15	267	15	2157	15	3442	10	10327	10
31	14	11	305	11	2463	6	3928	10	11785	10
32	16	10	346	10	2809	16	4455		13365	
33	18	12	390	12	3200	8	5022		15066	
34	20	17	437	17	3638	5	5629	10	16888	10
35	23	5	488	5	4126	10	6277	10	18832	10
36	25	16	541	16	4668	6	6966		20898	
37	28	10	598	10	5266	16	7695		23085	
38	31	7	658	7	5925	3	8464	10	25393	10
39	34	7	721	7	6646	10	9274	10	27823	10
40	37	13	790	13	7437	3	10165	10	30496	10
41	41	8	869	8	8306	11	11178		33534	
42	45	15	960	15	9267	6	12352	10	37057	10
43	50	17	1067	17	10335	3	13729	10	41188	10
44	56	17	1193	17	11529		15349	10	46048	10
45	63	18	1341	18	12870	18	17253		51759	
46	72	3	1515	3	14386	1	19480	10	58441	10
47	81	15	1716	15	16102	16	22072	10	66217	10
48	92	17	1949	17	18052	13	25069	10	75208	10
49	105	12	2217	12	20270	5	28512		85536	
50	120	3	2523	3	22793	8	32440	10	97321	10

Suite du SECOND TABLEAU *de la premiere Combinaison du Jeu par* AMBES *sur sept Numéros liés.*

Tirages.	PRIX de l'Ambe par lui-même à chaque Tirage.	MONTANT de la Mise par elle-même à chaque Tirage.	TOTAL des Sommes déja employées jusques & compris le Tirage indiqué.	MONTANT du Produit que donne la sortie d'un Ambe.	MONTANT du Produit de la sortie de 3 Numéros, c'est-à-dire, de 3 Ambes.
51	136 tt 13 s	2869 tt 13 s	25663 tt 1 s	36895 tt 10 s	110686 tt 10 s
52	155 5	3260 5	28923 6	41917 10	125752 10
53	176 2	3698 2	32621 8	47547	142641
54	199 7	4186 7	36807 15	53824 10	161473 10
55	225 3	4728 3	41535 18	60790 10	182371 10
56	253 13	5326 13	46862 11	68485 10	205456 10
57	285	5985	52847 11	76950	230850

(H... 21)   (A... 40)   (E... 2516 tt 11 s)

TROISIEME TABLEAU

de la premiere Combinaison du Jeu par AMBES *sur sept Numéros liés.*

	PRIX de l'Ambe.	MONTANT de la Mise.	TOTAL des Sommes.	MONTANT du Produit d'un Ambe.	MONTANT du Produit de 3 Ambes.
1	tt 3 s	3 tt 3 s	3 tt 3 s	40 tt 10 s	121 tt 10 s
2	6	6 6	9 9	81	243
3	9	9 9	18 18	121 10	364 10
4	12	12 12	31 10	162	486
5	15	15 15	47 5	202 10	607 10
6	18	18 18	66 3	243	729
7	1 1	22 1	88 4	283 10	850 10
8	1 4	25 4	113 8	324	972
9	1 7	28 7	141 15	364 10	1093 10
10	1 10	31 10	173 5	405	1215
11	1 13	34 13	207 18	445 10	1336 10
12	1 16	37 16	245 14	486	1458
13	1 19	40 19	286 13	526 10	1579 10
14	2 2	44 2	330 15	567	1701
15	2 5	47 5	378	607 10	1822 10
B 16	...2...8.	...50...8.	...428...8.	...648....	....1944......B
17	2 14	56 14	485 2	729	2187
18	3 3	66 3	551 5	850 10	2551 10

Suite

Suite du TROISIEME TABLEAU *de la premiere Combinaison du Jeu par* AMBES *sur sept Numéros liés.*

Tirages.	PRIX de l'Ambe par lui-même à chaque Tirage.		MONTANT de la Mise par elle-même à chaque Tirage.		TOTAL des Sommes déja employées jusques & compris le Tirage indiqué.		MONTANT du Produit que donne la sortie d'un Ambe.		MONTANT du Produit de la sortie de 3 Numéros, c'est-à-dire, de 3 Ambes.	
19	3	15	78	15	630	1	1012	10	3037	10
20	4	10	94	10	724	10	1215		3645	
21	5	8	113	8	837	18	1458		4374	
22	6	9	135	9	973	7	1741	10	5224	10
23	7	13	160	13	1134		2065	10	6196	10
24	9		189		1323		2430		7290	
25	10	10	220	10	1543	10	2835		8505	
26	12	3	255	3	1798	13	3230	10	9841	10
27	13	19	292	19	2091	12	3766	10	11299	10
28	15	18	333	18	2425	10	4293		12879	
29	18		378		2803	10	4860		14580	
30	20	5	425	5	3228	15	5467	10	16402	10
31	22	13	475	13	3704	8	6115	10	18346	10
32	25	7	532	7	4236	15	6844	10	20533	10
33	28	10	598	10	4835	5	7695		23085	
34	32	5	677	5	5512	10	8707	10	26122	10
35	36	15	771	15	6284	5	9922	10	29767	10
36	42	3	885	3	7169	8	11380	10	34141	10
37	48	12	1020	12	8190		13122		39366	
38	56	5	1181	5	9371	5	15187	10	45562	10
39	65	5	1370	5	10741	10	17617	10	52852	10
40	75	15	1590	15	12332	5	20452	10	61357	10
41	87	18	1845	18	14178	3	23733		71199	
42	101	17	2138	17	16317		27499	10	82498	10
43	117	15	2472	15	18789	15	31792	10	95377	10
44	135	15	2850	15	21640	10	36652	10	109957	10
45	156		3276		24916	10	42120		126360	
46	178	13	3751	13	28668	3	48235	10	144706	10
47	204		4284		32952	3	55080		165240	
48	232	10	4882	10	37834	13	62775		188325	
49	264	15	5559	15	43394	8	71482	10	214447	10
50	300		5300		49694	8	81000		243000	

(H.. 21) (A.. 41) (E.. 2366 8)

H.

QUATRIEME TABLEAU
de la 1ʳᵉ Combinaison du Jeu par AMBES sur 8 Nᵒˢ. liés.

Tirages.	PRIX de l'Ambe par lui-même à chaque Tirage.		MONTANT de la Mise par elle-même à chaque Tirage.		TOTAL des Sommes déjà employées jusques & compris le Tirage indiqué.		MONTANT du Produit que donne la sortie d'un Ambe.		MONTANT du Produit de la sortie de 3 Numéros, c'est-à-dire, de 3 Ambes.	
	tt	s	tt	s	tt	s	tt	s	tt	s
1		3	4	4	4	4	40	10	121	10
2		6	8	8	12	12	81		243	
3		9	12	12	25	4	121	10	364	10
4		12	16	16	42		162		486	
5		15	21		63		202	10	607	10
6		18	25	4	88	4	243		729	
7	1	1	29	8	117	12	283	10	850	10
8	1	4	33	12	151	4	324		972	
9	1	7	37	16	189		364	10	1093	10
10	1	10	42		231		405		1215	
11	1	13	46	4	277	4	445	10	1336	10
12	1	16	50	8	327	12	486		1458	
13	1	19	54	12	382	4	526	10	1579	10
14	2	2	58	16	441		567		1701	
15	2	5	63		504		607	10	1822	10
16	2	8	67	4	571	4	648		1944	
17	2	11	71	8	642	12	688	10	2065	10
B 18	…2	.14.	…75	.12.	…718	…4.	…729	…..	…2187	……. B
19	3		84		802	4	810		2430	
20	3	9	96	12	898	16	931	10	2794	10
21	4	1	113	8	1012	4	1093	10	3280	10
22	4	16	134	8	1146	12	1296		3888	
23	5	14	159	12	1306	4	1539		4617	
24	6	15	189		1495	4	1822	10	5467	10
25	7	19	222	12	1717	16	2146	10	6439	10
26	9	6	260	8	1978	4	2511		7533	
27	10	16	302	8	2280	12	2916		8748	
28	12	9	348	12	2629	4	3361	10	10084	10
29	14	5	399		3028	4	3847	10	11542	10
30	16	4	453	12	3481	16	4374		13122	
31	18	6	512	8	3994	4	4941		14823	
32	20	11	575	8	4569	12	5548	10	16645	10
33	22	19	642	12	5212	4	6196	10	18589	10
34	25	10	714		5926	4	6885		20655	

Suite du QUATRIEME TABLEAU *de la premiere Combinaison du Jeu par* AMBES *sur huit Numéros liés.*

Tirages.	PRIX de l'Ambe par lui-même à chaque Tirage.	MONTANT de la Mise par elle-même à chaque Tirage.	TOTAL des Sommes déja employees jusques & compris le Tirage indiqué.	MONTANT du Produit que donne la sortie d'un Ambe.	MONTANT du Produit de la sortie de 3 Numéros, c'est-à-dire, de 3 Ambes.
35	28tt 4s	789tt 12s	6715tt 16s	7614tt s	22842tt s
36	31 4	873 12	7589 8	8424	25272
37	34 13	970 4	8559 12	9355 10	28066 10
38	38 14	1083 12	9643 4	10449	31347
39	43 10	1218	10861 4	11745	35235
40	49 4	1377 12	12238 16	13284	39852
41	55 19	1566 12	13805 8	15106 10	45319 10
42	63 18	1789 4	15594 12	17253	51759
43	73 4	2049 12	17644 4	19764	59292
44	84	2352	19996 4	22680	68040
45	96 9	2700 12	22696 16	26041 10	78124 10
46	110 14	3099 12	25796 8	29889	89667
47	126 18	3553 4	29349 12	34263	102789
48	145 4	4065 12	33415 4	39204	117612
49	165 15	4641	38056 4	44752 10	134257 10
50	188 14	5283 12	43339 16	50949	152847
51	214 4	5997 12	49337 8	57834	173502
52	242 8	6787 4	56124 12	65448	196344
53	273 12	7660 16	63785 8	73872	221616

(H.. 28)   (A.. 42)   (E.. 2278tt 1s)

CINQUIEME TABLEAU

de la premiere Combinaison du Jeu par AMBES *sur huit Numéros liés.*

1	tt 3s	4tt 4s	4tt 4s	40tt 10s	121tt 10s
2	6	8 8	12 12	81	243
3	9	12 12	25 4	121 10	364 10
4	12	16 16	42	162	486
5	15	21	63	202 10	607 10
6	18	25 4	88 4	243	729
7	1 1	29 8	117 12	283 10	850 10

Suite du CINQUIEME TABLEAU *de la premiere Combinaison du Jeu par* AMBES *sur huit Numéros liés.*

Tirages.	PRIX de l'Ambe par lui-même à chaque Titage.		MONTANT de la Mise par elle-même à chaque Tirage.		TOTAL des Sommes déja employées suivques & compris le Tirage indiqué.		MONTANT du Produit que donne la sortie d'un Ambe.		MONTANT du Produit de la sortie de 3 Numéros, c'est-à-dire, de 3 Ambes.	
8	1 ₶	4 ˢ	33 ₶	12 ˢ	151 ₶	4 ˢ	324 ₶		972 ₶	
9	1	7	37	16	189		364	10	1093	10
10	1	10	42		231		405		1215	
11	1	13	46	4	277	4	445	10	1336	10
12	1	16	50	8	327	12	486		1458	
13	1	19	54	12	382	4	526	10	1579	10
14	2	2	58	16	441		567		1701	
B 15	...2...5.		...63......		...504......		...607.10.		...1822.10.B	
16	2	11	71	8	575	8	688	10	2065	10
17	3		84		659	8	810		2430	
18	3	12	100	16	760	4	972		2916	
19	4	7	121	16	882		1174	10	3523	10
20	5	5	147		1029		1417	10	4252	10
21	6	6	176	8	1205	8	1701		5103	
22	7	10	210		1415	8	2025		6075	
23	8	17	247	16	1663	4	2389	10	7168	10
24	10	7	289	16	1953		2794	10	8383	10
25	12		336		2289		3240		9720	
26	13	16	386	8	2675	8	3726		11178	
27	15	15	441		3116	8	4252	10	12757	10
28	17	17	499	16	3616	4	4819	10	14458	10
29	20	2	562	16	4179		5427		16281	
30	22	13	634	4	4813	4	6115	10	18346	10
31	25	13	718	4	5531	8	6925	10	20776	10
32	29	5	819		6350	8	7897	10	23692	10
33	33	12	940	16	7291	4	9072		27216	
34	38	17	1087	16	8379		10489	10	31468	10
35	45	3	1264	4	9643	4	12190	10	36571	10
36	52	13	1474	4	11117	8	14215	10	42646	10
37	61	10	1722		12839	8	16605		49815	
38	71	17	2011	16	14851	4	19399	10	58198	10
39	83	17	2347	16	17199		22639	10	67918	10
40	97	13	2734	4	19933	4	26365	10	79096	10
41	113	8	3175	4	23108	8	30618		91854	

Suite du CINQUIEME TABLEAU *de la premiere Combinaison du Jeu par* AMBES *sur huit Numéros liés.*

Tirages.	PRIX de l'Ambe par lui-même à chaque Tirage.	MONTANT de la Mise par elle-même à chaque Tirage.	TOTAL des Sommes déja employées jusques & compris le Tirage indiqué.	MONTANT du Produit que donne la sortie d'un Ambe.	MONTANT du Produit de la sortie de 3 Numéros, c'est-à-dire, de 3 Ambes.
42	131ᵗᵗ 5ˢ	3675ᵗᵗ 1	26783ᵗᵗ 8ˢ	35437ᵗᵗ 10ˢ	106312ᵗᵗ 10ˢ
43	151 7	4237 16	31021 4	40864 10	122593 10
44	174	4872	35893 4	46980	140940
45	199 13	5590 4	41483 8	53905 10	161716 10
46	228 18	6409 4	47892 12	61803	185409
47	262 10	7350	55242 12	70875	212625
48	300	8400	63642 12	81000	243000

(H... 28) (A... 43) (E... 2272ᵗᵗ 19ˢ)

SIXIEME TABLEAU

de la premiere Combinaison du Jeu par AMBES *sur huit Numéros liés.*

	PRIX de l'Ambe.	MONTANT de la Mise.	TOTAL des Sommes.	MONTANT du Produit d'un Ambe.	MONTANT du Produit de 3 Ambes.
1	ᵗᵗ 3ˢ	4ᵗᵗ 4ˢ	4ᵗᵗ 4ˢ	40ᵗᵗ 10ˢ	121ᵗᵗ 10ˢ
2	6	8 8	12 12	81	243
3	9	12 12	25 4	121 10	364 10
4	12	16 16	42	162	486
5	15	21	63	202 10	607 10
6	18	25 4	88 4	243	729
7	1 1	29 8	117 12	283 10	850 10
8	1 4	33 12	151 4	324	972
9	1 7	37 16	189	364 10	1093 10
10	1 10	42	231	405	1215
11	1 13	46 4	277 4	445 10	1336 10
B 12	...1.16.	...50...8.	...327.12.	...486......	...1458......B
13	2 2	58 16	386 8	567	1701
14	2 11	71 8	457 16	688 10	2065 10
15	3 3	88 4	546	850 10	2551 10
16	3 18	109 4	655 4	1053	3159
17	4 16	134 8	789 12	1296	3588
18	5 17	163 16	953 8	1579 10	4738 10
19	7 1	197 8	1150 16	1903 10	5710 10

Suite du SIXIEME TABLEAU *de la premiere Combinaison du Jeu par* AMBES *sur huit Numéros liés.*

Tirages.	PRIX de l'Ambe par lui-même à chaque Tirage.		MONTANT de la Mise par elle-même à chaque Tirage.		TOTAL des Sommes déjà employées jusques & compris le Tirage indiqué.		MONTANT du Produit que donne la sortie d'un Ambe.		MONTANT du Produit de la sortie de 3 Numéros, c'est-à-dire, de 3 Ambes.	
	₶	s	₶	s	₶	s	₶	s	₶	s
20	6	8	235	4	1386	1	2268	1	6804	5
21	9	13	277	4	1663	4	2673		8019	
22	11	11	323	6	1986	12	3118	10	9355	10
23	13	7	373	16	2360	8	3604	10	10813	10
24	15	9	432	12	2793		4171	10	12514	10
25	18		504		3297		4860		14580	
26	21	3	592	4	3889	4	5710	10	17131	10
27	25	1	701	8	4590	12	6763	10	20290	10
28	29	17	835	16	5426	8	8059	10	24178	10
29	35	14	999	12	6426		9639		28917	
30	42	15	1197		7623		11542	10	34627	10
31	51	3	1432	4	9055	4	13810	10	41431	10
32	61	1	1709	8	10764	12	16483	10	49450	10
33	72	12	2032	16	12797	8	19602		58806	
34	85	19	2406	12	15204		23206	10	69619	10
35	101	8	2839	4	18043	4	27378		82134	
36	119	8	3343	4	21386	8	32238		96714	
37	140	11	3935	8	25321	16	37948	10	113845	10
38	165	12	4636	16	29958	12	44712		134136	
39	195	9	5472	12	35431	4	52771	10	158314	10
40	231	3	6472	4	41903	8	62410	10	187231	10
41	273	18	7669	4	49572	12	73953		221859	

(H... 28)   (A... 44)   (E... 1770₶ 9s)

SEPTIEME TABLEAU

de la premiere Combinaison du Jeu par AMBES *sur neuf Numéros liés.*

	₶	s	₶	s	₶	s	₶	s	₶	s
1		3	5	8	5	8	40	10	121	10
2	6		10	16	16	4	81		243	
3	9		16	4	32	8	121	10	364	10
4	12		21	12	54		162		486	

Suite du SEPTIEME TABLEAU de la premiere Combinaison du Jeu par AMBES sur neuf Numéros liés.

Tirages.	PRIX de l'Ambe par lui-même à chaque Tirage. (₶)	(ſ)	MONTANT de la Mise par elle-même à chaque Tirage. (₶)	(ſ)	TOTAL des Sommes déja employées juſques & compris le Tirage indiqué. (₶)	(ſ)	MONTANT du Produit que donne la ſortie d'un Ambe. (₶)	(ſ)	MONTANT du Produit de la ſortie de 3 Numéros, c'eſt-à-dire, de 3 Ambes. (₶)	(ſ)
5		15	27		81		202	10	607	10
6		18	32	8	113	8	243		729	
7	1	1	37	16	151	4	283	10	850	10
8	1	4	43	4	194	8	324		972	
9	1	7	48	12	243		364	10	1093	10
10	1	10	54		297		405		1215	
11	1	13	59	8	356	8	445	10	1336	10
12	1	16	64	16	421	4	486		1458	
B 13	1	19	70	4	491	8	526	10	1579	10 . B
14	2	5	81		572	8	607	10	1822	10
15	2	14	97	4	669	12	729		2187	
16	3	6	118	16	788	8	891		2673	
17	4	1	145	16	934	4	1093	10	3280	10
18	4	19	178	4	1112	8	1336	10	4009	10
19	6		216		1328	8	1620		4860	
20	7	4	259	4	1587	12	1944		5832	
21	8	11	307	16	1895	8	2308	10	6925	10
22	10	1	361	16	2257	4	2713	10	8140	10
23	11	14	421	4	2678	8	3159		9477	
24	13	10	486		3164	8	3645		10935	
25	15	9	556	4	3720	12	4171	10	12514	10
26	17	14	637	4	4357	16	4779		14337	
27	20	8	734	8	5092	4	5508		16524	
28	23	14	853	4	5945	8	6399		19197	
29	27	15	999		6944	8	7492	10	22477	10
30	32	14	1177	4	8121	12	8829		26487	
31	38	14	1393	4	9514	16	10449		31347	
32	45	18	1652	8	11167	4	12393		37179	
33	54	9	1960	4	13127	8	14701	10	44104	10
34	64	10	2322		15449	8	17415		52245	
35	76	4	2743	4	18192	12	20574		61722	
36	89	14	3229	4	21421	16	24219		72657	
37	105	3	3785	8	25207	4	28390	10	85171	10
38	122	17	4422	12	29629	16	33169	10	99508	10

Suite du SEPTIEME TABLEAU *de la premiere Combinaison du Jeu par* AMBES *sur neuf Numéros liés.*

Tirages.	PRIX de l'Ambe par lui-même à chaque Tirage.	MONTANT de la Mise par elle-même à chaque Tirage.	TOTAL des Sommes déia employées jusques & compris le Tirage indiqué.	MONTANT du Produit que donne la sortie d'un Ambe.	MONTANT du Produit de la sortie de 3 Numéros, c'est-à-dire, de 3 Ambes.
39	143 tt 5 s	5157 tt s	34786 tt 16 s	38677 tt 10 s	116032 tt 10 s
40	166 19	6010 4	40797	45076 10	135229 10
41	194 14	7009 4	47806 4	52569	157707
42	227 8	8186 8	55992 12	61398	184194
43	266 2	9579 12	65572 4	71847	215541

(H... 36)   (A... 45)   (E... 1821 tt 9 s)

HUITIEME TABLEAU

de la premiere Combinaison du Jeu par AMBES *sur neuf Numéros liés.*

	tt s	tt s	tt s	tt s	tt s
1	3 s	5 tt 8 s	5 tt 8 s	40 tt 10 s	121 tt 10 s
2	6	10 16	16 4	81	243
3	9	16 4	32 8	121 10	364 10
4	12	21 12	54	162	486
5	15	27	81	202 10	607 10
6	18	32 8	113 8	243	729
7	1 1	37 16	151 4	283 10	850 10
8	1 4	43 4	194 8	324	972
9	1 7	48 12	243	364 10	1093 10
10	1 10	54	297	405	1215
B 11	...1 .13.	...59...8.	...356...8.	...445.10.	...1336.10. B
12	1 19	70 4	426 12	526 10	1579 10
13	2 8	86 8	513	648	1944
14	3	108	621	810	2430
15	3 15	135	756	1012 10	3037 10
16	4 13	167 8	923 8	1255 10	3766 10
17	5 14	205 4	1128 12	1539	4617
18	6 18	248 8	1377	1863	5589
19	8 5	297	1674	2227 10	6682 10
20	9 15	351	2025	2632 10	7897 10

Suite

Suite du HUITIEME TABLEAU *de la premiere Combinaison du Jeu par* AMBES *sur neuf Numéros liés.*

Tirages.	PRIX de l'Ambe par lui-même à chaque Tirage.		MONTANT de la Mise par elle-même à chaque Tirage.		TOTAL des Sommes déja employées jusques & compris le Tirage indiqué.		MONTANT du Produit que donne la sortie d'un Ambe.		MONTANT du Produit de la sortie de 3 Numéros, c'est-à-dire, de 3 Ambes.	
21	11 tt	8	410 tt	8	2435 tt	8	3075 tt	1	9234 tt	1
22	13	7	480	12	2916		3604	10	10813	10
23	15	15	567		3483		4252	10	12757	10
24	18	15	675		4158		5062	10	15187	10
25	22	10	810		4968		6075		18225	
26	27	3	977	8	5945	8	7330	10	21991	10
27	32	17	1182	12	7128		8869	10	26608	10
28	39	15	1431		8559		10732	10	32197	10
29	48		1728		10287		12960		38880	
30	57	15	2079		12366		15592	10	46777	10
31	69	3	2489	8	14855	8	18670	10	56011	10
32	82	10	2970		17825	8	22275		66825	
33	98	5	3537		21362	8	26527	10	79582	10
34	117		4212		25574	8	31590		94770	
35	139	10	5022		30596	8	37665		112995	
36	166	13	5999	8	36595	16	44995	10	134986	10
37	199	10	7182		43777	16	53865		161595	
38	239	5	8613		52390	16	64597	10	193792	10
39	287	5	10341		62731	16	77557	10	232672	10

(H... 36) (A... 46) (E... 1742 tt 11 s)

NEUVIEME TABLEAU

de la premiere Combinaison du Jeu par AMBES *sur neuf Numéros liés*

1	tt	3	5 tt	8	5 tt	8	40 tt	10	121 tt	10
2	6		10	16	16	4	81		243	
3	9		16	4	32	8	121	10	364	10
4	12		21	12	54		162		486	
5	15		27		81		202	10	607	10
6	18		32	8	113	8	243		729	
7	1	1	37	16	151	4	283	10	850	10

Suite du NEUVIEME TABLEAU de la premiere Combinaison du Jeu par AMBES sur neuf Numéros liés

Tirages.	PRIX de l'Ambe par lui-même à chaque Tirage.		MONTANT de la Mise par elle-même à chaque Tirage.		MONTANT TOTAL des Sommes déja employées jufques & compris le Tirage indiqué.		MONTANT du produit que donne la fortie d'un Ambe.		MONTANT du Produit de la fortie de 3 Numéros, c'eft-à-dire, de 3 Ambes.	
8	1ᵗᵗ	4ˢ	43ᵗᵗ	4ˢ	194ᵗᵗ	8ˢ	324ᵗᵗ	ſ	972ᵗᵗ	ſ
B. 9	...1...	7.	....48.	12.	...243...	...	...364.	10.	...1093.	10.
10	1	13	59	8	302	8	445	10	1336	10
11	2	2	75	12	378		567		1701	
12	2	14	97	4	475	4	729		2187	
13	3	9	124	4	599	8	931	10	2794	10
14	4	7	156	12	756		1174	10	3523	10
15	5	8	194	8	950	8	1458		4374	
16	6	12	237	12	1188		1782		5346	
17	7	19	286	4	1474	4	2146	10	6439	10
18	9	12	345	12	1819	16	2592		7776	
19	11	14	421	4	2241		3159		9477	
20	14	8	518	8	2759	8	3888		11664	
21	17	17	642	12	3402		4819	10	14458	10
22	22	4	799	4	4201	4	5994		17982	
23	27	12	993	12	5194	16	7452		22356	
24	34	4	1231	4	6426		9234		27702	
25	42	3	1517	8	7943	8	11380	10	34141	10
26	51	15	1863		9806	8	13972	10	41917	10
27	63	9	2284	4	12090	12	17131	10	51394	10
28	77	17	2802	12	14893	4	21019	10	63058	10
29	95	14	3445	4	18338	8	25839		77517	
30	117	18	4244	8	22582	16	31833		95499	
31	145	10	5238		27820	16	39285		117855	
32	179	14	6469	4	34290		48519		145557	
33	221	17	7986	12	42276	12	59899	10	179698	10
34	273	12	9849	12	52126	4	73872		221616	

(H... 36)   (A... 47)   (E... 1447ᵗᵗ 19)

DIXIEME TABLEAU
de la 1ʳᵉ Combinaison du Jeu par AMBES sur dix Nᵒˢ. liés.

Tirages.	PRIX de l'Ambe par lui-même à chaque Tirage. (livres)	(sols)	MONTANT de la Mise par elle-même à chaque Tirage. (livres)	(sols)	MONTANT TOTAL des Sommes deja employées jusques & compris le tirage indiqué. (livres)	(sols)	MONTANT du Produit que donne la sortie d'un Ambe. (livres)	(sols)	MONTANT du Produit de la sortie de 3 Numéros, c'est-à-dire, de 3 Ambes. (livres)	(sols)
1		3	6	15	6	15	40	10	121	10
2		6	13	10	20	5	81		243	
3		9	20	5	40	10	121	10	364	10
4		12	27		67	10	162		486	
5		15	33	15	101	5	202	10	607	10
6		18	40	10	141	15	243		729	
7	1	1	47	5	189		283	10	850	10
8	1	4	54		243		324		972	
9	1	7	60	15	303	15	364	10	1093	10
B 10	...1.	10.	.....67.	10.	...371...	5.	...405......		....1215.........	
11	1	16	81		452	5	486		1458	
12	2	5	101	5	553	10	607	10	1822	10
13	2	17	128	5	681	15	769	10	2308	10
14	3	12	162		843	15	972		2916	
15	4	10	202	10	1046	5	1215		3645	
16	5	11	249	15	1296		1498	10	4495	10
17	6	15	303	15	1599	15	1822	10	5467	10
18	8	2	364	10	1964	5	2187		6561	
19	9	12	432		2396	5	2592		7776	
20	11	8	513		2909	5	3078		9234	
21	13	13	614	5	3523	10	3685	10	11056	10
22	16	10	742	10	4266		4455		13365	
23	20	2	904	10	5170	10	5427		16281	
24	24	12	1107		6277	10	6642		19926	
25	30	3	1356	15	7634	5	8140	10	24421	10
26	36	18	1660	10	9294	15	9963		29889	
27	45		2025		11319	15	12150		36450	
28	54	12	2457		13776	15	14742		44226	
29	66		2970		16746	15	17820		53460	
30	79	13	3584	5	20331		21505	10	64516	10
31	96	3	4326	15	24657	15	25960	10	77881	10
32	116	5	5231	5	29889		31387	10	94162	10
33	140	17	6338	5	36227	5	38029	10	114088	10
34	171		7695		43922	5	46170		138510	

Suite du DIXIEME TABLEAU de la premiere Combinaison du Jeu par AMBES sur dix Numéros liés.

Tirages.	PRIX de l'Ambe par lui-même à chaque Tirage.	MONTANT de la Mise parelle-même à chaque Tirage.	TOTAL des Sommes déja employées jusques & compris le Tirage indiqué.	MONTANT du Produit que donne la sortie d'un Ambe.	MONTANT du Produit de la sortie de 3 Numéros, c'est-à-dire, de 3 Ambes.
35	207tt 18s	9355tt 10s	53277tt 15s	56133tt	168399tt
36	252 18	11380 10	64658 5	68283	204849

(H... 45)　(A... 48)　(E... 1436tt 17s)

ONZIEME TABLEAU
de la premiere Combinaison du Jeu par AMBES sur dix Numéros liés.

	PRIX de l'Ambe par lui-même à chaque Tirage.	MONTANT de la Mise parelle-même à chaque Tirage.	TOTAL des Sommes déja employées jusques & compris le Tirage indiqué.	MONTANT du Produit que donne la sortie d'un Ambe.	MONTANT du Produit de la sortie de 3 Numéros, c'est-à-dire, de 3 Ambes.
1	tt 3s	6tt 15s	6tt 15s	40tt 10s	121tt 10s
2	6	13 10	20 5	81	243
3	9	20 5	40 10	121 10	364 10
4	12	27	67 10	162	486
5	15	33 15	101 5	202 10	607 10
6	18	40 10	141 15	243	729
7	1 1	47 5	189	283 10	850 10
B.8	...1...4.	......54......	...243......	...324......	......972......B
9	1 10	67 10	310 10	405	1215
10	1 19	87 15	398 5	526 10	1579 10
11	2 11	114 15	513	688 10	2065 10
12	3 6	148 10	661 10	891	2673
13	4 4	189	850 10	1134	3402
14	5 5	236 5	1086 15	1417 10	4252 10
15	6 9	290 5	1377	1741 10	5224 10
16	7 19	357 15	1734 15	2146 10	6439 10
17	9 18	445 10	2180 5	2673	8019
18	12 9	560 5	2740 10	3361 10	10084 10
19	15 15	708 15	3449 5	4252 10	12757 10
20	19 19	897 15	4347	5386 10	16159 10
21	25 4	1134	5481	6804	20412
22	31 13	1424 5	6905 5	8545 10	25636 10
23	39 12	1782	8687 5	10692	32076
24	49 10	2227 10	10914 15	13365	40095

Suite du ONZIEME TABLEAU *de la premiere Combinaison du Jeu par* AMBES *sur dix Numéros liés.*

Tirages.	PRIX de l'Ambe par lui-même à chaque Tirage.	MONTANT de la Mise par elle-même à chaque Tirage.	TOTAL des Sommes deja employées jusques & compris le Tirage indiqué.	MONTANT du Produit que donne la sortie d'un Ambe.	MONTANT du Produit de la sortie de 3 Numéros, c'est-à-dire . de 3 Ambes.
25	61 ₶ 19 ſ	2787 ₶ 15 ſ	13702 ₶ 10 ſ	16726 ₶ 10 ſ	50179 ₶ 10 ſ
26	77 14	3496 10	17199	20979	62937
27	97 13	4394 5	21593 5	26365 10	79096 10
28	122 17	5528 5	27121 10	33169 10	99508 10
29	154 10	6952 10	34074	41715	125145
30	194 2	8734 10	42808 10	52407	157221
31	243 12	10962	53770	65772	197316

(H... 45) (A... 49) (E... 1194 ₶ 18 ſ)

DOUZIEME TABLEAU

de la premiere Combinaison du Jeu par AMBES *fur dix Numéros liés.*

	Prix de l'Ambe	Montant de la Mise	Total des Sommes	Montant du Produit Ambe	Montant du Produit 3 Ambes
1	₶ 3 ſ	6 ₶ 15 ſ	6 ₶ 15 ſ	40 ₶ 10 ſ	121 ₶ 10 ſ
2	6	13 10	20 5	81	243
3	9	20 5	40 10	121 10	364 10
4	12	27	67 10	162	486
5	15	33 15	101 5	202 10	607 10
B. 6	.....18.	......40.10.	...141.15.	...243......	.....729.....B
7	1 4	54	195 15	324	972
8	1 13	74 5	270	445 10	1336 10
9	2 5	101 5	371 5	607 10	1822 10
10	3	135	506 5	810	2430
11	3 18	175 10	681 15	1053	3159
12	5 2	229 10	911 5	1377	4131
13	6 15	303 15	1215	1822 10	5467 10
14	9	405	1620	2430	7290
15	12	540	2160	3240	9720
16	15 18	715 10	2875 10	4293	12879
17	21	945	3820 10	5670	17010
18	27 15	1248 15	5069 5	7492 10	22477 10
19	36 15	1653 15	6723	9922 10	29767 10

Suite du DOUZIEME TABLEAU *de la premiere Combinaison du Jeu par* AMBES *sur dix Numéros liés.*

Tirages.	PRIX de l'Ambe par lui-même a chaque Tirage.	MONTANT de la Mise par elle-même à chaque Tirage.	TOTAL des Sommes déja employées jusque & compris le Tirage indiqué.	MONTANT du Produit que donne la sortie d'un Ambe.	MONTANT du Produit de la sortie de 3 Numéros, c'est-à-dire, de 3 Ambes.
20	48 ₶ 15 ſ	2193 ₶ 15 ſ	8916 ₶ 15 ſ	13162 ₶ 10 ſ	39487 ₶ 10 ſ
21	64 13	2909 5	11826	17455 10	52366 10
22	85 13	3854 5	15680 5	23125 10	69376 10
23	113 8	5103	20783 5	30618	91854
24	150 3	6756 15	27540	40540 10	121621 10
25	198 18	8950 10	36490 10	53703	161109
26	263 11	11889 15	48350 5	71158 10	213475 10

(H... 45)   (A... 50)   (E.... 1074 ₶ 9 ſ)

TREIZIEME TABLEAU

de la premiere Combinaison du Jeu par AMBES *sur onze Numéros liés.*

C 1	₶ 3 ſ	8 ₶ 5 ſ	8 ₶ 5 ſ	40 ₶ 10 ſ	121 ₶ 10 ſ C
2	6	16 10	24 15	81	243
3	9	24 15	49 10	121 10	364 10
4	12	33	82 10	162	486
5	15	41 5	123 15	202 10	607 10
6	18	49 10	173 5	243	729
7	1 1	57 15	231	283 10	850 10
B. 8	...1...4.	...66......	...297......	...324.......	......972 ......B
9	1 10	82 10	379 10	405	1215
10	1 19	107 5	486 15	526 10	1579 10
11	2 11	140 5	627	688 10	2065 10
12	3 6	181 10	808 10	891	2673
13	4 4	231	1039 10	1134	3402
14	5 5	288 15	1328 5	1417 10	4252 10
15	6 9	354 15	1683	1741 10	5224 10
16	7 10	437 5	2120 5	2146 10	6439 10
C 17	...9.18.	...544 .10.	.2664 .15.	.2673......	...8019......C
18	12 12	693	3357 15	3402	10206.
19	16 4	891	4248 15	4374	13122

Suite du TREIZIEME TABLEAU *de la premiere Combinaison du Jeu par* AMBES *sur onze Numéros liés.*

Tirages.	PRIX de l'Ambe par lui-même à chaque Tirage.	MONTANT de la Mise par elle-même à chaque Tirage.	TOTAL des Sommes deja employées jusques & compris le Tirage indiqué.	MONTANT du Produit que donne la sortie d'un Ambe.	MONTANT du Produit de la sortie de 3 Numéros, c'est-à-dire, de 3 Ambes.
20	25 tt 17	1146 tt 15	5395 tt 15	5629 tt 10	16888 tt 10
21	26 14	1468 10	6854	7209	21627
22	33 18	1864 10	8228 10	9153	27459
23	42 15	2351 5	11079 15	11542 10	34627 10
24	53 14	2953 10	14033 5	14499	43497
25	67 10	3712 10	17745 15	18225	54675
26	85 4	4686	22431 15	23004	69012
27	108	5940	28371 15	29160	87480
28	137 5	7548 15	35920 10	37057 10	111172 10
29	174 9	9594 15	45515 5	47101 10	141304 10
30	221 8	12177	57692 5	59778	179334
31	280 7	15419 5	73111 10	75694 10	227083 10

(H... 55) (A... 51) (E.. 1329 tt 6)

QUATORZIEME TABLEAU
de la premiere Combinaison du Jeu par AMBES *sur onze Numéros liés.*

1	tt 3	8 tt 5	8 tt 5	40 tt 10	121 tt 10
2	6	16 10	24 15	81	243
3	9	24 15	49 10	121 10	364 10
4	12	33	82 10	162	486
5	15	41 5	123 15	202 10	607 10
B .6	......18.	......49.10.	...173...5.	...243......	......729.....B
7	1 4	66	239 5	324	972
8	1 13	90 15	330	445 10	1336 10
9	2 5	123 15	453 15	607 10	1822 10
10	3	165	618 15	810	2430
11	3 18	214 10	833 5	1053	3159
12	5 2	280 10	1113 15	1377	4131
13	6 15	371 5	1485	1822 10	5467 10
14	9	495	1980	2430	7290

Suite du QUATORZIEME TABLEAU *de la premiere Combinaison du Jeu par* AMBES *sur onze Numéros liés.*

Tirages.	PRIX de l'Ambe par lui-même à chaque Tirage.	MONTANT de la Mise par elle-même à chaque Tirage.	TOTAL des Sommes déja employées jusques & compris le Tirage indiqué.	MONTANT du Produit que donne la sortie d'un Ambe.	MONTANT du Produit de la sortie de 3 Numéros, c'est-à-dire, de 3 Ambes.
15	12tt	660tt	2640tt	3240tt	9720tt
16	15 18	874 10	3514 10	4293	12879
17	21	1155	4669 10	5670	17010
18	27 15	1526 5	6195 15	7492 10	22477 10
19	36 15	2021 5	8217	9922 10	29767 10
20	48 15	2681 5	10898 5	13162 10	39487 10
21	64 13	3555 15	14454	17455 10	52,66 10
22	85 13	4710 15	19164 15	23125 10	69376 10
23	113 8	6237	25401 15	30618	91854
24	150 3	8258 5	33660	40540 10	121621 10
25	198 18	10939 10	44599 10	53703	161109
26	263 11	14495 5	59094 15	71158 10	213475 10

(H... 55)   (A... 52)   (E... 1074tt 9s)

QUINZIEME TABLEAU

de la premiere Combinaison du Jeu par AMBES *sur douze Numéros liés.*

Tirages.	PRIX de l'Ambe par lui-même à chaque Tirage.	MONTANT de la Mise par elle-même à chaque Tirage.	TOTAL des Sommes déja employées jusques & compris le Tirage indiqué.	MONTANT du Produit que donne la sortie d'un Ambe.	MONTANT du Produit de la sortie de 3 Numéros, c'est-à-dire, de 3 Ambes.
1	tt 3s	9tt 18s	9tt 18s	40tt 10s	121tt 10s
2	6	19 16	29 14	81	243
3	9	29 14	59 8	121 10	364 10
4	12	39 12	99	162	486
5	15	49 10	148 10	202 10	607 10
B. 6	.....18.	.....59...8.	...207.18.	...243....	.....729.....B
7	1 4	79 4	287 2	324	972
8	1 13	108 18	396	445 10	1336 10
9	2 5	148 10	544 10	607 10	1822 10
10	3	198	742 10	810	2430
11	3 18	257 8	999 18	1053	3159
12	5 2	336 12	1336 10	1377	4131
13	6 15	445 10	1782	1822 10	5467 10
14	9	594	2376	2430	7290

Suite

Suite du QUINZIEME TABLEAU *de la premiere Combinaison du Jeu par* AMBES *sur douze Numéros liés.*

Tirages.	PRIX de l'Ambe par lui-même à chaque Tirage.		MONTANT de la Mite par elle-même à chaque Tirage.		TOTAL des Sommes déja employées jusques & compris le Tirage indiqué.		MONTANT du Produit que donne la sortie d'un Ambe.		MONTANT du Produit de la sortie de 3 Numéros, c'est-à-dire, de 3 Ambes.	
15	12ᵗᵗ	ˡ	792ᵗᵗ	ˡ	3168ᵗᵗ	ˡ	3240ᵗᵗ	ˡ	9720ᵗᵗ	ˡ
16	15	18	1049	8	4217	8	4293		12879	
17	21		1386		5603	8	5670		17010	
18	27	15	1831	10	7434	18	7492	10	22477	10
19	36	15	2425	10	9860	8	9922	10	29767	10
20	48	15	3217	10	13077	18	13162	10	39487	10
21	64	13	4266	18	17344	16	17455	10	52366	10
22	85	13	5652	18	22997	14	23125	10	69376	10
23	113	8	7484	8	30482	2	30618		91854	
24	150	3	9909	18	40392		40540	10	121621	10
25	198	18	13127	8	53519	8	53703		161109	
26	263	11	17394	6	70912	14	71158	10	213475	10

(H... 66) (A... 53) (E... 1074ᵗᵗ 9ˡ)

SEIZIEME TABLEAU

de la premiere Combinaison du Jeu par AMBES *sur douze Numéros liés.*

1	ᵗᵗ	3ˡ	9ᵗᵗ	18ˡ	9ᵗᵗ	18ˡ	40ᵗᵗ	10ˡ	121ᵗᵗ	10ˡ
2		6	19	16	29	14	81		243	
3		9	29	14	59	8	121	10	364	10
B. 4	......12.		......39.12.		.....99.....		...162......		.....486.....B	
5		18	59	8	158	8	243		729	
6	1	7	89	2	247	10	364	10	1093	10
7	1	19	128	14	376	4	526	10	1579	10
8	2	17	188	2	564	6	769	10	2308	10
9	4	4	277	4	841	10	1134		3402	
10	6	3	405	18	1247	8	1660	10	4981	10
11	9		594		1841	8	2430		7290	
12	13	4	871	4	2712	12	3564		10692	
13	19	7	1277	2	3989	14	5224	10	15673	10
14	28	7	1871	2	5860	16	7654	10	22963	10

K

Suite du SEIZIEME TABLEAU de la premiere Combinaison du Jeu par AMBES sur douze Numéros liés.

Tirages.	PRIX de l'Ambe par lui-même à chaque Tirage.	MONTANT de la Mise par elle-même à chaque Tirage.	TOTAL des Sommes déjà employées jusques & compris le Tirage indiqué.	MONTANT du Produit que donne la sortie d'un Ambe.	MONTANT du Produit de la sortie de 3 Numeros, c'est-à-dire, de 3 Ambes.
15	41tt 11ſ	2742tt 6ſ	8603tt 2ſ	11218tt 10ſ	33655tt 10ſ
16	60 18	4019 8	12622 10	16443	49329
17	89 5	5890 10	18513	24097 10	72292 10
18	130 16	8632 16	27145 16	35316	105948
19	191 14	12652 4	39798	51759	155277
20	280 19	18542 14	58240 14	75856 10	227569 10

(H... 66)   (A... 54)   (E... 883tt 19ſ)

DIX-SEPTIEME TABLEAU

de la 1re Combinaison du Jeu par AMBES sur treize Nos. liés.

Tirages.	PRIX de l'Ambe par lui-même à chaque Tirage.	MONTANT de la Mise par elle-même à chaque Tirage.	TOTAL des Sommes déjà employées jusques & compris le Tirage indiqué.	MONTANT du Produit que donne la sortie d'un Ambe.	MONTANT du Produit de la sortie de 3 Numeros, c'est-à-dire, de 3 Ambes.
1	tt 3ſ	11tt 14ſ	11tt 14ſ	40tt 10ſ	121tt 10ſ
2	6	23 8	35 2	81	243
3	9	35 2	70 4	121 10	364 10
B. 4	.....12.	.....46.16.	...117......	...162......	.....486.....
5	18	70 4	187 4	243	729
6	1 7	105 6	292 10	364 10	1093 10
7	1 19	152 2	444 12	526 10	1579 10
8	2 17	222 6	666 18	769 10	2308 10
9	4 4	327 12	994 10	1134	3402
10	6 3	479 14	1474 4	1660 10	4981 10
11	9	702	2176 4	2430	7290
12	13 4	1029 12	3205 16	3564	10692
13	19 7	1509 6	4715 2	5224 10	15673 10
14	28 7	2211 6	6926 8	7654 10	22963 10
15	41 11	3240 18	10167 6	11213 10	33655 10
16	60 18	4750 4	14917 10	16443	49329
17	89 5	6961 10	21879	24097 10	72292 10
18	130 16	10202 8	32081 8	35316	105948
19	191 14	14952 12	47034	51759	155277
20	280 19	21914 2	68948 2	75856 10	227569 10

(H... 78)   (A... 55)   (E... 883tt 19ſ)

DIX-HUITIEME TABLEAU
de la 1ʳᵉ *Combinaison du Jeu par* AMBES *sur treize* Nᵒˢ *. liés*

Tirages.	PRIX de l'Ambe par lui-même à chaque Tirage.	MONTANT de la Mise par elle-même à chaque Tirage.	TOTAL des Sommes déjà employées jusques & compris le Tirage indiqué.	MONTANT du Produit que donne la sortie d'un Ambe.	MONTANT du Produit de la sortie de 3 Numéros, c'est-à-dire, de 3 Ambes.
1	₶ 3ſ	11 ₶ 14 ſ	11 ₶ 14 ſ	40 ₶ 10 ſ	121 ₶ 10 ſ
2	6	23 8	35 2	81	243
3	9	35 2	70 4	121 10	364 10
4	15	58 10	128 14	202 10	607 10
5	1 4	93 12	222 6	324	972
6	1 19	152 2	374 8	526 10	1579 10
7	3 3	245 14	620 2	850 10	2551 10
8	5 2	397 16	1017 18	1377	4131
9	8 5	643 10	1661 8	2227 10	6682 10
10	13 7	1041 6	2702 14	3604 10	10813 10
11	21 12	1684 16	4387 10	5832	17496
12	34 19	2726 2	7113 12	9436 10	28309 10
13	56 11	4410 18	11524 10	15268 10	45805 10
14	91 10	7137	18661 10	24705	74115
15	148 1	11547 18	30209 8	39973 10	119920 10
16	239 11	18684 18	48894 6	64678 10	194035 10

(H... 78) (A... 56) (E... 626 ₶ 17 ſ)

DIX-NEUVIEME TABLEAU
de la premiere Combinaison du Jeu par AMBES *sur quatorze Numéros liés.*

Tirages.	PRIX de l'Ambe	MONTANT de la Mise	TOTAL des Sommes	MONTANT du Produit	MONTANT du Produit de 3 Ambes
1	₶ 3ſ	13 ₶ 13 ſ	13 ₶ 13 ſ	40 ₶ 10 ſ	121 ₶ 10 ſ
2	6	27 6	40 19	81	243
3	9	40 19	81 18	121 10	364 10
4	15	68 5	150 3	202 10	607 10
5	1 4	109 4	259 7	324	972
6	1 19	177 9	436 16	526 10	1579 10
7	3 3	286 13	723 9	850 10	2551 10
8	5 2	464 2	1187 11	1377	4131
9	8 5	750 15	1938 6	2227 10	6682 10
10	13 7	1214 17	3153 3	3604 10	10813 10

Suite du DIX-NEUVIEME TABLEAU *de la* 1ʳᵉ *Combinaison du Jeu par* AMBES *sur quatorze Numéros liés.*

Tirages.	PRIX de l'Ambe par lui-même à chaque Tirage.	MONTANT de la Mise par elle-même à chaque Tirage.	TOTAL des Sommes déja employées jusques & compris le Tirage indiqué.	MONTANT du Produit que donne la sortie d'un Ambe.	MONTANT du Produit de la sortie de 3 Numéros, c'est-à-dire, de 3 Ambes.
11	21ᵗᵗ12ſ	1965ᵗᵗ12ſ	5118ᵗᵗ15ſ	5832ᵗᵗ ſ	17496ᵗᵗ ſ
12	34 19	3180 9	8299 4	9436 10	28309 10
13	56 11	5146 1	13445 5	15268 10	45805 10
14	91 10	8326 10	21771 15	24705	74115
15	148 1	13472 11	35244 6	39973 10	119920 10
16	239 11	21799 1	57043 7	64678 10	194035 10

(H... 91)   (A... 57)   (E... 626ᵗᵗ17ſ)

VINGTIEME TABLEAU

de la premiere Combinaison du Jeu par AMBES *sur quatorze Numéros liés.*

Tirages.	PRIX de l'Ambe	MONTANT de la Mise	TOTAL des Sommes	MONTANT du Produit d'un Ambe	MONTANT du Produit de 3 Ambes
1	ᵗᵗ 3ſ	13ᵗᵗ13ſ	13ᵗᵗ13ſ	40ᵗᵗ10ſ	121ᵗᵗ10ſ
2	6	27 6	40 19	81	243
z. 3	......12.	......54.12.	......95.11.	...162	......486 ......z
4	18	81 18	177 9	243	729
5	1 10	136 10	313 19	405	1215
6	2 8	218 8	532 7	648	1944
7	3 18	354 18	887 5	1053	3159
8	6 6	573 6	1460 11	1701	5103
9	10 4	928 4	2388 15	2754	8262
10	16 10	1501 10	3890 5	4455	13365
11	26 14	2429 14	6319 19	7209	21627
12	43 4	3931 4	10251 3	11664	34992
13	69 18	6360 18	16612 1	18873	56619
14	113 2	10292 2	26904 3	30537	91611
15	183	16653	43557 3	49410	148230
16	296 2	26945 2	70502 5	79947	239841

(H... 91)   (A... 58)   (E... 774ᵗᵗ15ſ)

VINGT-UNIEME TABLEAU
de la 1ʳᵉ Combinaison du Jeu par AMBES ſur 15 Nᵒˢ. liés.

Tirages.	PRIX de l'Ambe par lui-même à chaque Tirage.	MONTANT de la Miſe par elle-même à chaque Tirage.	TOTAL des Sommes déja employées juſques & compris le Tirage indiqué.	MONTANT du Produit que donne la ſortie d'un Ambe.	MONTANT du Produit de la ſortie de 3 Numéros, c'eſt-à-dire, de 3 Ambes.
C. 1	₶ 3ſ	15₶15ſ	15₶15ſ	40₶10ſ	121₶10ſC
2	6	31 10	47 5	81	243
3	9	47 5	94 10	121 10	364 10
4	18	94 10	189	243	729
CB5	...1.16.	...189......	...378......	...486......	...1458.....CB
6	2 17	299 5	677 5	769 10	2308 10
7	4 19	519 15	1197	1336 10	4009 10
8	8 5	866 5	2063 5	2227 10	6682 10
9	14 2	1480 10	3543 15	3807	11421
10	24 3	2535 15	6079 10	6520 10	19561 10
11	41 2	4315 10	10395	11097	33291
12	70 4	7371	17766	18954	56862
13	119 11	12552 15	30318 15	32278 10	96835 10
14	203 17	21404 5	51723	55039 10	165118 10

(H... 105) (A... 59) (E... 492₶12ſ)

VINGT-DEUXIEME TABLEAU
de la 1ʳᵉ Combinaison du Jeu par AMBES ſur 15 Nᵒˢ. liés.

1	₶ 6ſ	31₶10ſ	31₶10ſ	81₶	243₶
2	12	63	94 10	162	486
B.3	...1...4.	...126......	...220.10.	...324......	....972......B
4	2 2	220 10	441	567	1701
5	3 18	409 10	850 10	1053	3159
6	7 4	756	1606 10	1944	5832
7	13 4	1386	2992 10	3564	10692
8	24 6	2551 10	5544	6561	19683
9	44 14	4693 10	10237 10	12069	36207
10	82 4	8631	18868 10	22194	66582
11	151 4	15876	34744 10	40824	122472
12	278 2	29200 10	63945	75087	225261

(H... 105) (A... 60) (E... 609₶)

VINGT-TROISIEME TABLEAU
de la 1re Combinaison du Jeu par AMBES sur 16 Nos. liés.

Tirages.	PRIX de l'Ambe par lui-même à chaque Tirage.		MONTANT de la Mise par elle-même à chaque Tirage.	TOTAL des Sommes déja employéesjusques & compris le Tirage indiqué.	MONTANT du Produit que donne la sortie d'un Ambe.		MONTANT du Produit de la sortie de 3 Numéros, c'est-à-dire, de 3 Ambes.	
1	₶	3ſ	18₶	18₶	40₶10ſ		121₶10ſ	
2		6	36	54	81		243	
3		9	54	108	121	10	364	10
4		18	108	216	243		729	
B. 5	...1.	16.	...216.....	...432.....	...486.....		...1458..... B	
6	3		360	792	810		2430	
7	5	8	648	1440	1458		4374	
8	10	16	1296	2736	2916		8748	
9	21	12	2592	5328	5832		17496	
10	39	12	4752	10080	10692		32076	
11	78		9360	19440	21060		63180	
12	144		17280	36720	38880		116640	
13	264		31680	68400	71280		213840	

(H... 120)   (A... 61)   (E.. 570₶)

VINGT-QUATRIEME TABLEAU
de la 1re Combinaison du Jeu par AMBES sur 16 Nos. liés.

Tirages.	PRIX de l'Ambe		MONTANT de la Mise	TOTAL des Sommes	MONTANT du Produit Ambe		MONTANT du Produit 3 Numéros	
C 1	₶	3ſ	18₶	18₶	40₶10ſ		121₶10ſ C	
2		6	36	54	81		243	
3		9	54	108	121	10	364	10
4		18	108	216	243		729	
CB 5	...1.	16.	...215.....	...432.....	...486.....		...1458....CB	
6	3	15	450	882	1012	10	3037	10
7	7	16	936	1818	2106		6318	
8	16	1	1926	3744	4333	10	13000	10
9	33		3960	7704	8910		26730	
10	67	16	8136	15840	18306		54918	
11	139	7	16722	32562	37624	10	112873	10
12	286	10	34380	66942	77355		232065	

(H... 120) (A... 62) (E... 557₶ 17ſ)

VINGT-CINQUIEME TABLEAU
de la 1re Combinaison du Jeu par AMBES sur 17 Nos. liés.

Tirages.	PRIX de l'Ambe par lui-même à chaque Tirage.	MONTANT de la Mise par elle-même à chaque Tirage.	TOTAL des Sommes déja employées siut-ques & compris le Tirage indiqué.	MONTANT du Produit que donne la sortie d'un Ambe.	MONTANT du Produit de la sortie de 3 Numéros, c'est-à-dire, de 3 Ambes.
1	tt 3ˢ	20tt 8ˢ	20tt 8ˢ	40tt 10ˢ	121tt 10ˢ
2	6	40 16	61 4	81	243
3	12	81 12	142 16	162	486
B.4	...1...4.	...163...4.	...306.....	...324......	......972.....B
5	3	408	714	810	2430
6	6 12	897 12	1611 12	1782	5346
7	14 8	1958 8	3570	3838	11664
8	31 4	4243 4	7813 4	8424	25272
9	64 4	8731 4	16544 8	17334	52002
10	132	17952	34496 8	35640	106920
11	276	37536	72032 8	74520	223560

(H... 136)　(A...63)　(E... 529tt 13ˢ)

VINGT-SIXIEME TABLEAU
de la premiere Combinaison du Jeu par AMBES sur dix-huit Numéros liés.

Tirages.	PRIX de l'Ambe	MONTANT de la Mise	TOTAL des Sommes	MONTANT du Produit d'un Ambe	MONTANT du Produit de 3 Ambes
1	tt 3ˢ	22tt 19ˢ	22tt 19ˢ	40tt 10ˢ	121tt 10ˢ
2	6	45 18	68 17	81	243
B.3	......12.	.....91.16.	...160.13.	...162......	......486.....B
4	1 10	229 10	390 3	405	1215
5	4 4	642 12	1032 15	1134	3402
6	10 4	1560 12	2593 7	2754	8262
7	24	3672	6265 7	6480	19440
8	57	8721	14986 7	15390	46170
9	129	19737	34723 7	34830	104490
10	300	45900	80623 7	81900	243000

(H.. 153)　(A.. 64)　(E.... 526tt 19ˢ)

Fin de la premiere Combinaison du Jeu par Ambes.

SECONDE COMBINAISON
du Jeu par AMBES.

La seule différence qu'il y a entre cette Combinaison & la premiere, c'est que dans la premiere les Numéros sur lesquels on joue sont liés ensemble par Ambes dans leur totalité, au lieu que dans celle-ci la totalité des Numéros sur lesquels on dirige les Mises, est divisée en plusieurs parties liées par Ambes. Ceci s'entendra facilement par la simple indication des Tableaux dont cette seconde Combinaison est composée. Ces Tableaux sont au nombre de 32.

Le premier offre un Jeu sur 18 Numéros divisés en trois parties, dont chacune contient six Numéros liés par Ambes. Ce Jeu peut se suivre avec la même sûreté & les mêmes avantages que les précédents, pendant 26 Tirages.

Le second présente un Jeu pendant 20 Tirages sur 24 Numéros divisés en quatre parties égales, liés aussi par Ambes.

Le 3e pendant 16 Tirages sur 30 Numéros divisés en 5 parties.

Le 4e pendant 16 Tirages sur 36 Numéros divisés en 6 parties.

Le 5e pendant 14 Tirages sur 42 Numéros divisés en 7 parties.

Le 6e pendant 13 Tirages sur 48 Numéros divisés en 8 parties.

Le 7e pendant 11 Tirages sur 54 Numéros divisés en 9 parties.

Le 8e pendant 10 Tirages sur 60 Numéros divisés en 10 parties.

Le 9e pendant 31 Tirages sur 14 Numéros divisés en 2 parties.

Le

Le 10e pendant 23 Tirages fur 21 Numéros divifés en 3 parties.

Le 11e pendant 15 Tirages fur 28 Numéros divifés en 4 parties.

Le 12e pendant 13 Tirages fur 35 Numéros divifés en 5 parties.

Le 13e pendant 12 Tirages fur 42 Numéros divifés en 6 parties.

Le 14e pendant 10 Tirages fur 49 Numéros divifés en 7 parties.

Le 15e pendant 8 Tirages fur 56 Numéros divifés en 8 parties.

Le 16e pendant 26 Tirages fur 16 Numéros divifés en 2 parties.

Le 17e pendant 20 Tirages fur 24 Numéros divifés en 3 parties.

Le 18e pendant 13 Tirages fur 32 Numéros divifés en 4 parties.

Le 19e pendant 11 Tirages fur 40 Numéros divifés en 5 parties.

Le 20e pendant 8 Tirages fur 48 Numéros divifés en 6 parties.

Le 21e pendant 23 Tirages fur 18 Numéros divifés en 2 parties.

Le 22e pendant 13 Tirages fur 27 Numéros divifés en 3 parties.

Le 23e pendant 10 Tirages fur 36 Numéros divifés en 4 parties.

Le 24e pendant 7 Tirages fur 45 Numéros divifés en 5 parties.

Le 25e pendant 16 Tirages fur 20 Numéros divifés en 2 parties.

Le 26e pendant 10 Tirages fur 30 Numéros divifés en 3 parties.

Le 27ᵉ pendant 7 Tirages fur 40 Numéros divifé[s]
en 4 parties.

Le 28ᵉ pendant 12 Tirages fur 22 Numéros divifé[s]
en 2 parties.

Le 29ᵉ pendant 8 Tirages fur 33 Numéros divifé[s]
en 3 parties.

Le 30ᵉ pendant 12 Tirages fur 24 Numéros divifé[s]
en 2 parties.

Le 31ᵉ pendant 9 Tirages fur 26 Numéros divifé[s]
en 2 parties.

Et le 32ᵉ pendant 7 Tirages fur 28 Numéros divifé[s]
en 2 parties.

PREMIER TABLEAU

*de la 2ᵈᵉ Combinaifon du Jeu par AMBES fur 18 Numéro[s]
divifés en trois parties.*

Tirages.	PRIX de l'Ambe par lui-même à chaque Tirage.		MONTANT de la Mife par elle-même à chaque Tirage.		TOTAL des Sommes déja employées juf-ques & com-pris le Tirage indiqué.		MONTANT du Produit que donne la fortie d'un Ambe.		MONTANT du Produit de la fortie de 3 Numéros, c'eft-à-dire, de 3 Ambes.	
1	₶	3ˢ	6₶	15ˢ	6₶	15ˢ	40₶	10ˢ	121₶	10ˢ
2		6	13	10	20	5	81		243	
3		9	20	5	40	10	121	10	364	10
4		12	27		67	10	162		486	
5		15	33	15	101	5	202	10	607	10
B. 6	......18.		......40.10.		...141.15.		...243......		......729.........	
7	1	4	54		195	15	324		972	
8	1	13	74	5	270		445	10	1336	10
9	2	5	101	5	371	5	607	10	1822	10
10	3		135		506	5	810		2430	
11	3	18	175	10	681	15	1053		3159	
12	5	2	229	10	911	5	1377		4131	
13	6	15	303	15	1215		1822	10	5467	10
14	9		405		1620		2430		7290	
15	12		540		2160		3240		9720	

Suite du PREMIER TABLEAU *de la seconde Combinaison du Jeu par* AMBES *sur* 18 *Numéros divisés en trois parties.*

Tirages.	PRIX de l'Ambe par lui-même à chaque Tirage.	MONTANT de la Mile par elle-même à chaque Tirage.	TOTAL des Sommes déja employées jusques & compris le Tirage indiqué.	MONTANT du Produit que donne la sortie d'un Ambe.	MONTANT du Produit de la sortie de 3 Numéros, c'est-à-dire, de 3 Ambes.
16	15 ₶ 18 ſ	715 ₶ 10 ſ	2875 ₶ 10 ſ	4293 ₶	12879 ₶
17	21	945	3820 10	5670	17010
18	27 15	1248 15	5069 5	7492 10	22477 10
19	36 15	1653 15	6723	9922 10	29767 10
20	48 15	2193 15	8916 15	13162 10	39487 10
21	64 13	2909 5	11826	17455 10	52366 10
22	85 13	3854 5	15680 5	23125 10	69376 10
23	113 8	5103	20783 5	30618	91854
24	150 3	6756 15	27540	40540 10	121621 10
25	198 18	8950 10	36490 10	53703	161109
26	263 11	11859 15	48350 5	71158 10	213475 10

(H... 45)   (A... 65)   (E... 1074 ₶ 9 ſ)

SECOND TABLEAU

de la 2ᵈᵉ *Combinaison du Jeu par* AMBES *sur* 24 *Numéros divisés en quatre parties.*

	PRIX de l'Ambe	MONTANT de la Mile	TOTAL	MONTANT du Produit d'un Ambe	MONTANT du Produit de 3 Ambes
1	₶ 3 ſ	9 ₶	9 ₶	40 ₶ 10 ſ	121 ₶ 10 ſ
2	6	18	27	81	243
3	9	27	54	121 10	364 10
B. 4	......12.	.....36......	.....90	...162.......	.....486......B
5	18	54	144	243	729
6	1 7	81	225	364 10	1093 10
7	1 19	117	342	526 10	1579 10
8	2 17	171	513	769 10	2308 10
9	4 4	252	765	1134	3402
10	6 3	369	1134	1660 10	4981 10
11	9	540	1674	2430	7290
12	13 4	792	2466	3564	10692
13	19 7	1161	3627	5224 10	15673 10

Suite du SECOND TABLEAU *de la seconde Combinaison du Jeu par* AMBES *sur* 24 *Numéros divisés en quatre parties.*

Tirages.	PRIX de l'Ambe par lui-même à chaque Tirage.	MONTANT de la Mise par elle-même à chaque Tirage.	TOTAL des Sommes déja employées jusques & compris le Tirage indiqué.	MONTANT du Produit que donne la sortie d'un Ambe.	MONTANT du Produit de la sortie de 3 Numéros, c'est-à-dire, de 3 Ambes.
14	28tt 7ſ	1701tt	5328tt	7654tt 10ſ	22963tt 10ſ
15	41 11	2493	7821	11218 10	33655 10
16	60 18	3654	11475	16443	49329
17	89 5	5355	16830	24097 10	72292 10
18	130 16	7848	24678	35316	105948
19	191 14	11502	36180	51759	155277
20	280 19	16857	53037	75856 10	227569 10

(H... 60)   (A... 66)   (E... 883tt 19ſ)

TROISIEME TABLEAU

de la 2de *Combinaison du Jeu par* AMBES *sur* 30 *Numéros divisés en cinq parties.*

1	tt 3ſ	11tt 5ſ	11tt 5ſ	40tt 10ſ	121tt 10ſ
2	6	22 10	33 15	81	243
3	9	33 15	67 10	121 10	364 10
4	15	56 5	123 15	202 10	486
5	1 4	90	213 15	324	972
6	1 19	146 5	360	526 10	1579 10
7	3 3	236 5	596 5	850 10	2551 10
8	5 2	382 10	978 15	1377	4131
9	8 5	618 15	1597 10	2227 10	6682 10
10	13 7	1001 5	2598 15	3604 10	10813 10
11	21 12	1620	4218 15	5832	17496
12	34 19	2621 5	6840	9436 10	28309 10
13	56 11	4241 5	11081 5	15268 10	45805 10
14	91 10	6862 10	17943 15	24705	74115
15	148 1	11103 15	29047 10	39973 10	119920 10
16	239 11	17966 5	47013 15	64678 10	194035 10

(H... 75)   (A... 67)   (E... 626tt 17ſ)

QUATRIEME TABLEAU
de la 2ᵈᵉ Combinaison du Jeu par AMBES fur 36 Numéros divifés en fix parties.

Tirages.	PRIX de l'Ambe par lui-même à chaque Tirage.	MONTANT de la Mife par elle-même à chaque Tirage.	TOTAL des Sommes déja employées jufques & compris le Tirage indiqué.	MONTANT du Produit que donne la fortie d'un Ambe.	MONTANT du Produit de la fortie de 3 Numéros, c'eft-à-dire, de 3 Ambes.
1	₶ 3ˢ	13₶10ˢ	13₶10ˢ	40₶10ˢ	121₶10ˢ
2	6	27	40 10	81	243
Z·3	......12.	.....54.....	.....94.10.	...162......	.....486.....Z
4	18	81	175 10	243	729
5	1 10	135	310 10	405	1215
6	2 8	216	526 10	648	1944
7	3 18	351	877 10	1053	3159
8	6 6	567	1444 10	1701	5103
9	10 4	918	2362 10	2754	8262
10	16 10	1485	3847 10	4455	13365
11	26 14	2403	6250 10	7209	21627
12	43 4	3888	10138 10	11664	34992
13	69 18	6291	16429 10	18873	56619
14	113 2	10179	26608 10	30537	91611
15	183	16470	43078 10	49410	148230
16	296 2	26649	69727 10	79947	239841

(H... 90)   (A... 68)   (E... 774₶ 15ˢ)

CINQUIEME TABLEAU
de la 2ᵈᵉ Combinaifon du Jeu par AMBES fur 42 Numéros divifés en fept parties.

Tirages.	PRIX de l'Ambe	MONTANT de la Mife	TOTAL des Sommes	MONTANT du Produit d'un Ambe	MONTANT du Produit de 3 Ambes
1	₶ 3ˢ	15₶15ˢ	15₶15ˢ	40₶10ˢ	121₶10ˢ
2	9	47 5	63	121 10	364 10
3	18	94 10	157 10	243	729
4	1 10	157 10	315	405	1215
5	2 14	283 10	598 10	729	2187
6	4 10	472 10	1071	1215	3645
7	7 4	756	1827	1944	5832
8	12	1260	3087	3240	9720
9	21	2205	5292	5670	17010

Suite du CINQUIEME TABLEAU *de la 2ᵈᵉ Combinaison du Jeu par* AMBES *fur* 42 *Numéros divifés en fept parties.*

Tirages.	PRIX de l'Ambe par lui-même à chaque Tirage.	MONTANT de la Mife par elle-même à chaque Tirage.	TOTAL des Sommes déja employées jufques & compris le Tirage indiqué.	MONTANT du Produit que donne la fortie d'un Ambe.	MONTANT du Produit de la fortie de 3 Numéros, c'eft-à-dire, de 3 Ambes.
10	36 ₶	3780 ₶	9072 ₶	9720 ₶	29160 ₶
11	66	6930	16002	17820	53460
12	108	11340	27342	29160	87480
13	180	18900	46242	48600	145800
14	300	31500	77742	81000	243000

(H... 105)　(A... 69)　(E... 740 ₶ 8ſ)

SIXIEME TABLEAU

de la 2ᵈˢ Combinaifon du Jeu par AMBES *fur* 48 *Numéros divifés en huit parties.*

Tirages.	PRIX de l'Ambe ₶	PRIX de l'Ambe ſ	MONTANT de la Mife à chaque Tirage.	TOTAL des Sommes employées.	MONTANT du Produit d'un Ambe ₶	... ſ	MONTANT du Produit de 3 Ambes ₶	... ſ
1		3ſ	18 ₶	18 ₶	40 ₶	10ſ	121 ₶	10ſ
2		6	36	54	81		243	
3		9	54	108	121	10	364	10
4		18	108	216	243		729	
5	1	16	216	432	486		1458	
6	3		360	792	810		2430	
7	5	8	648	1440	1458		4374	
8	10	16	1296	2736	2916		8748	
9	21	12	2592	5328	5832		17496	
10	39	12	4752	10080	10692		32076	
11	78		9360	19440	21060		63180	
12	144		17280	36720	38880		116640	
13	264		31680	68400	71280		213840	

(H... 120)　(A... 70)　(E... 570 ₶)

SEPTIEME TABLEAU

de la 2de Combinaiſon du Jeu par AMBES ſur 54 Numéros diviſés en neuf parties.

Tirage.	PRIX de l'Ambe par lui-même à chaque Tirage.		MONTANT de la Miſe par elle-même à chaque Tirage.		TOTAL des Sommes déja employéesiuſques & compris le Tirage indiqué.		MONTANT du Produit que donne la ſortie d'un Ambe.		MONTANT du Produit de la ſortie de 3 Numeros, c'eſt-à-dire, de 3 Ambes.	
1	tt	3ſ	20tt	5ſ	20tt	5ſ	40tt	10ſ	121tt	10ſ
2	6		40	10	60	15	81		243	
3	12		81		141	15	162		486	
B. 4	...1...4.		...162......		...303 .15.		...324......		.....972.....B	
5	3		405		708	15	810		2430	
6	6	12	891		1599	15	1782		5346	
7	14	8	1944		3543	15	3888		11664	
8	31	4	4212		7755	15	8424		25272	
9	64	4	8667		16422	15	17334		52002	
10	132		17820		34242	15	35640		106920	
11	276		37260		71502	15	74520		223560	

(H... 135)　(A... 71)　(E... 529tt 13ſ)

HUITIEME TABLEAU

de la 2de Combinaiſon du Jeu par AMBES ſur 60 Numéros diviſés en dix parties.

Tirage.	PRIX		MONTANT		TOTAL		MONTANT		MONTANT	
1	tt	3ſ	22tt	10ſ	22tt	10ſ	40tt	10ſ	121tt	10ſ
2	6		45		67	10	81		243	
B. 3	......12.		......90......		...157. 10.		...162......		.....486.....B	
4	1	10	225		382	10	405		1215	
5	4	1	607	10	990		1093	10	3280	10
6	10	4	1530		2520		2754		8262	
7	24		3600		6120		6480		19440	
8	54		8100		14220		14580		43740	
9	129		19350		33570		34830		104490	
10	300		45000		78570		81000		243000	

(H... 150)　(A... 72)　(E... 523tt 16ſ)

NEUVIEME TABLEAU
de la 2ᵈᵉ Combinaison du Jeu par AMBES sur 14 Numéros divisés en deux parties.

Tirages.	PRIX de l'Ambe par lui-même à chaque Tirage.		MONTANT de la Mise par elle-même à chaque Tirage.		TOTAL des Sommes deja employées jusques & compris le Tirage indiqué.		MONTANT du Produit que donne la sortie d'un Ambe.		MONTANT du Produit de la sortie de 3 Numéros, c'est-à-dire, de 3 Ambes.	
	tt	s	tt	s	tt	s	tt	s	tt	s
1		3	6	6	6	6	40	1	121	10
2		6	12	12	18	18	81		243	
3		9	18	18	37	16	121	10	364	10
4		12	25	4	63		162		486	
5		15	31	10	94	10	202	10	607	10
6		18	37	16	132	6	243		729	
7	1	1	44	2	176	8	283	10	850	10
B. 8	1	4	50	8	226	16	324		972	
9	1	10	63		289	16	405		1215	
10	1	19	81	18	371	14	526	10	1579	10
11	2	11	107	2	478	16	688	10	2065	10
12	3	6	138	12	617	8	891		2673	
13	4	4	176	8	793	16	1134		3402	
14	5	5	220	10	1014	6	1417	10	4252	10
15	6	9	270	18	1285	4	1741	10	5224	10
16	7	19	333	18	1619	2	2146	10	6439	10
17	9	18	415	16	2034	18	2673		8019	
18	12	9	522	18	2557	16	3361	10	10084	10
19	15	15	661	10	3219	6	4252	10	12757	10
20	19	19	837	18	4057	4	5386	10	16159	10
21	25	4	1058	8	5115	12	6804		20412	
22	31	13	1329	6	6444	18	8545	10	25636	10
23	39	12	1663	4	8108	2	10692		32076	
24	49	10	2079		10187	2	13365		40095	
25	61	19	2601	18	12789		16726	10	50179	10
26	77	14	3263	8	16052	8	20979		62937	
27	97	13	4101	6	20153	14	26365	10	79096	10
28	122	17	5159	14	25313	8	33169	10	99508	10
29	154	10	6489		31802	8	41715		125145	
30	194	2	8152	4	39954	12	52407		157221	
31	243	12	10231	4	50185	16	65772		197316	

(H... 46)　(A... 73)　(E... 1194tt 18s)

DIXIEME

DIXIEME TABLEAU

de la 2ᵈᵉ Combinaison du Jeu par AMBES ſur 21 Numéros diviſés en trois parties.

Tirages.	PRIX de l'Ambe par lui-même à chaque Tirage.		MONTANT de la Miſe par elle-même à chaque Tirage.		TOTAL des Sommes déja employées jusques & compris le Tirage indiqué.		MONTANT du Produit que donne la ſortie d'un Ambe.		MONTANT du Produit de la ſortie de 3 Numéros, c'eſt-à-dire, de 3 Ambes.	
1	tt	3ſ	9tt	9ſ	9tt	9ſ	40tt	10ſ	121tt	10ſ
2		6	18	18	28	7	81		243	
3		9	28	7	56	14	121	10	364	10
4		12	37	16	94	10	162		486	
B. 5		....15.	....47...5.		...141.15.		...202	10.	.....607.10.B	
6	1	1	66	3	207	18	283	10	850	10
7	1	10	94	10	302	8	405		1215	
8	2	2	132	6	434	14	567		1701	
9	2	17	179	11	614	5	769	10	2308	10
10	3	18	245	14	859	19	1053		3159	
11	5	8	340	4	1200	3	1458		4374	
12	7	10	472	10	1672	13	2025		6075	
13	10	7	652	1	2324	14	2794	10	8383	10
14	14	5	897	15	3222	9	3847	10	11542	10
15	19	13	1237	19	4460	8	5305	10	15916	10
16	27	3	1710	9	6170	17	7330	10	21991	10
17	37	10	2362	10	8533	7	10125		30375	
18	51	15	3260	5	11793	12	13972	10	41917	10
19	71	8	4498	4	16291	16	19278		57834	
20	98	11	6208	13	22500	9	26608	10	79825	10
21	136	1	8571	3	31071	12	36733	10	110200	10
22	187	16	11831	8	42903		50706		152118	
23	259	4	16329	12	59232	12	69984		209952	

(H... 63) (A... 74) (E... 940tt 4ſ)

ONZIEME TABLEAU

de la 2ᵈᵉ Combinaison du Jeu par AMBES ſur 28 Numéros diviſés en quatre parties.

1		3ſ	12tt	12ſ	12tt	12ſ	40tt	10ſ	121tt	10ſ
2		6	25	4	37	16	81		243	
Z. 3		......12.	......50...8.		......88...4.		...162......		......486 .....Z	

Suite du ONZIEME TABLEAU *de la seconde Combinaison du Jeu par* AMBES *sur* 28 *Numéros divisés en quatre parties.*

Tirages.	PRIX de l'Ambe par lui-même à chaque Tirage.	MONTANT de la Mise par elle-même à chaque Tirage.	TOTAL des Sommes déja employées jusques & compris le Tirage indiqué.	MONTANT du Produit que donne la sortie d'un Ambe.	MONTANT du Produit de la sortie de 3 Numéros, c'est-à-dire, de 3 Ambes.
4	tt 18ˡ	75tt 12ˡ	163tt 16ˡ	243tt	729tt
5	1 10	126	289 16	405	1215
6	2 8	201 12	491 8	648	1944
7	3 18	327 12	819	1053	3159
8	6 6	529 4	1348 4	1701	5103
9	10 4	856 16	2205	2754	8262
10	16 10	1386	3591	4455	13365
11	26 14	2242 16	5833 16	7209	21627
12	43 4	3628 16	9462 12	11664	34992
13	69 18	5871 12	15334 4	18873	56619
14	113 2	9500 8	24834 12	30537	91611
15	183	15372	40206 12	49410	148230
16	296 2	24872 8	65079	79947	239841

(H... 84) (A... 75) (E. .774tt 15ˡ)

DOUZIEME TABLEAU *de la* 2ᵈᵉ *Combinaison du Jeu par* AMBES *sur* 35 *Numéros divisés en cinq parties.*

Tirages.	PRIX de l'Ambe par lui-même à chaque Tirage.	MONTANT de la Mise par elle-même à chaque Tirage.	TOTAL des Sommes déja employées jusques & compris le Tirage indiqué.	MONTANT du Produit que donne la sortie d'un Ambe.	MONTANT du Produit de la sortie de 3 Numéros, c'est-à-dire, de 3 Ambes.
1	tt 3ˡ	15tt 15ˡ	15tt 15ˡ	40tt 10ˡ	121tt 10ˡ
2	6	31 10	47 5	81	243
3	9	47 5	94 10	121 10	364 10
B. 4	......18.	.....94.10.	...189......	...243......	.....729...B
5	1 13	173 5	362 5	445 10	1336 10
6	3	315	677 5	810	2430
7	5 11	582 15	1260	1498 10	4495 10
8	10 4	1071	2331	2754	8262
9	18 15	1968 15	4299 15	5062 10	15187 10
10	34 10	3622 10	7922 5	9315	27945
11	63 9	6662 5	14584 10	17131 10	51394 10
12	116 14	12253 10	26838	31509	94527
13	214 13	22538 5	49376 5	57055 10	171866 10

(H... 105) (A 76) (E... .70tt 5ˡ)

TREIZIEME TABLEAU

de la 2ᵈᵉ Combinaison du Jeu par AMBES sur 42 Numéros divisés en six parties.

Tirages.	PRIX de l'Ambe par lui-même à chaque Tirage.		MONTANT de la Mise par elle-même à chaque Tirage.		TOTAL des Sommes déja employées jusques & compris le Tirage indiqué.		MONTANT du Produit que donne la sortie d'un Ambe.		MONTANT du Produit de la sortie de 3 Numéros, c'est-a-dire, de 3 Ambes.	
1	₶	3ˢ	18 ₶ 18ˢ		18 ₶ 18ˢ		40 ₶ 10ˢ		121 ₶ 10ˢ	
2		6	37	16	56	14	81		243	
3		9	56	14	113	8	121	10	364	10
B.4	......18.		...113...8.		...226.16.		...243......		.....729.....B	
5	1	16	226	16	453	12	486		1458	
6	3	12	453	12	907	4	972		2916	
7	7	4	907	4	1814	8	1944		5832	
8	14	8	1814	8	3628	16	3888		11664	
9	28	16	3628	16	7257	12	7776		23328	
10	57	12	7257	12	14515	4	15552		46656	
11	115	4	14515	4	29030	8	31104		93312	
12	230	8	29030	8	58060	16	62208		186624	

(H... 126)   (A... 77)   (E... 460 ₶ 16ˢ)

QUATORZIEME TABLEAU

de la 2ᵈᵉ Combinaison du Jeu par AMBES sur 49 Numéros divisés en sept parties.

Tirages.	PRIX de l'Ambe		MONTANT de la Mise		TOTAL des Sommes		MONTANT du Produit Ambe		MONTANT du Produit 3 Ambes	
1	₶	3ˢ	22 ₶ 1ˢ		22 ₶ 1ˢ		40 ₶ 10ˢ		121 ₶ 10ˢ	
2		6	44	2	66	3	81		243	
B.3	......12.		.....88...4.		...154...7.		...162......		......486......B	
4	1	10	220	10	374	17	405		1215	
5	3	12	529	4	904	1	972		2916	
6	8	14	1278	18	2182	19	2349		7047	
7	21		3087		5269	19	5670		17010	
8	50	14	7452	18	12722	17	13689		41067	
9	122	8	17992	16	30715	13	33048		99144	
10	295	10	43438	10	74154	3	79785		239355	

(H... 147)   (A... 78)   (E... 504 ₶ 9ˢ)

M ij

QUINZIEME TABLEAU

de la 2ᵈᵉ Combinaiſon du Jeu par AMBES ſur 56 Numéros diviſés en huit parties.

Tirages.	PRIX de l'Ambe par lui-même à chaque Tirage.		MONTANT de la Miſe par elle-même à chaque Tirage.		TOTAL des Sommes déja employées juſques & compris le Tirage indiqué.		MONTANT du Produit que donne la ſortie d'un Ambe.		MONTANT du Produit de la ſortie de 3 Numéros, c'eſt-à-dire, de 3 Ambes.	
1	℔	3ſ	25℔	4ſ	25℔	4ſ	40℔	10ſ	121℔	10ſ
2		9	75	12	100	16	121	10	364	10
3	1	7	226	16	327	12	364	10	1093	10
4	4	1	680	8	1008		1093	10	3280	10
5	12	3	2041	4	3049	4	3280	10	9841	10
6	36	9	6123	12	9172	16	9841	10	29524	10
7	109	7	18370	16	27543	12	29524	10	88573	10
8	300		50400		77943	12	81000		243000	

(H... 168) (A... 79) (E... 463℔ 19ſ)

SEIZIEME TABLEAU

de la 2ᵈᵉ Combinaiſon du Jeu par AMBES ſur 16 Numéros diviſés en deux parties.

Tirages.	PRIX de l'Ambe		MONTANT de la Miſe		TOTAL des Sommes		MONTANT du Produit d'un Ambe		MONTANT du Produit de 3 Ambes	
1	℔	3ſ	8℔	8ſ	8℔	8ſ	40℔	10ſ	121℔	10ſ
2		6	16	16	25	4	81		243	
3		9	25	4	50	8	121	10	364	10
4		12	33	12	84		162		486	
5		15	42		126		202	10	607	10
B. 6		......18.	......50...	8.	....176....8.		....243		......729 ..... B	
7	1	4	67	4	243	12	324		972	
8	1	13	92	8	336		445	10	1336	10
9	2	5	126		462		607	10	1822	10
10	3		168		630		810		2430	
11	3	18	218	8	848	8	1053		3159	
12	5	2	285	12	1134		1377		4131	
13	6	15	378		1512		1822	10	5467	10
14	9		504		2016		2430		7290	
15	12		672		2688		3240		9720	
16	15	18	890	8	3578	8	4293		12879	
17	21		1176		4754	8	5670		17010	

Suite du SEIZIEME TABLEAU *de la seconde Combinaison du Jeu par* AMBES *sur* 16 *Numéros divisés en deux parties.*

Tirages.	PRIX de l'Ambe par lui-même a chaque Tirage.		MONTANT de la Mise par elle-même à chaque Tirage.		TOTAL des Sommes déjà employées jusques & compris le Tirage indiqué.		MONTANT du Produit que donne la sortie d'un Ambe.		MONTANT du Produit de la sortie de 3 Numéros, c'est-à-dire, de 3 Ambes.	
18	27tt	15ſ	1554tt	1	6308tt	8ſ	7492tt	10ſ	22477tt	10ſ
19	36	15	2058		8366	8	9922	10	29767	10
20	48	15	2730		11096	8	13162	10	39487	10
21	64	13	3620	8	14716	16	17455	10	52366	10
22	85	13	4796	8	19513	4	23125	10	69376	10
23	113	8	6350	8	25863	12	30618		91854	
24	150	3	8408	8	34272		40540	10	121621	10
25	198	18	11138	8	45410	8	53703		161109	
26	263	11	14758	16	60169	4	71158	10	213475	10

(H... 56) (A... 80) (E... 1074tt 9ſ)

DIX-SEPTIEME TABLEAU

de la 2ᵈᵉ *Combinaison du Jeu par* AMBES *sur* 24 *Numéros divisés en trois parties.*

1	tt	3ſ	12tt	12ſ	12tt	12ſ	40tt	10ſ	121tt	10ſ
2		6	25	4	37	16	81		243	
3		9	37	16	75	12	121	10	364	10
B. 4	......12.		.....50...8.		...126		...162.......		.....486 .....B	
5		18	75	12	201	12	243		729	
6	1	7	113	8	315		364	10	1093	10
7	1	19	163	16	478	16	526	10	1579	10
8	2	17	239	8	718	4	769	10	2308	10
9	4	4	352	16	1071		1134		3402	
10	6	3	516	12	1587	12	1660	10	4981	10
11	9		756		2343	12	2430		7290	
12	13	4	1108	16	3452	8	3564		10692	
13	19	7	1625	8	5077	16	5224	10	15673	10
14	28	7	2381	8	7459	4	7654	10	22963	10
15	41	11	3490	4	10949	8	11218	10	33655	10
16	60	18	5115	12	16065		16443		49329	

Suite du DIX-SEPTIEME TABLEAU *de la feconde Combinaifon du Jeu par* AMBES *fur* 24 *Numéros divifés en trois parties.*

Tirages.	PRIX de l'Ambe par l i- même à chaque Tirage.		MONTANT de la Mife par elle-même à chaque Tiragé.		TOTAL des Sommes deja employéesjuf- ques & com- pris le Tirage indiqué.		MONTANT du Produit que donne la fortie d'un Ambe.		MONTANT du Produit de la fortie de 3 Numéros, c'eft- à-dire, de 3 Ambes.	
17	89ᵗᵗ	5ˢ	7497ᵗᵗ	ˢ	23562ᵗᵗ	ˢ	24097ᵗᵗ10ˢ		72292ᵗᵗ10ˢ	
18	130	16	10987	4	34549	4	35316		105948	
19	191	14	16102	16	50652		51759		155277	
20	280	19	23599	16	74251	16	75856	10	227569	10

(H... 84)   (A... 81)   (E... 883ᵗᵗ 19ˢ)

DIX-HUITIEME TABLEAU

de la 2ᵈᵉ *Combinaifon du Jeu par* AMBES *fur* 32 *Numéros divifés en quatre parties.*

1	ᵗᵗ	3ˢ	16ᵗᵗ16ˢ		16ᵗᵗ16ˢ		40ᵗᵗ10ˢ		121ᵗᵗ10ˢ	
2		6	33	12	50	8	81		243	
3		9	50	8	100	16	121	10	364	10
B. 4	......18.		...100.16.		...201.12.		...243.....		.....729.....B
5	1	13	184	16	386	8	445	10	1336	10
6	3		336		722	8	810		2430	
7	5	11	621	12	1344		1498	10	4495	10
8	10	4	1142	8	2486	8	2754		8262	
9	18	15	2100		4586	8	5062	10	15187	10
10	34	10	3864		8450	8	9315		27945	
11	63	9	7106	8	15556	16	17131	10	51394	10
12	116	14	13070	8	28627	4	31509		94527	
13	214	13	24040	16	52668		57955	10	173866	10

(H... 112)   (A... 82)   (E... 470ᵗᵗ 5ˢ)

DIX-NEUVIEME TABLEAU
de la 2de Combinaison du Jeu par AMBES sur 40 Numéros divisés en cinq parties.

Tirages.	PRIX de l'Ambe par lui-même à chaque Tirage.		MONTANT de la Mise par elle-même à chaque Tirage.	TOTAL des Sommes déja employéesjusques & compris le Tirage indiqué.	MONTANT du Produit que donne la sortie d'un Ambe.	MONTANT du Produit de la sortie de 3 Numéros, c'est-à-dire, de 3 Ambes.
1	tt	3ſ	21tt	21tt	40tt 10ſ	121tt 10ſ
2		6	42	63	81	243
3		12	84	147	162	486
B. 4	...1...	4.	...168......	...315......	...324......	......972 ......B
5	2	14	378	693	729	2187
6	6		840	1533	1620	4860
7	13	4	1848	3381	3564	10692
8	29	2	4074	7455	7857	23571
9	64	4	8988	16443	18334	52002
10	141	12	19824	36267	40232	114696
11	300		42000	78267	81000	243000

(H... 140)   (A... 83)   (E... 559tt 1ſ)

VINGTIEME TABLEAU
de la 2de Combinaison du Jeu par AMBES sur 48 Numéros divisés en six parties.

1	tt	3ſ	25tt 4ſ	25tt 4ſ	40tt 10ſ	121tt 10ſ
2		9	75 12	100 16	121 10	364 10
3	1	7	226 16	327 12	364 10	1093 10
4	4	1	680 8	1008	1093 10	3280 10
5	12	3	2041 4	3049 4	3280 10	9841 10
6	36	9	6123 12	9172 16	9841 10	29524 10
7	109	7	18370 16	27543 12	29524 10	88573 10
8	300		50400	77943 12	81000	243000

(H... 168) (A... 84) (E... 463tt 19ſ)

VINGT-UNIEME TABLEAU
de la 2de Combinaison du Jeu par AMBES *sur* 18 *Numéros divisés en deux parties.*

Tirages.	PRIX de l'Ambe par lui-même à chaque Tirage.		MONTANT de la Mise pareille-même à chaque Tirage.		TOTAL des Sommes déja employées jusques & compris le Tirage indiqué.		MONTANT du Produit que donne la sortie d'un Ambe.		MONTANT du Produit de la sortie de 3 Numéros, c'est-à-dire, de 3 Ambes.	
1	₶	3ˡ	10₶	16ˡ	10₶	16ˡ	40₶	10ˡ	121₶	10ˡ
2		6	21	12	32	8	81		243	
3		9	32	8	64	16	121	10	364	10
4		12	43	4	108		162		486	
B. 5	......15.		......54.....		...162......		...202.10.		......607.10.B	
6	1	1	75	12	237	12	283	10	850	10
7	1	10	108		345	12	405		1215	
8	2	2	151	4	496	16	567		1701	
9	2	17	205	4	702		769	10	2308	10
10	3	18	280	16	982	16	1053		3159	
11	5	8	388	16	1371	12	1458		4374	
12	7	10	540		1911	12	2025		6075	
13	10	7	745	4	2656	16	2794	10	8383	10
14	14	5	1026		3682	16	3847	10	11542	10
15	19	13	1414	16	5097	12	5305	10	15916	10
16	27	3	1954	16	7052	8	7330	10	21991	10
17	37	10	2700		9752	8	10125		30375	
18	51	15	3726		13478	8	13972	10	41917	10
19	71	8	5140	16	18619	4	19278		57834	
20	98	11	7095	12	25714	16	26608	10	79825	10
21	136	1	9795	12	35510	8	36733	10	110200	10
22	187	16	13521	12	49032		50706		152118	
23	259	4	18662	8	67694	8	69984		209952	

(H...72)   (A... 85)   (E... 940₶ 4ˡ)

VINGT-DEUXIEME TABLEAU
de la 2de Combinaison du Jeu par AMBES *sur* 27 *Numéros divisés en trois parties.*

1		3ˡ	16₶	4ˡ	16₶	4ˡ	40₶	10ˡ	121₶	10ˡ
2		6	32	8	48	12	81		243	
3		9	48	12	97	4	121	10	364	10

Suite

Suite du VINGT-DEUXIEME TABLEAU *de la seconde* Combinaison du Jeu par AMBES *fur* **27** *Numéros divifés en trois parties.*

Tirages.	PRIX de l'Ambe par lui-même à chaque Tirage.		MONTANT de la Mife par elle-même à chaque Tirage.		TOTAL des Sommes déja employéesjufques & compris le Tirage indiqué.		MONTANT du Produit que donne la fortie d'un Ambe.		MONTANT du Produit de la fortie de 3 Numéros. c'eft-à-dire. de 3 Ambes.	
B. 4	...tt..18ſ		.....97tt.4ſ		...194tt.8ſ		...243tt...ſ		.....729tt..ſ B	
5	1	13	178	4	372	12	445	10	1336	10
6	3		324		696	12	810		2430	
7	5	11	599	8	1296		1498	10	4495	10
8	10	4	1101	12	2397	12	2754		8262	
9	18	15	2025		4422	12	5062	10	15187	10
10	34	10	3726		8148	12	9315		27945	
11	63	9	6852	12	15001	4	17131	10	51394	10
12	116	14	12603	12	27604	16	31509		94527	
13	214	13	23182	4	50787		57955	10	173866	10

(H... 108) (A... 86) (E.. 470tt 5ſ)

VINGT-TROISIEME TABLEAU

de la 2de *Combinaifon du Jeu par* AMBES *fur 36 Numéros divivifés en quatre parties.*

I	tt	3ſ	21tt12ſ		21tt12ſ		40tt10ſ		121tt10ſ	
B. 2	.........6.		.....43...4.		.....64.16.		.....81.....		.....243.....B	
3		15	108		172	16	202	10	607	10
4	1	16	259	4	432		486		1458	
5	4	7	626	8	1058	8	1174	10	3523	10
6	10	10	1512		2570	8	2835		8505	
7	25	7	3650	8	6220	16	6844	10	20533	10
8	61	4	8812	16	15033	12	16524		49572	
9	147	15	21276		36309	12	39892	10	119677	10
10	300		43200		79509	12	81000		243000	

(H... 144) (A... 87) (E... 552tt 3ſ)

VINGT-QUATRIEME TABLEAU
de la 2de Combinaison du Jeu par AMBES sur 45 Numéros divisés en cinq parties.

Tirages.	PRIX de l'Ambe par lui-même à chaque Tirage.		MONTANT de la Mise par elle-même à chaque Tirage.	TOTAL des Sommes déjà employées jusques & compris le Tirage indiqué.	MONTANT du Produit que donne la sortie d'un Ambe.		MONTANT du Produit de la sortie de 3 Numéros, c'est-à-dire, de 3 Ambes.	
1	tt	3ſ	27tt	27tt	40tt10ſ		121tt10ſ	
B. 2	....9.		....81....	...108....	...121.10.		.....364.10.B	
3	1	10	270	378	405		1215	
4	4	19	891	1269	1336	10	4009	10
5	16	7	2943	4212	4414	10	13243	10
6	54		9720	13932	14580		43740	
7	178	7	32103	46035	48154	10	144463	10

(H... 180)   (A... 88)   (E... 255tt 15ſ)

VINGT-CINQUIEME TABLEAU
de la 2de Combinaison du Jeu par AMBES sur 20 Numéros divisés en deux parties.

Tirages.	PRIX de l'Ambe		MONTANT de la Mise	TOTAL des Sommes	MONTANT du Produit Ambe		MONTANT du Produit 3 Ambes	
1	tt	3ſ	13tt10ſ	13tt10ſ	40tt10ſ		121tt10ſ	
2		6	27	40	10	81	243	
Z. 3	.....12.		....54....	....94.10.	...162....		.....486....Z	
4		18	81	175	10	243	729	
5	1	10	135	310	10	405	1215	
6	2	8	216	526	10	648	1944	
7	3	18	351	877	10	1053	3159	
8	6	6	567	1444	10	1701	5103	
9	10	4	918	2362	10	2754	8262	
10	16	10	1485	3847	10	4455	13365	
11	26	14	2403	6250	10	7209	21627	
12	43	4	3888	10138	10	11664	34992	
13	69	18	6291	16429	10	18873	56619	
14	113	2	10179	26608	10	30537	91611	
15	183		16470	43078	10	49410	148230	
16	296	2	26649	69727	10	79947	239841	

(H... 90)   (A... 89)   (E... 774tt 15ſ)

VINGT-SIXIEME TABLEAU
de la 2ᵈᵉ Combinaison du Jeu par AMBES sur 30 Numéros divisés en trois parties.

Tirages.	PRIX de l'Ambe par lui-même à chaque Tirage.		MONTANT de la Mise par elle-même à chaque Tirage.		TOTAL des Sommes déja employéesjusques & compris le Tirage indiqué.		MONTANT du Produit que donne la sortie d'un Ambe.		MONTANT du Produit de la sortie de 3 Numéros, c'est-à-dire, de 3 Ambes.	
1	₶	3ˢ	20₶	5ˢ	20₶	5ˢ	40₶10ˢ		121₶10ˢ	
2	6		40	10	60	15	81		243	
B. 3	......12.		.....81......		...141.15.		...162......		.....486.....B	
4	1	10	202	10	344	5	405		1215	
5	3	12	486		830	5	972		2916	
6	8	14	1174	10	2004	15	2349		7047	
7	21		2835		4839	15	5670		17010	
8	50	14	6844	10	11684	5	13689		41067	
9	122	8	16524		28208	5	33048		99144	
10	295	10	39892	10	68100	15	79785		239355	

(H... 135)　(A... 90)　(E... 504₶9ˢ)

VINGT-SEPTIEME TABLEAU
de la 2ᵈᵉ Combinaison du Jeu par AMBES sur 40 Numéros divisés en quatre parties.

Tirages.	PRIX de l'Ambe		MONTANT de la Mise		TOTAL des Sommes		MONTANT du Produit		MONTANT du Produit de 3 Ambes	
1	₶	3ˢ	27₶		27₶		40₶10ˢ		121₶10ˢ	
B. 2	........9.		.....81......		...108......		...121.10.		.....364.10.B	
3	1	10	270		378		405		1215	
4	4	19	891		1269		1336	10	4009	10
5	16	7	2943		4212		4414	10	13243	10
6	54		9720		13932		14580		43740	
7	178	7	32103		46035		48154	10	144463	10

(H... 180)　(A...91)　(E... 255₶15ˢ)

VINGT-HUITIEME TABLEAU
de la 2.ᵈᵉ Combinaison du Jeu par AMBES ſur 22 Numéros diviſés en deux parties.

Tirages.	PRIX de l'Ambe par lui-même à chaque Tirage.	MONTANT de la Miſe par elle-même à chaque Tirage.	TOTAL des Sommes déja employées juſques & compris le Tirage indiqué.	MONTANT du Produit que donne la ſortie d'un Ambe.	MONTANT du Produit de la ſortie de 3 Numéros, c'eſt-à-dire, de 3 Ambes.
1	tt 6ſ	33ᵗᵗ	33ᵗᵗ	81ᵗᵗ	243ᵗᵗ
2	12	66	99	162	486
3	18	99	198	243	729
B. 4	...1 . 16.	...198......	...396......	...486......	...1458..... B
5	3 6	363	759	891	2673
6	6	660	1419	1620	4860
7	11 2	1221	2640	2997	8991
8	20 8	2244	4884	5508	16524
9	37 10	4125	9009	10125	30375
10	69	7590	16599	18630	55890
11	126 18	13959	30558	34263	102789
12	233 8	25674	56232	63018	189054

(H... 110) (A... 92) (E... 511ᵗᵗ 4ſ)

VINGT-NEUVIEME TABLEAU
de la 2.ᵈᵉ Combinaison du Jeu par AMBES ſur 33 Numéros diviſés en trois parties.

Tirages.	PRIX de l'Ambe	MONTANT de la Miſe	TOTAL des Sommes	MONTANT du Produit d'un Ambe	MONTANT du Produit de 3 Ambes
1	tt 3ſ	24ᵗᵗ 15ſ	24ᵗᵗ 15ſ	40ᵗᵗ 10ſ	121ᵗᵗ 10ſ
2	9	74 5	99	121 10	364 10
3	1 7	222 15	321 15	364 10	1093 10
4	4 1	668 5	990	1093 10	3280 10
5	12 3	2004 15	2994 15	3280 10	9841 10
6	36 9	6014 5	9009	9841 10	29524 10
7	109 7	18042 15	27051 15	29524 10	88573 10
8	300	49500	76551 15	81000	243000

(H... 165) (A... 93) (E... 463ᵗᵗ 19ſ)

TRENTIEME TABLEAU

de la 2de Combinaison du Jeu par AMBES fur 24 Numéros divifés en deux parties.

Tirages.	PRIX de l'Ambe par lui-même à chaque Tirage.		MONTANT de la Mife par elle-même à chaque Tirage.		TOTAL des Sommes déja employées juf-ques & com-pris le Tirage indiqué.		MONTANT du Produit que donne la fortie d'un Ambe.		MONTANT du Produit de la fortie de 3 Numéros, c'eft-à-dire. de 3 Ambes.	
1	tt	3ſ	19tt	16ſ	19tt	16ſ	40tt	10ſ	121tt	10ſ
2		6	39	12	59	8	81		243	
3		12	79	4	138	12	162		486	
4	1	4	158	8	297		324		972	
5	2	8	316	16	613	16	648		1944	
6	4	16	633	12	1247	8	1296		3888	
7	9	12	1267	4	2514	12	2592		7776	
8	19	4	2534	8	5049		5184		15552	
9	38	8	5068	16	10117	16	10368		31104	
10	76	16	10137	12	20255	8	20736		62208	
11	153	12	20275	4	40530	12	41472		124416	
12	300		39600		80130	12	81000		243000	

(H... 132)   (A... 94)   (E... 607tt 1ſ)

TRENTE-UNIEME TABLEAU

de la 2de Combinaison du Jeu par AMBES fur 26 Numéros divifés en deux parties.

Tirages.	PRIX de l'Ambe		MONTANT de la Mife		TOTAL des Sommes		MONTANT du Produit		MONTANT du Produit	
1	tt	3ſ	23tt	8ſ	23tt	8ſ	40tt	10ſ	121tt	10ſ
B. 2		6.	46.	16.	70...	4.	81		243	B
3		15	117		187	4	202	10	607	10
4	1	16	280	16	468		486		1458	
5	4	7	678	12	1146	12	1174	10	3523	10
6	10	10	1638		2784	12	2835		8505	
7	25	7	3954	12	6739	4	6844	10	20533	10
8	61	4	9547	4	16286	8	16524		49572	
9	147	15	23049		39335	8	39892	10	119677	10

(H... 156) (A... 95) (E... 252tt 3ſ)

TRENTE-DEUXIME TABLEAU
de la 2ᵈᵉ Combinaison du Jeu par AMBES sur 28 Numéros divisés en deux parties.

Tirages.	PRIX de l'Ambe par lui-même à chaque Tirage.		MONTANT de la Mise par elle-même à chaque Tirage.		TOTAL des Sommes déja employées jusques & compris le Tirage indiqué.		MONTANT du Produit que donne la sortie d'un Ambe.		MONTANT du Produit de la sortie de 3 Numéros, c'est-à-dire, de 3 Ambes.	
1	₶	3ˢ	27₶	6ˢ	27₶	6ˢ	40₶	10ˢ	121₶	10ˢ
B. 2	........9.		......81.18.		...109...4.		...121.10.		.....364.10.B	
3	1	10	273		382	4	405		1215	
4	4	19	900	18	1283	2	1336	10	4009	10
5	16	7	2975	14	4258	16	4414	10	13243	10
6	54		9828		14086	16	14580		43740	
7	178	7	32459	14	46546	10	48154	10	144463	10

(H... 182)   (A... 96)   (E... 255₶ 15ˢ)

Fin de la seconde Combinaison du Jeu par Ambes.

JEU PAR TERNES.

IL a été démontré, en parlant du Jeu par Ambes indiqué dans les Tableaux précédents, combien l'Actionnaire y trouve de ressources, & jusqu'à quel point il peut étendre ses espérances en adoptant l'une ou l'autre des Combinaisons de ce Jeu. En effet, on a vu qu'en multipliant le nombre prodigieux des Ambes qui résultent des Numéros dont chacun des Tableaux est composé, & sur lesquels chaque Mise est dirigée, avec la quantité des Tirages pendant lesquels on peut suivre les Mises : on a vu, dis-je, qu'à hazard égal entre la Loterie & l'Actionnaire, celui-ci a sur elle l'avantage le plus décidé.

Il est ici question du Jeu par Ternes. L'avantage est le même, & l'on s'en convaincra en appliquant à tel Tableau de ce Jeu qu'on voudra choisir le même calcul que celui qu'on a suivi pour le Jeu par Ambes. Choisissons, par exemple, le troisieme Tableau. Il est composé de 12 Numéros, & il donne à l'Actionnaire une carriere de 86 Tirages. De 12 Numéros il résulte 220 Ternes : multipliant ces 220 Ternes par 86, nous aurons 18920, c'est-à-dire, que pendant tout le cours des 86 Tirages indiqués, on aura à jouer & à payer 18920 Ternes. Or la Loterie payeroit à tout Actionnaire dix Ternes, s'il jouoit sur les 117480 qui résultent des 90 Numéros dont elle est composée ; par conséquent, à hazard égal entre elle & lui, elle en doit payer près de deux à celui qui jouera sur les 18920 qui résulteront de 12 Numéros joués pendant 86 Tirages.

Il est de la nature & de l'essence de toute Loterie, ou simple ou jouée simplement, d'avoir sur la totalité de ses Actionnaires s'ils épuisent la totalité des

actions qu'elle peut leur fournir, un bénéfice sûr &
fixe. Par exemple, à supposer toutes les chances de la
Loterie de l'École Royale Militaire jouées par le
Public & toutes chargées également, elle gagne-
roit 15 sur 90 relativement aux Extraits 1305 sur
4005 relativement aux Ambes, & 65480 sur 117480
relativement aux Ternes. Mais comme les Actionnaires ont tous en leur particulier la liberté de se choisir
leurs Numéros, & d'y placer si peu & tant qu'ils
veulent jusqu'à la concurrence des sommes fixées
pour chaque chance, il ne peut jamais arriver que
les chances soient jouées dans leur totalité, moins
encore peuvent-elles être chargées toutes également;
& c'est par cette raison que si, pour l'ordinaire, la
totalité des Mises produit à la Loterie un certain bénéfice sur la totalité des Actionnaires, il arrive quelquefois aussi que cette même totalité de Mises lui
occasionne une perte réelle vis-à-vis de la totalité
de ses Actionnaires. C'est donc à ceux qui ont quelque connoissance des calculs à diriger leurs Mises de
maniere à établir entre eux & la Loterie une balance à peu près égale relativement au hazard. Les
Combinaisons que je propose, n'établissent pas seulement cette balance; elles font plus, comme je l'ai
démontré, elles font pencher le bassin du côté de
l'Actionnaire qui a le courage & le moyen de les
adopter.

La Combinaison suivante du Jeu par Ternes est
composée de douze Tableaux.

Le premier est dirigé sur 10 Numéros liés, & présente une carriere de 109 Tirages.

Le 2ᵈ sur 11 Numéros & 105 Tirages.
Le 3ᵉ sur 12 Numéros & 86 Tirages.
Le 4ᵉ sur 13 Numéros & 65 Tirages.
Le 5ᵉ sur 14 Numéros & 50 Tirages.

Le 6e sur 15 Numéros & 37 Tirages.
Le 7e sur 16 Numéros & 32 Tirages.
Le 8e sur 17 Numéros & 27 Tirages.
Le 9e sur 18 Numéros & 22 Tirages.
Le 10e sur 19 Numéros & 17 Tirages.
Le 11e sur 20 Numéros & 16 Tirages.
Et le 12e sur 21 Numéros & 12 Tirages.

PREMIER TABLEAU
du Jeu par TERNES *dirigés sur* 10 *Numéros liés.*

Tirages.	PRIX du Terne par lui-même à chaque Tirage.	MONTANT de la Mise par elle-même à chaque Tirage.	TOTAL des Sommes déja employées jusques & compris le Tirage indiqué.	MONTANT du Produit que donne la sortie de 3 Numéros.	MONTANT du Produit que donne la sortie de 4 Numéros.
1	3ł	18tt	18tt	780tt	3120tt
2	3	18	36	780	3120
3	3	18	54	780	3120
4	3	18	72	780	3120
5	3	18	90	780	3120
6	3	18	108	780	3120
7	3	18	126	780	3120
8	3	18	144	780	3120
9	3	18	162	780	3120
10	3	18	180	780	3120
11	3	18	198	780	3120
12	3	18	216	780	3120
13	3	18	234	780	3120
14	3	18	252	780	3120
15	3	18	270	780	3120
16	3	18	288	780	3120
17	3	18	306	780	3120
18	3	18	324	780	3120
19	3	18	342	780	3120
20	3	18	360	780	3120
21	6	36	396	1560	6240
22	6	36	432	1560	6240
23	6	36	468	1560	6240

O

Suite du PREMIER TABLEAU *du Jeu par* TERNES *dirigé
sur* 10 *Numéros liés.*

Tirages.	PRIX du Terne par lui-même à chaque Tirage.		MONTANT de la Mise par elle-même à chaque Tirage.	TOTAL des Sommes déja employées jusques & compris le Tirage indiqué.	MONTANT du Produit que donne la sortie de 3 Numéros.	MONTANT du Produit que donne la sortie de 4 Numéros
24	₶	6ſ	36₶	504₶	1560₶	6240₶
25		6	36	540	1560	6240
26		6	36	576	1560	6240
27		6	36	612	1560	6240
28		6	36	648	1560	6240
29		6	36	684	1560	6240
30		6	36	720	1560	6240
31		9	54	774	2340	9360
32		9	54	828	2340	9360
33		9	54	882	2340	9360
34		9	54	936	2340	9360
35		9	54	990	2340	9360
36		9	54	1044	2340	9360
37		9	54	1098	2340	9360
38		9	54	1152	2340	9360
39		12	72	1224	3120	12480
40		12	72	1296	3120	12480
41		12	72	1368	3120	12480
42		12	72	1440	3120	12480
43		15	90	1530	3900	15600
44		15	90	1620	3900	15600
45		15	90	1710	3900	15600
46		18	108	1818	4680	18720
47		18	108	108	4680	18720
B48		....18.	....108....	...2034....	...4680....	...18720....
49	1	1	126	2160	5460	21840
50	1	4	144	2304	6240	24960
51	1	7	162	2466	7020	28080
52	1	10	180	2646	7800	31200
53	1	13	198	2844	8580	34320
54	1	16	216	3060	9360	37440
55	1	19	234	3294	10140	40560
56	2	2	252	3546	10920	43680
57	2	5	270	3816	11700	46800

Suite du PREMIER TABLEAU *du Jeu par* TERNES *dirigés fur* 10 *Numéros liés.*

Tirages.	PRIX du Terne par lui-même à chaque Tirage.		MONTANT de la Mife par elle-même à chaque Tirage.	TOTAL des Sommes déja employées jufques & compris le Tirage indiqué.	MONTANT du Produit que donne la fortie de 3 Numéros.	MONTANT du Produit que donne la fortie de 4 Numéros.
58	2 tt	8 ſ	288 tt	4104 tt	12480 tt	49920 tt
59	2	11	306	4410	13260	53040
60	2	14	324	4734	14040	56160
61	2	17	342	5076	14820	59280
62	3		360	5436	15600	62400
63	3	3	378	5814	16380	65520
64	3	6	396	6210	17160	68640
65	3	9	414	6624	17940	71760
66	3	12	432	7056	18720	74880
67	3	15	450	7506	19500	78000
68	4	1	486	7992	21060	84240
69	4	7	522	8514	22620	90480
70	4	13	558	9072	24180	96720
71	4	19	594	9666	25740	102960
72	5	5	630	10296	27300	109200
73	5	11	666	10962	28860	115440
74	5	17	702	11664	30420	121680
75	6	3	738	12402	31980	127920
76	6	9	774	13176	33540	134160
77	6	15	810	13986	35100	140400
78	7	4	864	14850	37440	149760
79	7	13	918	15768	39780	159120
80	8	2	972	16740	42120	168480
81	8	11	1026	17766	44460	177840
82	9		1080	18846	46800	187200
83	9	9	1134	19980	49140	196560
84	9	18	1188	21168	51480	205920
85	10	7	1242	22410	53820	215280
86	10	19	1314	23724	56940	227760
87	11	11	1386	25110	60060	240240
88	12	3	1458	26568	63180	252720
89	12	15	1530	28098	66300	265200
90	13	10	1620	29718	70200	280800
91	14	5	1710	31428	74100	296400

Suite du PREMIER TABLEAU *du Jeu par* TERNES *dirigés sur* 10 *Numéros liés.*

Tirages.	PRIX du Terne par lui-même à chaque Tirage.		MONTANT de la Mile par elle-même à chaque Tirage.	TOTAL des Sommes déja employées jusques & compris le Tirage indiqué.	MONTANT du Produit que donne la sortie de 3 Numéros.	MONTANT du Produit que donne la sortie de 4 Numéros.
92	15tt	ſ	1800tt	33228tt	78000tt	312000tt
93	15	18	1908	35136	82680	330720
94	16	16	2016	37152	87360	349440
95	17	14	2124	39276	92040	368160
96	18	15	2250	41526	97500	390000
97	19	19	2394	43920	103740	414960
98	21	6	2556	46476	110760	443040
99	22	16	2736	49212	118560	474240
100	24	9	2934	52146	127140	508560
101	26	5	3150	55296	136500	546000
102	28	4	3384	58680	146640	586560
103	30	6	3636	62316	157560	630240
104	32	11	3906	66222	169260	677040
105	34	19	4194	70416	181740	728960
106	37	10	4500	74916	195000	780000
107	40	4	4824	79740	209040	836160
108	43	1	5166	84906	223860	895440
109	46	1	5526	90432	239460	957840

(K... 120)   (A... 97)   (G.. 753tt 12ſ)

SECOND TABLEAU
du Jeu par TERNES *dirigés sur* 11 *Numéros liés.*

1	3ſ	24tt 15ſ	24tt 15ſ	780tt	3120tt
2	3	24 15	49 10	780	3120
3	3	24 15	74 5	780	3120
4	3	24 15	99	780	3120
5	3	24 15	123 15	780	3120
6	3	24 15	148 10	780	3120
7	3	24 15	173 5	780	3120
8	3	24 15	198	780	3120
9	3	24 15	222 15	780	3120
10	3	24 15	247 10	780	3120

Suite du SECOND TABLEAU *du Jeu par* TERNES *dirigés sur* 11 *Numéros liés.*

Tirages.	PRIX du Terne par lui-même à chaque Tirage.		MONTANT de la Mise par elle-même a chaque Tirage.		TOTAL des Sommes deja employées jusques & compris le Tirage indiqué.		MONTANT du Produit que donne la sortie de 3 Numéros.	MONTANT du Produit que donne la sortie de 4 Numéros
	tt	s	tt	s	tt	s	tt	tt
11		3	24	15	272	5	780	3120
12		3	24	15	297		780	3120
13		3	24	15	321	15	780	3120
14		3	24	15	346	10	780	3120
15		3	24	15	371	5	780	3120
16		3	24	15	396		780	3120
17		6	49	10	445	10	1560	6240
18		6	49	10	495		1560	6240
19		6	49	10	544	10	1560	6240
20		6	49	10	594		1560	6240
21		6	49	10	643	10	1560	6240
22		6	49	10	693		1560	6240
23		6	49	10	742	10	1560	6240
24		6	49	10	792		1560	6240
25		9	74	5	866	5	2340	9360
26		9	74	5	940	10	2340	9360
27		9	74	5	1014	15	2340	9360
28		9	74	5	1089		2340	9360
29		9	74	5	1163	5	2340	9360
30		9	74	5	1237	10	2340	9360
31		12	99		1336	10	3120	12480
32		12	99		1435	10	3120	12480
33		12	99		1534	10	3120	12480
34		12	99		1633	10	3120	12480
35		15	123	15	1757	5	3900	15600
36		15	123	15	1881		3900	15600
37		15	123	15	2004	15	3900	15600
38		18	148	10	2153	5	4680	18720
39		18	148	10	2301	15	4680	18720
40		18	148	10	2450	5	4680	18720
41	1	1	173	5	2623	10	5460	21840
42	1	1	173	5	2796	15	5460	21840
43	1	4	198		2994	15	6240	24960
44	1	4	198		3192	15	6240	24960

Suite du SECOND TABLEAU *du Jeu par* TERNES *dirigés sur* 11 *Numéros liés.*

Tirages.	PRIX du Terne par lui-même à chaque Tirage.		MONTANT de la Mise par elle-même à chaque Tirage.		TOTAL des Sommes déja employées jusques & compris le Tirage indiqué.		MONTANT du Produit que donne la sortie de 3 Numéros.	MONTANT du Produit que donne la sortie de 4 Numéros.
45	1 ₶	7 ſ	222 ₶	15 ſ	3415 ₶	10 ſ	7020 ₶	28080 ₶
46	1	7	222	15	3638	5	7020	28080
47	1	10	247	10	3885	15	7800	31200
B 48	1	10	247	10	4133	5	7800	31200 B
49	1	13	272	5	4405	10	8580	34320
50	1	16	297		4702	10	9360	37440
51	1	19	321	15	5024	5	10140	40560
52	2	2	346	10	5370	15	10920	43680
53	2	5	371	5	5742		11700	46800
54	2	8	396		6138		12480	49920
55	2	11	420	15	6558	15	13260	53040
56	2	14	445	10	7004	5	14040	56160
57	2	17	470	5	7474	10	14820	59280
58	3		495		7969	10	15600	62400
59	3	3	519	15	8489	5	16380	65520
60	3	6	544	10	9033	15	17160	68640
61	3	9	569	5	9603		17940	71760
62	3	12	594		10197		18720	74880
63	3	15	618	15	10815	15	19500	78000
64	3	18	643	10	11459	5	20280	81120
65	4	4	693		12152	5	21840	87360
66	4	10	742	10	12894	15	23400	93600
67	4	16	792		13686	15	24960	99840
68	5	2	841	10	14528	5	26520	106080
69	5	8	891		15419	5	28080	112320
70	5	14	940	10	16359	15	29640	118560
71	6		990		17349	15	31200	124800
72	6	6	1039	10	18389	5	32760	131040
73	6	15	1113	15	19503		35100	140400
74	7	4	1188		20691		37440	149760
75	7	13	1262	5	21953	5	39780	159120
76	8	2	1336	10	23289	15	42120	168480
77	8	11	1410	15	24700	10	44460	177840
78	9		1485		26185	10	46800	187200

Suite du SECOND TABLEAU *du Jeu par* TERNES *dirigés sur* 11 *Numéros liés.*

Tirages.	PRIX du Terne par lui-même à chaque Tirage.		MONTANT de la Mise par elle-même à chaque Tirage.		TOTAL des Sommes déja employées jusques & compris le Tirage indiqué.		MONTANT du Produit que donne la sortie de 3 Numéros.	MONTANT du Produit que donne la sortie de 4 Numéros.
79	9tt	12ſ	1584tt	1ſ	27769tt	10ſ	49920tt	199680tt
80	10	4	1683		29452	10	53040	212160
81	10	16	1782		31234	10	56160	224640
82	11	8	1881		33115	10	59280	237120
83	12	3	2004	15	35120	5	63180	252720
84	12	18	2128	10	37248	15	67080	268320
85	13	13	2252	5	39501		70980	283920
86	14	11	2400	15	41901	15	75660	302640
87	15	9	2549	5	44451		80340	321360
88	16	7	2697	15	47148	15	85020	340080
89	17	8	2871		50019	15	90480	361920
90	18	9	3044	5	53064		95940	383760
91	19	13	3242	5	56306	5	102180	408720
92	20	17	3440	5	59746	10	108420	433680
93	22	4	3663		63409	10	115440	461760
94	23	11	3885	15	67295	5	122460	489840
95	25	1	4133	5	71428	10	130260	521040
96	26	11	4380	15	75809	5	138060	552240
97	28	4	4653		80462	5	146640	586560
98	30		4950		85412	5	156000	624000
99	31	19	5271	15	90684		166140	664560
100	34	1	5618	5	96302	5	177060	708240
101	36	6	5989	10	102291	15	188760	755040
102	38	14	6385	10	108677	5	201240	804960
103	41	5	6806	5	115483	10	214500	858000
104	43	19	7251	15	122735	5	228540	914160
105	46	16	7722		130457	5	243360	973440

(K... 165)　(A... 98)　(G.. 790tt 13ſ)

TROISIEME TABLEAU
du Jeu par TERNES *dirigés sur* 12 *Numéros liés.*

Tirages.	PRIX du Terne par lui-même à chaque Tirage.	MONTANT de la Mise par elle-même à chaque Tirage.	TOTAL des Sommes déjà employées jusques & compris le Tirage indiqué.	MONTANT du Produit que donne la sortie de 3 Numéros.	MONTANT du Produit que donne la sortie de 4 Numéros.
1	3ᶠ	33ᵗᵗ	33ᵗᵗ	780ᵗᵗ	3120ᵗᵗ
2	3	33	66	780	3120
3	3	33	99	780	3120
4	3	33	132	780	3120
5	3	33	165	780	3120
6	3	33	198	780	3120
7	3	33	231	780	3120
8	3	33	264	780	3120
9	3	33	297	780	3120
10	3	33	330	780	3120
11	3	33	363	780	3120
12	3	33	396	780	3120
13	3	33	429	780	3120
14	3	33	462	780	3120
15	6	66	528	1560	6240
16	6	66	594	1560	6240
17	6	66	660	1560	6240
18	6	66	726	1560	6240
19	6	66	792	1560	6240
20	6	66	858	1560	6240
21	6	66	924	1560	6240
22	9	99	1023	2340	9360
23	9	99	1122	2340	9360
24	9	99	1221	2340	9360
25	9	99	1320	2340	9360
26	12	132	1452	3120	12480
27	12	132	1584	3120	12480
28	12	132	1716	3120	12480
29	15	165	1881	3900	15600
30	15	165	2046	3900	15600
31	15	165	2211	3900	15600
32	18	198	2409	4680	18720
33	18	198	2607	4680	18720
B 34	.....18..	....198......	..2805.....	...4680.....	....18720...B

Suite

Suite du TROISIEME TABLEAU *du Jeu par* TERNES *dirigés sur* 12 *Numéros liés.*

Tirages.	PRIX du Terne par lui-même à chaque Tirage.		MONTANT de la Mise par elle-même à chaque Tirage.	TOTAL des Sommes déja employées jusques & compris le Tirage indiqué.	MONTANT du Produit que donne la sortie de 3 Numéros.	MONTANT du Produit que donne la sortie de 4 Numéros.
35	1 ᵗᵗ	11	231 ᵗᵗ	3036 ᵗᵗ	5460 ᵗᵗ	21840 ᵗᵗ
36	1	1	231	3267	5460	21840
37	1	4	264	3531	6240	24960
38	1	7	297	3828	7020	28080
39	1	10	330	4158	7800	31200
40	1	13	363	4521	8580	34320
41	1	16	396	4917	9360	37440
42	1	19	429	5346	10140	40560
43	2	2	462	5808	10920	43680
44	2	5	495	6303	11700	46800
45	2	8	528	6831	12480	49920
46	2	11	561	7392	13260	53040
47	2	14	594	7986	14040	56160
48	2	17	627	8613	14820	59280
49	3		660	9273	15600	62400
50	3	3	693	9966	16380	65520
51	3	9	759	10725	17940	71760
52	3	15	825	11550	19500	78000
53	4	1	891	12441	21060	84240
54	4	7	957	13398	22620	90480
55	4	13	1023	14421	24180	96720
56	4	19	1089	15510	25740	102960
57	5	5	1155	16665	27300	109200
58	5	14	1254	17919	29640	118560
59	6	3	1353	19272	31980	127920
60	6	12	1452	20724	34320	137280
61	7	1	1551	22275	36660	146640
62	7	13	1683	23958	39780	159120
63	8	5	1815	25773	42900	171600
64	8	17	1947	27720	46020	184080
65	9	12	2112	29832	49920	199680
66	10	7	2277	32109	53820	215280
67	11	2	2442	34551	57720	230880
68	12		2640	37191	62400	249600

Suite du TROISIEME TABLEAU du Jeu par TERNES dirigés sur 12 Numéros liés.

Tirages.	PRIX du Terne par lui-même à chaque Tirage.	MONTANT de la Mise par elle-même à chaque Tirage.	TOTAL des Sommes déja employéesjusques & compris le Tirage indiqué.	MONTANT du Produit que donne la sortie de 3 Numéros.	MONTANT du Produit que donne la sortie de 4 Numéros.
69	12ᵗᵗ 18ˢ	2838ᵗᵗ	40029ᵗᵗ	67080ᵗᵗ	268320ᵗᵗ
70	13 16	3036	43065	71760	287040
71	14 17	3267	46332	77220	308880
72	15 18	3498	49830	82680	330720
73	17 2	3762	53592	88920	355680
74	18 9	4059	57651	95940	383760
75	19 19	4389	62040	103740	414960
76	21 12	4752	66792	112320	449280
77	23 8	5148	71940	121680	486720
78	25 7	5577	77517	131820	527280
79	27 9	6039	83556	142740	570960
80	29 14	6534	90090	154440	617760
81	32 2	7062	97152	166920	667680
82	34 13	7623	104775	180180	720720
83	37 7	8217	112992	194220	776880
84	40 4	8844	121836	209040	836160
85	43 4	9504	131340	224640	898560
86	46 7	10197	141537	241020	964080

(K... 220)   (A... 99)   (G... 643ᵗᵗ 7ˢ)

QUATRIEME TABLEAU
du Jeu par TERNES dirigés sur 13 Numéros liés.

Tirages.	PRIX du Terne	MONTANT de la Mise	TOTAL des Sommes	MONTANT (3 Numéros)	MONTANT (4 Numéros)
1	3ˢ	42ᵗᵗ 18ˢ	42ᵗᵗ 18ˢ	780ᵗᵗ	3120ᵗᵗ
2	3	42 18	85 16	780	3120
3	3	42 18	128 14	780	3120
4	3	42 18	171 12	780	3120
5	3	42 18	214 10	780	3120
6	3	42 18	257 8	780	3120
7	3	42 18	300 6	780	3120
8	3	42 18	343 4	780	3120
9	3	42 18	386 2	780	3120

Suite du QUATRIEME TABLEAU du Jeu par TERNES dirigés sur 13 Numéros liés.

Tirages.	PRIX du Terne par lui-même à chaque Tirage.		MONTANT de la Mise par elle-même à chaque Tirage.		TOTAL des Sommes deja employéesjusques & compris le Tirage indiqué.		MONTANT du Produit que donne la sortie de 3 Numéros.	MONTANT du Produit que donne la sortie de 4 Numéros.
10	₶	3ˢ	42₶	18ˢ	429₶		780₶	3120₶
11		6	85	16	514	16	1560	6240
12		6	85	16	600	12	1560	6240
13		6	85	16	686	8	1560	6240
14		6	85	16	772	4	1560	6240
15		6	85	16	858		1560	6240
16		9	128	14	986	14	2340	9360
17		9	128	14	1115	8	2340	9360
18		9	128	14	1244	2	2340	9360
19		12	171	12	1415	14	3120	12480
20		12	171	12	1587	6	3120	12480
21		12	171	12	1758	18	3120	12480
22		15	214	10	1973	8	3900	15600
23		15	214	10	2187	18	3900	15600
24		18	257	8	2445	6	4680	18720
B25		18.	257	8.	2702	14.	4680	18720 B
26	1	1	300	6	3003		5460	21840
27	1	4	343	4	3346	4	6240	24960
28	1	7	386	2	3732	6	7020	28080
29	1	10	429		4161	6	7800	31200
30	1	13	471	18	4633	4	8580	34320
31	1	16	514	16	5148		9360	37440
32	1	19	557	14	5705	14	10140	40560
33	2	2	600	12	6306	6	10920	43680
34	2	5	643	10	6949	16	11700	46800
35	2	8	686	8	7636	4	12480	49920
36	2	14	772	4	8408	8	14040	56160
37	3		858		9266	8	15600	62400
38	3	6	943	16	10210	4	17160	68640
39	3	12	1029	12	11239	16	18720	74880
40	3	18	1115	8	12355	4	20280	81120
41	4	7	1244	2	13599	6	22620	90480
42	4	16	1372	16	14972	2	24960	99840
43	5	5	1501	10	16473	12	27300	109200

Suite du QUATRIEME TABLEAU *du Jeu par* TERNES *dirigés fur* 13 *Numéros liés.*

Tirages.	PRIX du Terne par lui-même à chaque Tirage.		MONTANT de la Mife par elle-même à chaque Tirage.		TOTAL des Sommes déja employées jufques & compris le Tirage indiqué.		MONTANT du Produit que donne la fortie de 3 Numéros.	MONTANT du Produit que donne la fortie de 4 Numéros.
44	5tt	17f	1673tt	2f	18146tt	14f	30420tt	121680tt
45	6	9	1844	14	19991	8	33540	134160
46	7	1	2016	6	22007	14	36660	146640
47	7	16	2230	16	24238	10	40560	162240
48	8	11	2445	6	26683	16	44460	177840
49	9	9	2702	14	29386	10	49140	196560
50	10	7	2960	2	32346	12	53820	215280
51	11	8	3260	8	35607		59280	237120
52	12	12	3603	12	39210	12	65520	262080
53	13	19	3989	14	43200	6	72540	290160
54	15	9	4418	14	47619		80340	321360
55	17	2	4890	12	52509	12	88920	355680
56	18	18	5405	8	57915		98280	393120
57	20	17	5963	2	63878	2	108420	433680
58	22	19	6563	14	70441	16	119340	477360
59	25	4	7207	4	77649		131040	524160
60	27	12	7893	12	85542	12	143520	574080
61	30	6	8665	16	94208	8	157560	630240
62	33	6	9523	16	103732	4	173160	692640
63	36	12	10467	12	114199	16	190320	761280
64	40	4	11497	4	125697		209040	836160
65	44	2	12612	12	138309	12	229320	917280

(K... 286)   (A... 100)   (G... 483tt 12f)

CINQUIEME TABLEAU
du Jeu par TERNES *dirigés fur* 14 *Numéros liés.*

1	3f	54tt 12f	54tt 12f	780tt	3120tt
2	3	54 12	109 4	780	3120
3	3	54 12	163 16	780	3120
4	3	54 12	218 8	780	3120
5	3	54 12	273	780	3120
6	3	54 12	327 12	780	3120

Suite du CINQUIEME TABLEAU *du Jeu par* TERNES
dirigés *fur* 14 *Numéros liés.*

Tirages.	PRIX du Terne par lui-même à chaque Tirage.		MONTANT de la Mife par elle-même à chaque Tiragé.		TOTAL des Sommes deja employéesjufques & compris le Tirage indiqué.		MONTANT du Produit que donne la fortie de 3 Numéros.	MONTANT du Produit que 'onne la fortie de 4 Numéros.
7	₶	3ſ	54₶	12ſ	382₶	4ſ	780₶	3120₶
8		3	54	12	436	16	780	3120
9		6	109	4	546		1560	6240
10		6	109	4	655	4	1560	6240
11		6	109	4	764	8	1560	6240
12		6	109	4	873	12	1560	6240
13		9	163	16	1037	8	2340	9360
14		9	163	16	1201	4	2340	9360
15		9	163	16	1365		2340	9360
16		12	218	8	1583	8	3120	12480
B 17		......12.	...218...	8.	...1801.	16.	...3120....	...12480....B
18		15	273		2074	16	3900	15600
19		18	327	12	2402	8	4680	18720
20	1	1	382	4	2784	12	5460	21840
21	1	4	436	16	3221	8	6240	24960
22	1	7	491	8	3712	16	7020	28080
23	1	10	546		4258	16	7800	31200
24	1	13	600	12	4859	8	8580	34320
25	1	16	655	4	5514	12	9360	37440
26	2	2	764	8	6279		10920	43680
27	2	8	873	12	7152	12	12480	49920
28	2	14	982	16	8135	8	14040	56160
29	3		1092		9227	8	15600	62400
30	3	9	1255	16	10483	4	17940	71760
31	3	18	1419	12	11902	16	20280	81120
32	4	7	1583	8	13486	4	22620	90480
33	4	19	1801	16	15288		25740	102960
34	5	11	2020	4	17308	4	28860	115440
35	6	6	2293	4	19601	8	32760	131040
36	7	4	2620	16	22222	4	37440	149760
37	8	5	3003		25225	4	42900	171600
38	9	9	3439	16	28665		49140	196560
39	10	16	3931	4	32596	4	56160	224640
40	12	6	4477	4	37073	8	63960	255840

Suite du CINQUIEME TABLEAU du Jeu par TERNES dirigés sur 15 Numéros liés.

Tirages.	PRIX du Terne par lui-même a chaque Tirage.	MONTANT de la Mise par elle-même à chaque Tirage.	TOTAL des Sommes déja employées jusques & compris le Tirage indiqué.	MONTANT du Produit que donne la sortie de 3 Numéros.	MONTANT du Produit que donne la sortie de 4 Numéros.
41	13tt 19s	5077tt 16s	42151tt 4s	72540tt	290160tt
42	15 15	5733	47884 4	81900	327600
43	17 17	6497 8	54381 12	92820	371280
44	20 5	7371	61752 12	105300	421200
45	22 19	8353 16	70106 8	119340	477360
46	25 19	9445 16	79552 4	134940	539760
47	29 8	10701 12	90253 16	152880	611520
48	33 6	12121 4	102375	173160	692640
49	37 13	13704 12	116079 12	195780	783120
50	42 12	15506 8	131586	221520	886080

(K... 364)   (A... 101)   (G... 361tt 10s)

SIXIEME TABLEAU

du Jeu par TERNES dirigés sur 15 Numéros liés.

Tirages.	PRIX du Terne.	MONTANT de la Mise.	TOTAL des Sommes.	MONTANT du Produit de 3 Numéros.	MONTANT du Produit de 4 Numéros.
1	3s	68tt 5s	68tt 5s	780tt	3120tt
2	3	68 5	136 10	780	3120
3	3	68 5	204 15	780	3120
4	3	68 5	273	780	3120
5	3	68 5	341 5	780	3120
6	3	68 5	409 10	780	3120
7	6	136 10	546	1560	6240
8	6	136 10	682 10	1560	6240
9	6	136 10	819	1560	6240
10	9	204 15	1023 15	2340	9360
B 11	...9.	...204. 15.	...1228. 10.	...2340....	....9360.. B
12	12	273	1501 10	3120	12480
13	15	341 5	1842 15	3900	15600
14	18	409 10	2252 5	4680	18720
15	1tt 1s	477 15	2730	5460	21840
16	1 4	546	3276	6240	24960
17	1 7	614 5	3890 5	7020	28080

Suite du SIXIEME TABLEAU du Jeu par TERNES dirigés
sur 15 Numéros liés.

Tirages.	PRIX du Terne par lui-même à chaque Tirage.		MONTANT de la Mise par elle-même à chaque Tirage.		TOTAL des Sommes déja employées jusques & compris le Tirage indiqué.		MONTANT du Produit que donne la sortie de 3 Numéro.	MONTANT du Produit que donne la sortie de 4 Numeros.
18	1ʈʈ	13ˢ	750ʈʈ	15ˢ	4641ʈʈ	ˢ	8580ʈʈ	34320ʈʈ
19	1	19	887	5	5528	5	10140	40560
20	2	5	1023	15	6552		11700	46800
21	2	14	1228	10	7780	10	14040	56160
22	3	3	1433	5	9213	15	16380	65520
23	3	15	1706	5	10920		19500	78000
24	4	10	2047	10	12967	10	23400	93600
25	5	8	2457		15424	10	28080	112320
26	6	9	2934	15	18359	5	33540	134160
27	7	13	3480	15	21840		39780	159120
28	9		4095		25935		46800	187200
29	10	13	4845	15	30780	15	55380	221520
30	12	12	5733		36513	15	65520	262080
31	14	17	6756	15	43270	10	77220	308880
32	17	11	7985	5	51255	15	91260	365040
33	20	14	9418	10	60674	5	107640	430560
34	24	9	11124	15	71799		127140	508560
35	28	19	13172	5	84971	5	150540	602160
36	34	7	15629	5	100600	10	178620	714480
37	40	16	18564		119164	10	212160	848640

(K... 455) (A... 102) (G... 261ʈʈ 18ˢ)

SEPTIEME TABLEAU

du Jeu par TERNES dirigés sur 16 Numéros liés.

1	3ˢ	84ʈʈ	84ʈʈ	780ʈʈ	3120ʈʈ
2	3	84	168	780	3120
3	3	84	252	780	3120
4	3	84	336	780	3120
5	6	168	504	1560	6240
6	6	168	672	1560	6240
7	6	168	840	1560	6240
8	9	252	1092	2340	9360

Suite du SEPTIEME TABLEAU du Jeu par TERNES dirigés sur 16 Numéros liés.

Tirages.	PRIX du Terne par lui-même à chaque Tirage.		MONTANT de la Mise par elle-même à chaque Tirage.	TOTAL des Sommes déja employées jusques & compris le Tirage indiqué.	MONTANT du Produit que donne la sortie de 3 Numéros.	MONTANT du Produit que donne la sortie de 4 Numéros.
B..9	..tt	9ſ	252 tt	1344 tt	2340 tt	9360 tt.B
10		12	336	1680	3120	12480
11		15	420	2100	3900	15600
12		18	504	2604	4680	18720
13	1	1	588	3192	5460	21840
14	1	7	756	3948	7020	28080
15	1	13	924	4872	8580	34320
16	1	19	1092	5964	10140	40560
17	2	8	1344	7308	12480	49920
18	2	17	1596	8904	14820	59280
19	3	9	1932	10836	17940	71760
20	4	4	2352	13188	21840	87360
21	5	2	2856	16044	26520	106080
22	6	3	3444	19488	31980	127920
23	7	10	4200	23688	39000	156000
24	9	3	5124	28812	47580	190320
25	11	2	6216	35028	57720	230880
26	13	10	7560	42588	70200	280800
27	16	7	9156	51744	85020	340080
28	19	16	11088	62832	102960	411840
29	24		13440	76272	124800	499200
30	29	2	16296	92568	151320	605280
31	35	5	19740	112308	183300	733200
32	42	15	23940	136248	222300	889200

(K... 560)   (A... 103)   (G... 243 tt 6ſ)

HUITIEME TABLEAU
du Jeu par TERNES dirigés sur 17 Numéros liés.

1	3ſ	102 tt	102 tt	780 tt	3120 tt
2	3	102	204	780	3120
3	3	102	306	780	3120

Suit

Suite du HUITIEME TABLEAU *du Jeu par* TERNES *dirigés sur* 17 *Numéros liés.*

Tirages.	PRIX du Terne par lui-même à chaque Tirage.		MONTANT de la Mine par elle-même à chaque Tirage.	TOTAL des Sommes déja employées jufques & compris le Tirage indiqué.	MONTANT du Produit que donne la fortie de 3 Numéros.	MONTANT du Produit que donne la fortie de 4 Numéros.
4	tt	6f	204tt	510tt	1560tt	6240tt
5		6	204	714	1560	6240
6		9	306	1020	2340	9360
B..7		....9.	....306....	....1326...	....2340..	....9360. B
8		12	408	1734	3120	12480
9		15	510	2244	3900	15600
10		18	612	2856	4680	18720
11	1	4	816	3672	6240	24960
12	1	10	1020	4692	7800	31200
13	1	19	1326	6018	10140	40560
14	2	8	1632	7650	12480	49920
15	3		2040	9690	15600	62400
16	3	15	2550	12240	19500	78000
17	4	13	3162	15402	24180	96720
18	5	17	3978	19380	30420	121680
19	7	7	4998	24378	38220	152880
20	9	6	6324	30702	48360	193440
21	11	14	7956	38658	60840	243360
22	14	14	9996	48654	76440	305760
23	18	9	12546	61200	95940	383760
24	23	2	15708	76908	120120	480480
25	28	19	19686	96594	150540	602160
26	36	6	24684	121278	188760	755040
27	45	12	31008	152286	237120	948480

(K... 680) (A... 104) (G... 223tt 19f)

NEUVIEME TABLEAU

du Jeu par TENRNES *dirigés fur* 18 *Numéros liés.*

1	3f	122tt 8f	122tt 8f	780tt	3120tt
2	3	122 8	244 16	780	3120
3	3	122 8	367 4	780	3120
4	6	244 16	612	1560	6240

Q

Suite du NEUVIEME TABLEAU du Jeu par TERNES dirigés sur 18 Numéros liés.

Tirages.	PRIX du Terne par lui-même à chaque Tirage.	MONTANT de la Mise par elle-même à chaque Tirage.	TOTAL des Sommes déja employées jusques & compris le Tirage indiqué.	MONTANT du Produit que donne la sortie de 3 Numéros.	MONTANT du Produit que donne la sortie de 4 Numéros.
B. 5	...tt...6ſ	...244tt16ſ	.....856tt16ſ	.....1560tt	.....6240tt.
6	9	367 4	1224	2340	9360
7	12	489 12	1713 12	3120	12480
8	15	612	2325 12	3900	15600
9	1 1	856 16	3182 8	5460	21840
10	1 7	1101 12	4284	7020	28080
11	1 16	1468 16	5752 16	9360	37440
12	2 8	1958 8	7711 4	12480	49920
13	3 3	2570 8	10281 12	16380	65520
14	4 4	3427 4	13708 16	21840	87360
15	5 11	4528 16	18237 12	28860	115440
16	7 7	5997 12	24235 4	38220	152880
17	9 15	7956	32191 4	50700	202800
18	12 18	10526 8	42717 12	67080	268320
19	17 2	13953 12	56671 4	88920	355680
20	22 13	18482 8	75153 12	117780	471120
21	30	24480	99633 12	156000	624000
22	39 15	32436	132069 12	206700	826800

(K .. 816) (A... 105) (G... 161tt17ſ)

DIXIEME TABLEAU
du Jeu par TERNES dirigés sur 19 Numéros liés.

Tirages.	PRIX du Terne par lui-même à chaque Tirage.	MONTANT de la Mise par elle-même à chaque Tirage.	TOTAL des Sommes déja employées jusques & compris le Tirage indiqué.	MONTANT du Produit que donne la sortie de 3 Numéros.	MONTANT du Produit que donne la sortie de 4 Numéros.
1	tt 3ſ	145tt 7ſ	145tt 7ſ	780tt	3120tt
2	3	145 7	290 14	780	3120
B. 3	........3.	...145...7.	...436...1...	.....780.....	.....3120. B
4	6	290 14	726 15	1560	6240
5	9	436 1	1162 16	2340	9360
6	12	581 8	1744 4	3120	12480
7	18	872 2	2616 6	4680	18720
8	1 7	1308 3	3924 9	7020	28080
9	1 19	1889 11	5814	10140	40560
10	2 17	2761 13	8575 13	14820	59280

Suite du DIXIEME TABLEAU *du Jeu par* TERNES *dirigés sur 19 Numéros liés.*

Tirages.	PRIX du Terne par lui-même à chaque Tirage.		MONTANT de la Mise par elle-même à chaque Tirage.		TOTAL des Sommes déja employees jusques & compris le Tirage indiqué.		MONTANT du Produit que donne la sortie de 3 Numeros.	MONTANT du Produit que donne la sortie de 4 Numeros.
11	4ᵗᵗ	4ˢ	4069ᵗᵗ	16ˢ	12645ᵗᵗ	9ˢ	21840ᵗᵗ	87360ᵗᵗ
12	6	3	5959	7	18604	16	31980	127920
13	9		8721		27325	16	46800	187200
14	13	4	12790	16	40116	12	68640	274560
15	19	7	18750	3	58866	15	100620	402480
16	28	7	27471	3	86337	18	147420	589680
17	41	11	40261	19	126599	17	216060	864240

(K... 969)   (A... 106)   (G... 130ᵗᵗ 13ˢ)

ONZIEME TABLEAU

du Jeu par TERNES *dirigés sur* 20 *Numéros liés.*

Tirages.	PRIX du Terne par lui-même à chaque Tirage.		MONTANT de la Mise par elle-même à chaque Tirage.		TOTAL des Sommes déja employees jusques & compris le Tirage indiqué.		MONTANT du Produit que donne la sortie de 3 Numeros.	MONTANT du Produit que donne la sortie de 4 Numeros.
1	ᵗᵗ	3ˢ	171ᵗᵗ		171ᵗᵗ		780ᵗᵗ	3120ᵗᵗ
2		3	171		342		780	3120
B..3	....6.		....342...		....684...		....1560..	....6240. B
4		9	513		1197		2340	9360
5		12	684		1881		3120	12480
6		18	1026		2907		4680	18720
7	1	7	1539		4446		7020	28080
8	1	19	2223		6669		10140	40560
9	2	17	3249		9918		14820	59280
10	4	4	4788		14706		21840	87360
11	6	3	7011		21717		31980	127920
12	9		10260		31977		46800	187200
13	13	4	15048		47025		68640	274560
14	19	7	22059		69084		100620	402480
15	28	7	32319		101403		147420	589680
16	41	11	47367		148770		216060	864240

(K... 1140)   (A... 107)   (G... 130ᵗᵗ 10ˢ)

DOUZIEME TABLEAU
du Jeu par TERNES *dirigés sur 21 Numéros liés.*

Tirages.	PRIX du Terne par lui-même à chaque Tirage.		MONTANT de la Mise par elle-même à chaque Tirage.		TOTAL des Sommes déja employéesjuſques & compris le Tirage indiqué.		MONTANT du Produit que donne la ſortie de 3 Numéros.	MONTANT du Produit que donne la ſortie de 4 Numéros.
1	tt	3ſ	199tt10ſ		199tt10ſ		780tt	3120tt
2		6	399		598	10	1560	6240
3		9	598	10	1197		2340	9260
4		15	997	10	2194	10	3900	15600
5	1	4	1596		3790	10	6240	24960
6	1	19	2593	10	6384		10140	40560
7	3	3	4189	10	10573	10	16380	65520
8	5	2	6783		17356	10	26520	106080
9	8	5	10972	10	28329		42900	171600
10	13	7	17755	10	46084	10	69420	277680
11	21	12	28728		74812	10	112320	449280
12	34	19	46483	10	121296		181740	726960

(K... 1330)   (A... 108)   (G... 91tt4ſ)

Fin du Jeu par Ternes.

JEUX PAR AMBES ET TERNES.

Premiere Combinaison de ce Jeu.

ON ne peut répéter, en faveur de cette Combinaison & des suivantes, que les mêmes choses déja dites
en faveur des Combinaisons précédentes. On obser-
vera seulement qu'on y verra des Tableaux qui offrent plus de 90 Numéros, & que le dernier en offre
jusqu'à 117. Dans ce dernier cas l'Actionnaire aura
moins de tirages devant lui, qu'en adoptant un Tableau qui ne présenteroit qu'une moindre quantité
de Numéros, par exemple depuis 18 jusqu'à 90 ; mais
aussi le nombre des Divisions ou Billets sera beaucoup
plus considérable, & par conséquent il aura beaucoup plus d'espérance pour la sortie d'un Ambe dans
une ou plusieurs de ces Divisions : il pourra d'ailleurs espérer la sortie d'un, de deux, de trois, de
quatre & même de cinq Numéros répétés. Par exemple, s'il choisit le 34 & dernier Tableau, lequel
offre, ainsi qu'on vient de le dire, un Jeu sur 117 Numéros, il aura dans cette quantité 27 Numéros répétés ; or si les cinq qui sortiront de la roue de fortune, se trouvent du nombre de ces 27, & sont asso-
ciés ensemble ou deux à deux dans une des 39 Divisions dont ce Tableau est composé, il gagnera le
double de ce qu'il auroit gagné, s'il n'eût joué que
sur 90 Numéros.

Venons à l'indication des Tableaux dont cette
Combinaison est composée. Ils sont au nombre
de 34.

Le premier offre un Jeu pendant 58 Tirages sur
18 Numéros divisés en 6 parties de 3 Numéros chacune, liés par Ambes & Ternes.

Le 2ᵈ pendant 55 Tirages sur 21 Numéros divisés en 7 parties de même.

Le 3ᵉ pendant 52 Tirages sur 24 Numéros divisés en 8 parties de même.

Le 4ᵉ pendant 47 Tirages sur 27 Numéros divisés en 9 parties de même.

Le 5ᵉ pendant 43 Tirages sur 30 Numéros divisés en 10 parties de même.

Le 6ᵉ pendant 38 Tirages sur 33 Numéros divisés en 11 parties de même.

Le 7ᵉ pendant 34 Tirages sur 36 Numéros divisés en 12 parties de même.

Le 8ᵉ pendant 32 Tirages sur 39 Numéros divisés en 13 parties de même.

Le 9ᵉ pendant 29 Tirages sur 42 Numéros divisés en 14 parties de même.

Le 10ᵉ pendant 27 Tirages sur 45 Numéros divisés en 15 parties de même.

Le 11ᵉ pendant 27 Tirages sur 48 Numéros divisés en 16 parties de même.

Le 12ᵉ pendant 25 Tirages sur 51 Numéros divisés en 17 parties de même.

Le 13ᵉ pendant 24 Tirages sur 54 Numéros divisés en 18 parties de même.

Le 14ᵉ pendant 22 Tirages sur 57 Numéros divisés en 19 parties de même.

Le 15ᵉ pendant 21 Tirages sur 60 Numéros divisés en 20 parties de même.

Le 16ᵉ pendant 18 Tirages sur 63 Numéros divisés en 21 parties de même.

Le 17ᵉ pendant 18 Tirages sur 66 Numéros divisés en 22 parties de même.

Le 18ᵉ pendant 18 Tirages sur 69 Numéros divisés en 23 parties de même.

Le 19e pendant 17 Tirages sur 72 Numéros divisés en 24 parties de même.

Le 20e pendant 16 Tirages sur 75 Numéros divisés en 25 parties de même.

Le 21e pendant 15 Tirages sur 78 Numéros divisés en 26 parties de même.

Le 22e pendant 14 Tirages sur 81 Numéros divisés en 27 parties de même.

Le 23e pendant 13 Tirages sur 84 Numéros divisés en 28 parties de même.

Le 24e pendant 13 Tirages sur 87 Numéros divisés en 29 parties de même.

Le 25e pendant 13 Tirages sur 90 Numéros divisés en 30 parties de même.

Le 26e pendant 13 Tirages sur 93 Numéros divisés en 31 parties de même.

Le 27e pendant 12 Tirages sur 96 Numéros divisés en 32 parties de même.

Le 28e pendant 12 Tirages sur 99 Numéros divisés en 33 parties de même.

Le 29e pendant 11 Tirages sur 102 Numéros divisés en 34 parties de même.

Le 30e pendant 11 Tirages sur 105 Numéros divisés en 35 parties de même.

Le 31e pendant 10 Tirages sur 108 Numéros divisés en 36 parties de même.

Le 32e pendant 10 Tirages sur 111 Numéros divisés en 37 parties de même.

Le 33e pendant 10 Tirages sur 114 Numéros divisés en 38 parties de même.

Le 34e pendant 9 Tirages sur 117 Numéros divisés en 39 parties de même.

PREMIER TABLEAU
de la 1re Combinaison du Jeu par AMBES & TERNES sur 18 Numéros divisés en 6 parties.

Tirages.	PRIX de l'Ambe & du Terne † par soi à chaque Tirage.		MONTANT de la Mise par elle-même à chaque Tirage.		TOTAL des Sommes déjà employées jusques & compris le Tirage indiqué.		MONTANT du Produit que donne la sortie d'un Ambe.		MONTANT du Produit que donne la sortie d'un Terne.	
1	℔	3ˡ	3℔	12ˢ	3℔	12ˢ	40℔	10ˢ	901℔	10ˢ
2		6	7	4	10	16	81		1803	
3		9	10	16	21	12	121	10	2704	10
4		12	14	8	36		162		3606	
5		15	18		54		202	10	4507	10
6		18	21	12	75	12	243		5409	
7	1	1	25	4	100	16	283	10	6310	10
8	1	4	28	16	129	12	324		7212	
9	1	7	32	8	162		364	10	8113	10
10	1	10	36		198		405		9015	
11	1	13	39	12	237	12	445	10	9916	10
12	1	16	43	4	280	16	486		10818	
13	1	19	46	16	327	12	526	10	11719	10
14	2	2	50	8	378		567		12621	
15	2	5	54		432		607	10	13522	10
16	2	8	57	12	489	12	648		14424	
17	2	11	61	4	550	16	688	10	15325	10
18	2	14	64	16	615	12	729		16227	
19	2	17	68	8	684		769	10	17128	10
B 20	…3…		…72…		…756…		…810…		…18030…B	
21	3	6	79	4	835	4	891		19833	
22	3	15	90		925	4	1012	10	22537	10
23	4	7	104	8	1029	12	1174	10	26143	10
24	5	2	122	8	1152		1377		30651	
25	6		144		1296		1620		36060	
26	7	1	169	4	1465	4	1903	10	42370	10
27	8	5	198		1663	4	2227	10	49582	10
28	9	12	230	8	1893	12	2592		57696	

† Comme, d'après ces Combinaisons la progression du Terne ne peut plus avoir lieu lorsqu'on l'a poussé à 48 liv. on a été obligé dans ce Tableau & dans les suivants (pour ne pas multiplier inutilement les colonnes) de tracer un filet au-dessous duquel les chiffres qui répondent aux livres de cette colonne, indiquent le prix de l'Ambe par soi ; & les autres chiffres qui répondent aux sols, le prix en livres, du Terne.

Suite

Suite du PREMIER TABLEAU *de la* 1re *Combinaison du Jeu par* AMBES & TERNES *sur* 18 *Numéros divisés en six parties.*

Tirages.	PRIX de l'Ambe & du Terne par soi à chaque Tirage.		MONTANT de la Mise par elle-même à chaque Tirage.		TOTAL des Sommes déja employées jusques & compris le Tirage indiqué.		MONTANT du Produit que donne la sortie d'un Ambe.		MONTANT du Produit que donne la sortie d'un Terne.	
29	11tt	2	266tt	8	2160tt		2997tt		66711tt	
30	12	15	306		2466		3442	10	76627	10
31	14	11	349	4	2815	4	3928	10	87445	10
32	16	10	396		3211	4	4455		99165	
33	18	12	446	8	3657	12	5022		111786	
34	20	17	500	8	4158		5629	10	125308	10
35	23	5	558		4716		6277	10	139732	10
36	25	16	619	4	5335	4	6966		155058	
37	28	10	684		6019	4	7695		171285	
38	31	7	752	8	6771	12	8464	10	188413	10
39	34	7	824	8	7596		9274	10	206443	10
40	37	13	903	12	8499	12	10165	10	226276	10
41	41	8	993	12	9493	4	11178		248814	
42	45	15	1098		10591	4	12352	10	274957	10
43	51	48	1206		11797	4	13770		290910	
44	57	48	1314		13111	4	15390		295770	
45	63	48	1422		14533	4	17010		300630	
46	69	48	1530		16063	4	18630		305490	
47	78	48	1692		17755	4	21060		312780	
48	90	48	1908		19663	4	24300		322500	
49	102	48	2124		21787	4	27540		332220	
50	117	48	2394		24181	4	31590		344370	
51	132	48	2664		26845	4	35640		356520	
52	150	48	2988		29833	4	40500		371100	
53	168	48	3312		33145	4	45360		385680	
54	189	48	3690		36835	4	51030		402690	
55	213	48	4122		40957	4	57510		422130	
56	240	48	4608		45565	4	64800		444000	
57	270	48	5148		50713	4	72900		468300	
58	300	48	5688		56401	4	81000		492600	

(H.18) (K.6) (A.109) (E.2730tt 6) (G.1209tt 6)

SECOND TABLEAU
*de la 1re Combinaison du Jeu par AMBES & TERNES
sur 21 Numéros divisés en sept parties.*

Tirages.	PRIX de l'Ambe & du Terne par soi à chaque Tirage.		MONTANT de la Mise par elle-même à chaque Tirage.		TOTAL des Sommes déja employées jusques & compris le Tirage indiqué.		MONTANT du Produit que donne la sortie d'un Ambe.		MONTANT du Produit que donne la sortie d'un Terne.	
	tt	3f	4tt	4f	4tt	4f	40tt	10f	901tt	10f
1		3	4	4	4	4	40	10	901	10
2		6	8	8	12	12	81		1803	
3		9	12	12	25	4	121	10	2704	10
4		12	16	16	42		162		3606	
5		15	21		63		202	10	4507	10
6		18	25	4	88	4	243		5409	
7	1	1	29	8	117	12	283	10	6310	10
8	1	4	33	12	151	4	324		7212	
9	1	7	37	16	189		364	10	8113	10
10	1	10	42		231		405		9015	
11	1	13	46	4	277	4	445	10	9916	10
12	1	16	50	8	327	12	486		10818	
13	1	19	54	12	382	4	526	10	11719	10
14	2	2	58	16	441		567		12621	
15	2	5	63		504		607	10	13522	10
16	2	8	67	4	571	4	648		14424	
17	2	11	71	8	642	12	688	10	15325	10
B18	...2.14...		...75.12...		...718...4.		...729......		.16227.....	
19	3		84		802	4	810		18030	
20	3	9	96	12	898	16	931	10	20734	10
21	4	1	113	8	1012	4	1093	10	24340	10
22	4	16	134	8	1146	12	1296		28848	
23	5	14	159	12	1306	4	1539		34257	
24	6	15	189		1495	4	1822	10	40567	10
25	7	19	222	12	1717	16	2146	10	47779	10
26	9	6	260	8	1978	4	2511		55893	
27	10	16	302	8	2280	12	2916		64908	
28	12	9	348	12	2629	4	3361	10	74824	10
29	14	5	399		3028	4	3847	10	85642	10
30	16	4	453	12	3481	16	4374		97362	
31	18	6	512	8	3994	4	4941		109983	
32	20	11	575	8	4569	12	5548	10	123505	10
33	22	19	642	12	5212	4	6196	10	137929	10

Suite du SECOND TABLEAU *de la* 1re *Combinaison du Jeu par* AMBES & TERNES *sur* 21 *Numéros divisés en sept parties.*

Tirages.	PRIX de l'Ambe & du Terne par soi à chaque Tirage.		MONTANT de la Mise par elle-même à chaque Tirage.		TOTAL des Sommes déja employées jusques & compris le Tirage indiqué.		MONTANT du Produit que donne la sortie d'un Ambe.		MONTANT du Produit que donne la sortie d'un Terne.	
34	25ᵗᵗ 10ˢ		714ᵗᵗ	ſ	5926ᵗᵗ	4ˢ	6885ᵗᵗ	ſ	153255ᵗᵗ	ſ
35	28	4	789	12	6715	16	7614		169482	
36	31	4	873	12	7589	8	8424		187512	
37	34	13	970	4	8559	12	9355	10	208246	10
38	38	14	1083	12	9643	4	10449		232587	
39	43	10	1218		10861	4	11745		261435	
40	48	48	1344		12205	4	12960		288480	
41	54	48	1470		13675	4	14580		293340	
42	60	48	1596		15271	4	16200		298200	
43	69	48	1785		17056	4	18630		305490	
44	78	48	1974		19030	4	21060		312780	
45	87	48	2163		21193	4	23490		320070	
46	96	48	2352		23545	4	25920		327360	
47	108	48	2604		26149	4	29160		337080	
48	123	48	2919		29068	4	33210		349230	
49	141	48	3297		32365	4	38070		363810	
50	159	48	3675		36040	4	42930		378390	
51	180	48	4116		40156	4	48600		395400	
52	204	48	4620		44776	4	55080		414840	
53	228	48	5124		49900	4	61560		434280	
54	258	48	5754		55654	4	69660		458580	
55	288	48	6384		62038	4	77760		482880	

(H. 21) (K. 7) (A. 110) (E. 2568ᵗᵗ 18ˢ) (G. 1155ᵗᵗ 18ˢ)

TROISEME TABLEAU
de la 1ʳᵉ Combinaison du Jeu par AMBES & TERNES sur 24 Numéros divisés en huit parties.

Tirages.	PRIX de l'Ambe & du Terne par soi à chaque Tirage.		MONTANT de la Mise par elle-même à chaque Tirage.		TOTAL des Sommes déjà employées jusques & compris le Tirage indiqué.		MONTANT du Produit que donne la sortie d'un Ambe.		MONTANT du Produit que donne la sortie d'un Terne.	
	tt	3ˢ	4ᵗᵗ	16ˢ	4ᵗᵗ	16ˢ	40ᵗᵗ	10ˢ	901ᵗᵗ	10ˢ
1		3	4	16	4	16	40	10	901	10
2		6	9	12	14	8	81		1803	
3		9	14	8	28	16	121	10	2704	10
4		12	19	4	48		162		3606	
5		15	24		72		202	10	4507	10
6		18	28	16	100	16	243		5409	
7	1	1	33	12	134	8	283	10	6310	10
8	1	4	38	8	172	16	324		7212	
9	1	7	43	4	216		364	10	8113	10
10	1	10	48		264		405		9015	
11	1	13	52	16	316	16	445	10	9916	10
12	1	16	57	12	374	8	486		10818	
13	1	19	62	8	436	16	526	10	11719	10
14	2	2	67	4	504		567		12621	
B15	…2…5.		……72……		…576……		…607. 10.		.13522.10.B	
16	2	11	81	12	657	12	688	10	15325	10
17	3		96		753	12	810		18030	
18	3	12	115	4	868	16	972		21636	
19	4	7	139	4	1008		1174	10	26143	10
20	5	5	168		1176		1417	10	31552	10
21	6	6	201	12	1378	12	1701		37863	
22	7	10	240		1618	12	2025		45075	
23	8	17	283	4	1901	16	2389	10	53188	10
24	10	7	331	4	2232		2794	10	62203	10
25	12		384		2616		3240		72120	
26	13	16	441	12	3057	12	3726		82938	
27	15	15	504		3561	12	4252	10	94657	10
28	17	17	571	4	4132	16	4819	10	107278	10
29	20	2	643	4	4776		5427		120801	
30	22	13	724	16	5500	16	6115	10	136126	10
31	25	13	820	16	6321	12	6925	10	154156	10
32	29	5	936		7257	12	7897	10	175792	10
33	33	12	1075	4	8332	16	9072		201936	

Suite du TROISIEME TABLEAU *de la* 1ʳᵉ *Combinaison du Jeu par* AMBES & TERNES *ſur* 24 *Numéros diviſés en huit parties.*

Tirages.	PRIX de l'Ambe & du Terne par ſoi à chaque Tirage.		MONTANT de la Miſe par elle-même à chaque Tirage.	TOTAL des Sommes deja employéesjuſques & compris le Tirage indiqué.	MONTANT du Produit que donne la ſortie d'un Ambe.	MONTANT du Produit que donne la ſortie d'un Terne.
34	38ᵗᵗ17ˡ		1243ᵗᵗ 4ˡ	9576ᵗᵗ	10489ᵗᵗ10ˡ	233488ᵗᵗ10ˡ
35	45	3	1444 16	11020 16	12190 10	271351 10
36	51	48	1608	12628 16	13770	290910
37	57	48	1752	14380 16	15390	295770
38	66	48	1968	16348 16	17820	303060
39	75	48	2184	18532 16	20250	310350
40	84	48	2400	20932 16	22680	317640
41	96	48	2688	23620 16	25920	327360
42	108	48	2976	26596 16	29160	337080
43	120	48	3264	29860 16	32400	346800
44	135	48	3624	33484 16	36450	358950
45	150	48	3984	37468 16	40500	371100
46	168	48	4416	41884 16	45360	385680
47	186	48	4848	46732 16	50220	400260
48	207	48	5352	52084 16	55890	417270
49	228	48	5856	57940 16	61560	434280
50	252	48	6432	64372 16	68040	453720
51	276	48	7008	71380 16	74520	473160
52	300	48	7584	78964 16	81000	492600

(H. 24) (K. 8) (A. 111) (E. 2903ᵗᵗ8ˡ) (G. 1160ᵗᵗ8ˡ)

QUATRIEME TABLEAU

de la 1ʳᵉ *Combinaiſon du Jeu par* AMBES & TERNES *ſur* 27 *Numéros diviſés en neuf parties.*

1	3ˡ		5ᵗᵗ 8ˡ	5ᵗᵗ 8ˡ	40ᵗᵗ10ˡ	901ᵗᵗ10ˡ
2	6		10 16	16 4	81	1803
3	9		16 4	32 8	121 10	2704 10
4	12		21 12	54	162	3606
5	15		27	81	202 10	4507 10

Suite du QUATRIEME TABLEAU *de la* 1re *Combinaison du Jeu par* AMBES & TERNES *sur* 27 *Numéros divisés en neuf parties.*

Tirages.	Prix de l'Ambe & du Terne par soi à chaque Tirage.		Montant de la Mile par elle-même à chaque Tirage.		Total des Sommes déjà employées y compris le Tirage indiqué.		Montant du Produit que donne la sortie d'un Ambe.		Montant du Produit que donne la sortie d'un Terne.	
	tt	s	tt	s	tt	s	tt	s	tt	s
6		18	32	8	113	8	243		5409	
7	1	1	37	16	151	4	283	10	6310	10
8	1	4	43	4	194	8	324		7212	
9	1	7	48	12	243		364	10	8113	10
10	1	10	54		297		405		9015	
11	1	13	59	8	356	8	445	10	9916	10
12	1	16	64	16	421	4	486		10818	
B 13	1	19	70	4	491	8	526	10	11719	10 B
14	2	5	81		572	8	607	10	13522	10
15	2	14	97	4	669	12	729		16227	
16	3	6	118	16	788	8	891		19833	
17	4	1	145	16	934	4	1093	10	24340	10
18	4	19	178	4	1112	8	1336	10	29749	10
19	6		216		1328	8	1620		36060	
20	7	4	259	4	1587	12	1944		43272	
21	8	11	307	16	1895	8	2308	10	51385	10
22	10	1	361	16	2257	4	2713	10	60400	10
23	11	14	421	4	2678	8	3159		70317	
24	13	10	486		3164	8	3645		81135	
25	15	9	556	4	3720	12	4171	10	92854	10
26	17	14	637	4	4357	16	4779		106377	
27	20	8	734	8	5092	4	5508		122604	
28	23	14	853	4	5945	8	6399		142437	
29	27	15	999		6944	8	7492	10	166777	10
30	32	14	1177	4	8121	12	8829		196527	
31	38	14	1393	4	9514	16	10449		232587	
32	45	18	1652	8	11167	4	12393		275859	
33	54	48	1890		13057	4	14580		293340	
34	60	48	2052		15109	4	16200		298200	
35	69	48	2295		17404	4	18630		305490	
36	78	48	2538		19942	4	21060		312780	
37	90	48	2862		22804	4	24300		322500	

Suite du QUATRIEME TABLEAU *de la* 1re *Combinaison du Jeu par* AMBES & TERNES *sur* 27 *Numéros divisés en neuf parties.*

Tirages.	PRIX de l'Ambe & du Terne par soi à chaque Tirage.		MONTANT de la Mise par elle-même à chaque Tirage.	TOTAL des Sommes déja employées jusques & compris le Tirage indiqué.		MONTANT du Produit que donne la sortie d'un Ambe.	MONTANT du Produit que donne la sortie d'un Terne.
	tt	tt	tt	tt	l	tt	tt
38	102	48	3186	25990	4	27540	332220
39	117	48	3591	29581	4	31590	344370
40	132	48	3996	33577	4	35640	356520
41	150	48	4482	38059	4	40500	371100
42	168	48	4968	43027	4	45360	385680
43	189	48	5535	48562	4	51030	402690
44	213	48	6183	54745	4	57510	422130
45	237	48	6831	61576	4	63990	441570
46	267	48	7641	69217	4	72090	465870
47	300	48	8532	77749	4	81000	492600

(H. 27) (K. 9) (A. 112) (E. 2536^{tt} 4^l) (G. 1030^{tt} 4^l)

CINQUIEME TABLEAU

de la 1re *Combinaison du Jeu par* AMBES & TERNES *sur* 30 *Numéros divisés en dix parties.*

			6tt	6tt	40tt 10l	901tt 10l
1	tt	3l				
2		6	12	18	81	1803
3		9	18	36	121 10	2704 10
4		12	24	60	162	3606
5		15	30	90	202 10	4507 10
6		18	36	126	243	5409
7	1	1	42	168	283 10	6310 10
8	1	4	48	216	324	7212
9	1	7	54	270	364 10	8113 10
10	1	10	60	330	405	9015
11	1	13	66	396	445 10	9916 10
B 12	...1	.16.	......72......	...468.......	.486........	10818......B
13	2	2	84	552	567	12621

Suite du CINQUIEME TABLEAU *de la* 1re *Combinaison du Jeu par* AMBES & TERNES *sur* 30 *Numéros divisés en dix parties.*

Tirages.	PRIX de l'Ambe & du Terne par soi à chaque Tirage.	MONTANT de la Mise par elle-même à chaque Tirage.	TOTAL des Sommes déjà employées jusques & compris le Tirage indiqué.	MONTANT du Produit que donne la sortie d'un Ambe.	MONTANT du Produit que donne la sortie d'un Terne.
14	2 tt 11 ſ	102 tt	654 tt	688 tt 10 ſ	15325 tt 10 ſ
15	3 3	126	780	850 10	18931 10
16	3 18	156	936	1053	23439
17	4 16	192	1128	1296	28848
18	5 17	234	1362	1579 10	35158 10
19	7 1	282	1644	1903 10	42370 10
20	8 8	336	1980	2268	50484
21	9 18	396	2376	2673	59499
22	11 11	462	2838	3118 10	69415 10
23	13 7	534	3372	3604 10	80233 10
24	15 9	618	3990	4171 10	92854 10
25	18	720	4710	4860	108180
26	21 3	846	5556	5710 10	127111 10
27	25 1	1002	6558	6763 10	150550 10
28	29 17	1194	7752	8059 10	179398 10
29	35 14	1428	9180	9639	214557
30	42 15	1710	10890	11542 10	256927 10
31	51 48	2010	12900	13770	290910
32	60 48	2280	15180	16200	298200
33	72 48	2640	17820	19440	307920
34	84 48	3000	20820	22680	317640
35	99 48	3450	24270	26730	329790
36	114 48	3900	28170	30780	341940
37	132 48	4440.	32610	35640	356520
38	150 48	4980	37590	40500	371100
39	171 48	5610	43200	46170	388110
40	192 48	6240	49440	51840	405120
41	219 48	7050	56490	59130	426990
42	252 48	8040	64530	68040	453720
43	288 48	9120	73650	77760	482880

(H. 30) (K. 10) (A. 113) (E. 2156 tt 5 ſ) (G. 896 tt 5 ſ)

SIXIÈM

SIXIEME TABLEAU
de la 1re Combinaison du Jeu par AMBES & TERNES
sur 33 Numéros divisés en onze parties.

Tirages.	PRIX de l'Ambe & du Terne par soi à chaque Tirage.		MONTANT de la Mise par elle-même à chaque Tirage.		TOTAL des Sommes de la employées jusques & compris le Tirage indiqué.		MONTANT du Produit que donne la sortie d'un Ambe.		MONTANT du Produit que donne la sortie d'un Terne.	
	tt	3ˢ	6 tt	12ˢ	6 tt	12ˢ	40 tt	10ˢ	901 tt	10ˢ
1										
2		6	13	4	19	16	81		1803	
3		9	19	16	39	12	121	10	2704	10
4		12	26	8	66		162		3606	
5		15	33		99		202	10	4507	10
6		18	39	12	138	12	243		5409	
7	1	1	46	4	184	16	283	10	6310	10
8	1	4	52	16	237	12	324		7212	
9	1	7	59	8	297		364	10	8113	10
B 10	1	10	66		363		405		9015	B
11	1	16	79	4	442	4	486		10818	
12	2	5	99		541	4	607	10	13522	10
13	2	17	125	8	666	12	769	10	17128	10
14	3	12	158	8	825		972		21636	
15	4	10	198		1023		1215		27045	
16	5	11	244	4	1267	4	1498	10	33355	10
17	6	15	297		1564	4	1822	10	40567	10
18	8	2	356	8	1920	12	2187		48681	
19	9	12	422	8	2343		2592		57696	
20	11	8	501	12	2844	12	3078		68514	
21	13	13	600	12	3445	4	3685	10	82036	10
22	16	10	726		4171	4	4455		99165	
23	20	2	884	8	5055	12	5427		120801	
24	24	12	1082	8	6138		6642		147846	
25	30	3	1326	12	7464	12	8140	10	181201	10
26	36	18	1623	12	9088	4	9963		221769	
27	45		1980		11068	4	12150		270450	
28	54	48	2310		13378	4	14580		293340	
29	63	48	2607		15985	4	17010		300630	
30	78	48	3102		19087	4	21060		312780	
31	93	48	3597		22684	4	25110		324930	
32	111	48	4191		26875	4	29970		339510	

S

Suite du SIXIEME TABLEAU *de la* 1re *Combinaison du Jeu par* AMBES & TERNES *fur* 33 *Numéros divifés en onze parties.*

Tirages.	PRIX de l'Ambe & du Terne par foi à chaque Tirage.		MONTANT de la Mife par elle-même à chaque Tirage.	TOTAL des Sommes déja employées jufques & compris le Tirage indiqué.		MONTANT du Produit que donne la fortie d'un Ambe.	MONTANT du Produit que donne la fortie d'un Terne.
	tt	tt	tt	tt	f	tt	tt
33	126	48	4686	31561	4	34020	351660
34	144	48	5280	36841	4	38880	366240
35	165	48	5973	42814	4	44550	383250
36	195	48	6963	49777	4	52650	407550
37	237	48	8349	58126	4	63990	441570
38	288	48	10032	68158	4	77760	482880

(H. 33) (K. 11) (A. 114) (E. 1805tt 11f) (G. 779tt 11f)

SEPTIEME TABLEAU

de la 1re *Combinaifon du Jeu par* AMBES & TERNES *fur* 36 *Numéros divifés en douze parties.*

	tt		tt	f	tt	f	tt	f	tt	f
1		3f	7	4f	7	4f	40	10f	901	10f
2		6	14	8	21	12	81		1803	
3		9	21	12	43	4	121	10	2704	10
4		12	28	16	72		162		3606	
5		15	36		108		202	10	4507	10
6		18	43	4	151	4	243		5409	
7	1	1	50	8	201	12	283	10	6310	10
8	1	4	57	12	259	4	324		7212	
B. 9	...1	...7.	...64.	16..	...324	......	...364.	10.·	...8113.	10. B
10	1	13	79	4	403	4	445	10	9916	10
11	2	2	100	16	504		567		12621	
12	2	14	129	12	633	12	729		16227	
13	3	9	165	12	799	4	931	10	20734	10
14	4	7	208	16	1008		1174	10	26143	10
15	5	8	259	4	1267	4	1458		32454	
16	6	12	316	16	1584		1782		39666	
17	7	19	381	12	1965	12	2146	10	47779	10
18	9	12	460	16	2426	8	2592		57696	

Suite du SEPTIEME TABLEAU de la 1re Combinaiſon du Jeu par AMBES & TERNES ſur 36 Numéros diviſés en douze parties.

Tirages.	PRIX de l'Ambe & du Terne par foi à chaque Tirage.	MONTANT de la Miſe par elle-mème à chaque Tirage.	TOTAL des Sommes déja employées juſques & compris le Tirage indiqué.	MONTANT du Produit que donne la ſortie d'un Ambe.	MONTANT du Produit que donne la ſortie d'un Terne.
19	11tt 14f	561tt 12f	2988tt f	3159tt f	70317tt f
20	14 8	691 4	3679 4	3888	86544
21	17 17	856 16	4536	4819 10	107278 10
22	22 4	1065 12	5601 12	5994	133422
23	27 12	1324 16	6926 8	7452	165876
24	34 4	1641 12	8568	9234	205542
25	42 3	2023 4	10591 4	11380 10	253321 10
26	54 48	2520	13111 4	14580	293340
27	66 48	2952	16063 4	17820	303060
28	81 48	3492	19555 4	21870	315210
29	99 48	4140	23695 4	26730	329790
30	120 48	4896	28591 4	32400	346800
31	150 48	5976	34567 4	40500	371100
32	186 48	7272	41839 4	50220	400260
33	228 48	8784	50623 4	61560	434280
34	288 48	10944	61567 4	77760	482880

(H. 36) (K. 12) (A. 115) (E. 1492tt 13f) (G. 652tt 13f)

HUITIEME TABLEAU
de la 1re Combinaiſon du Jeu par AMBES & TERNES ſur 39 Numéros diviſés en treize parties.

1	tt 3f	7tt 16f	7tt 16f	40tt 10f	901tt 10f
2	6	15 12	23 8	81	1803
3	9	23 8	46 16	121 10	2704 10
4	12	31 4	78 .	162	3606
5	15	39	117	202 10	4507 10
6	18	46 16	163 16	243	5409
7	1 1	54 12	218 8	283 10	6310 10
B. 8	...1...4.	...62...8...	.280.16..	.324.........	.7212.......B
9	1 10	78	358 16	405	9015

Suite du HUITIEME TABLEAU *de la* 1ʳᵉ *Combinaison du Jeu par* AMBES & TERNES *fur* 39 *Numéros divifés en treize parties.*

Tirages.	PRIX de l'Ambe & du Terne par foi a chaque Tirage.		MONTANT de la Mife parelle-même à chaque Tirage.		TOTAL des Sommes déja employées juf-ques & com-pris le Tirage indiqué.		MONTANT du Produit que donne la fortie d'un Ambe.		MONTANT du Produit que donne la fortie d'un Terne.	
10	1ᵗᵗ	19ˢ	101ᵗᵗ	8ˢ	460ᵗᵗ	4ˢ	526ᵗᵗ	10ˢ	11719ᵗᵗ	10ˢ
11	2	11	132	12	592	16	688	10	15325	10
12	3	6	171	12	764	8	891		19833	
13	4	4	218	8	982	16	1134		25242	
14	5	5	273		1255	16	1417	10	31552	10
15	6	9	335	8	1591	4	1741	10	38764	10
16	7	19	413	8	2004	12	2146	10	47779	10
17	9	18	514	16	2519	8	2673		59499	
18	12	9	647	8	3166	16	3361	10	74824	10
19	15	15	819		3985	16	4252	10	94657	10
20	19	19	1037	8	5023	4	5386	10	119899	10
21	25	4	1310	8	6333	12	6804		151452	
22	31	13	1645	16	7979	8	8545	10	190216	10
23	39	12	2059	4	10038	12	10692		237996	
24	48	48	2496		12534	12	12960		288480	
25	60	48	2964		15498	12	16200		298200	
26	75	48	3549		19047	12	20250		310350	
27	96	48	4368		23415	12	25920		327360	
28	120	48	5304		28719	12	32400		346800	
29	150	48	6474		35193	12	40500		371100	
30	189	48	7995		43188	12	51030		402690	
31	237	48	9867		53055	12	63990		441570	
32	294	48	12090		65145	12	79380		487740	

(H. 39) (K. 13) (A. 116) (E. 1462ᵗᵗ 1ˢ) (G. 625ᵗᵗ 1ˢ)

NEUVIEME TABLEAU
de la 1ʳᵉ *Combinaiſon du Jeu par* AMBES & TERNES *ſur* 42 *Numéros diviſés en quatorze parties.*

Tirages.	PRIX de l'Ambe & du Terne par ſoi à chaque Tirage.		MONTANT de la Miſe par elle-même à chaque Tirage.		TOTAL des Sommes déja employées juſques & compris le Tirage indiqué.		MONTANT du Produit que donne la ſortie d'un Ambe.		MONTANT du Produit que donne la ſortie d'un Terne.	
1	₶	3ˢ	8₶	8ˢ	8₶	8ˢ	40₶	10ˢ	901₶	10ˢ
2		6	16	16	25	4	81		1803	
3		9	25	4	50	8	121	10	2704	10
4		12	33	12	84		162		3606	
5		15	42		126		202	10	4507	10
6		18	50	8	176	8	243		5409	
B. 7	…1…1.		…58.16.		…235…4.		…283.10·		…6310.10.B	
8	1	7	75	12	310	16	364	10	8113	10
9	1	16	100	16	411	12	486		10818	
10	2	8	134	8	546		648		14424	
11	3	3	176	8	722	8	850	10	18931	10
12	4	1	226	16	949	4	1093	10	24340	10
13	5	2	285	12	1234	16	1377		30651	
14	6	9	361	4	1596		1741	10	38764	10
15	8	5	462		2058		2227	10	49582	10
16	10	13	596	8	2654	8	2875	10	64006	10
17	13	16	772	16	3427	4	3726		82938	
18	17	17	999	12	4426	16	4819	10	107278	10
19	22	19	1285	4	5712		6196	10	137929	10
20	29	8	1646	8	7358	8	7938		176694	
21	37	13	2108	8	9466	16	10165	10	226276	10
	₶———₶									
22	48	48	2688		12154	16	12960		288480	
23	63	48	3318		15472	16	17010		300630	
24	81	48	4074		19546	16	21870		315210	
25	105	48	5082		24628	16	28350		334650	
26	135	48	6342		30970	16	36450		358950	
27	171	48	7854		38824	16	46170		388110	
28	222	48	9996		48820	16	59940		429420	
29	288	48	12768		61588	16	77760		482880	

(H. 42) (K. 14) (A. 117) (E. 1282₶ 1ˢ) (G. 553₶ 1ˢ)

DIXIEME TABLEAU
de la 1ʳᵉ Crmbinaison du Jeu par AMBES & TERNES sur 45 Numéros divisés en quinze parties.

Tirages.	PRIX de l'Ambe & du Terne par soi à chaque Tirage. (tt / s)		MONTANT de la Mise par elle-même à chaque Tirage.	TOTAL des Sommes déjà employées jusques & compris le Tirage indiqué.	MONTANT du Produit que donne la sortie d'un Ambe. (tt / s)		MONTANT du Produit que donne la sortie d'un Terne. (tt / s)	
1	tt	3	9 tt	9 tt	40	10	901	10
2		6	18	27	81		1803	
3		9	27	54	121	10	2704	10
4		12	36	90	162		3606	
5		15	45	135	202	10	4507	10
B. 6		18	54	189	243		5409	B
7	1	4	72	261	324		7212	
8	1	13	99	360	445	10	9916	10
9	2	5	135	495	607	10	13522	10
10	3		180	675	810		18030	
11	3	18	234	909	1053		23439	
12	5	2	306	1215	1377		30651	
13	6	15	405	1620	1822	10	40567	10
14	9		540	2160	2430		54090	
15	12		720	2880	3240		72120	
16	15	18	954	3834	4293		95559	
17	21		1260	5094	5670		126210	
18	27	15	1665	6759	7492	10	166777	10
19	36	15	2205	8964	9922	10	220867	10
20	48	48	2880	11844	12960		288480	
21	63	48	3555	15399	17010		300630	
22	81	48	4365	19764	21870		315210	
23	105	48	5445	25209	28350		334650	
24	135	48	6795	32004	36450		358950	
25	174	48	8550	40554	46980		390540	
26	234	48	11250	51804	63180		439140	
27	294	48	13950	65754	79380		487740	

(H. 45) (K. 15) (A. 118) (E. 1283 tt 8 s) (G. 533 tt 8 s)

ONZIEME TABLEAU
de la 1ʳᵉ Combinaiſon du Jeu par AMBES & TERNES ſur 48 Numéros diviſés en ſeize parties.

Tirages.	PRIX de l'Ambe & du Terne par ſoi à chaque Tirage. (₶)	(ſ)	MONTANT de la Miſe par elle-même à chaque Tirage. (₶)	(ſ)	TOTAL des Sommes deja employées juſques & compris le Tirage indiqué. (₶)	(ſ)	MONTANT du Produit que donne la ſortie d'un Ambe. (₶)	(ſ)	MONTANT du Produit que donne la ſortie d'un Terne. (₶)	(ſ)
I		3	9	12	9	12	40	10	901	10
2		6	19	4	28	16	81		1803	
3		9	28	16	57	12	121	10	2704	10
4		12	38	8	96		162		3606	
5		15	48		144		202	10	4507	10
B. 6		18	57	12	201	12	243		5409	B
7	1	4	76	16	278	8	324		7212	
8	1	13	105	12	384		445	10	9916	10
9	2	5	144		528		607	10	13522	10
10	3		192		720		810		18030	
11	3	18	249	12	969	12	1053		23439	
12	5	2	326	8	1296		1377		30651	
13	6	15	432		1728		1822	10	40567	10
14	9		576		2304		2430		54090	
15	12		768		3072		3240		72120	
16	15	18	1017	12	4089	12	4293		95559	
17	21		1344		5433	12	5670		126210	
18	27	15	1776		7209	12	7492	10	166777	10
19	36	15	2352		9561	12	9922	10	220867	10
	₶	₶								
20	48	48	3072		12633	12	12960		288480	
21	63	48	3792		16425	12	17010		300630	
22	81	48	4656		21081	12	21870		315210	
23	105	48	5808		26889	12	28350		334650	
24	135	48	7248		34137	12	36450		358950	
25	174	48	9120		43257	12	46980		390540	
26	234	48	12000		55257	12	63180		439140	
27	294	48	14880		70137	12	79380		487740	

(H. 48) (K. 16) (A. 119) (E. 128 : ₶ 8 ſ) (G. 533 ₶ 8 ſ)

DOUZIEME TABLEAU
de la 1re Combinaison du Jeu par AMBES & TERNES sur 51 Numéros divisés en dix-sept parties.

Tirages.	PRIX de l'Ambe & du Terne par foi à chaque Tirage.		MONTANT de la Mise parelle-même à chaque Tirage.		TOTAL des Sommes déja employées jufques & compris le Tirage indiqué.		MONTANT du Produit que donne la fortie d'un Ambe.		MONTANT du Produit que donne la fortie d'un Terne.	
1	tt	3	10 tt	4	10 tt	4	40 tt	10	901 tt	10
2		6	20	8	30	12	81		1803	
3		9	30	12	61	4	121	10	2704	10
4		12	40	16	102		162		3606	
B. 5		15	51		153		202	10	4507	10
6	1	1	71	8	224	8	283	10	6310	10
7	1	10	102		326	8	405		9015	
8	2	2	142	16	469	4	567		12621	
9	2	17	193	16	663		769	10	17128	10
10	3	18	265	4	928	4	1053		23439	
11	5	8	367	4	1295	8	1458		32454	
12	7	10	510		1805	8	2025		45075	
13	10	7	703	16	2509	4	2794	10	62203	10
14	14	5	969		3478	4	3847	10	85642	10
15	19	13	1336	4	4814	8	5305	10	118096	10
16	27	3	1846	4	6660	12	7330	10	163171	10
17	37	10	2550		9210	12	10125		225375	
18	48	48	3264		12474	12	12960		288480	
19	63	48	4029		16503	12	17010		300630	
20	84	48	5100		21603	12	22680		317640	
21	108	48	6324		27927	12	29160		337080	
22	138	48	7854		35781	12	37260		361380	
23	177	48	9843		45624	12	47790		392970	
24	225	48	12291		57915	12	60750		431850	
25	297	48	15963		73878	12	80190		490170	

(H. 51)   K. 17)   (A. 120)   (E. 1275 tt 9 f)   (G. 519 tt 9 f)

TREIZIEME

TREIZIEME TABLEAU
de la 1re Combinaison du Jeu par AMBES & TERNES sur 54 Numéros divisés en dix-huit parties.

Tirages.	PRIX de l'Ambe & du Terne par soi à chaque Tirage.		MONTANT de la Mise par elle-même à chaque Tirage.		TOTAL des Sommes déja employées jusques & compris le Tirage indiqué.		MONTANT du Produit que donne la sortie d'un Ambe.		MONTANT du Produit que donne la sortie d'un Terne.	
	tt	s	tt	s	tt	s	tt	s	tt	s
1		3	10	16	10	16	40	10	901	10
2		6	21	12	32	8	81		1803	
3		9	32	8	64	16	121	10	2704	10
4		12	43	4	108		162		3606	
B. 5	......15.		.....54.....		...162......		...202. 10.		...4507. 10. B	
6	1	1	75	12	237	12	283	10	6310	10
7	1	10	108		345	12	405		9015	
8	2	2	151	4	496	16	567		12621	
9	2	17	205	4	702		769	10	17128	10
10	3	18	280	16	982	16	1053		23439	
11	5	8	388	16	1371	12	1458		32454	
12	7	10	540		1911	12	2025		45075	
13	10	7	745	4	2656	16	2794	10	62203	10
14	14	5	1026		3682	16	3847	10	85642	10
15	19	13	1414	16	5097	12	5305	10	118096	10
16	27	3	1954	16	7052	8	7330	10	163171	10
17	37	10	2700		9752	8	10125		225375	
18	51	48	3618		13370	8	13770		290910	
19	69	48	4590		17960	8	18630		305490	
20	96	48	6048		24008	8	25920		327360	
21	126	48	7668		31676	8	34020		351660	
22	162	48	9612		41288	8	43740		380820	
23	216	48	12528		53816	8	58320		424560	
24	288	48	16416		70232	8	77760		482880	

(H. 54) (K. 18) (A. 121) (E. 1143tt 9s) (G. 471tt 9s)

QUATORZIEME TABLEAU
de la 1ʳᵉ Combinaison du Jeu par AMBES & TERNES sur 57 Numéros divisés en dix-neuf parties.

Tirages.	PRIX de l'Ambe & du Terne par soi à chaque Tirage.	MONTANT de la Mise par elle-même à chaque Tirage.	TOTAL des Sommes déja employées jusques & compris le Tirage indiqué.	MONTANT du Produit que donne la sortie d'un Ambe.	MONTANT du Produit que donne la sortie d'un Terne.
I	tt 3ſ	11 tt 8ſ	11 tt 8ſ	40 tt 10ſ	901 tt 10ſ
2	6	22 16	34 4	81	1803
3	9	34 4	68 8	121 10	2704 10
B. 4	......12.	......45.12.	...114......	...162......	...3606....B
5	18	68 8	182 8	243	5409
6	1 7	102 12	285	364 10	8113 10
7	1 19	148 4	433 4	526 10	11719 10
8	2 17	216 12	649 16	769 10	17128 10
9	4 4	319 4	969	1134	25242
10	6 3	467 8	1436 8	1660 10	36961 10
11	9	684	2120 8	2430	54090
12	13 4	1003 4	3123 12	3564	79332
13	19 7	1470 12	4594 4	5224 10	116293 10
14	28 7	2154 12	6748 16	7654 10	170383 10
15	41 11	3157 16	9906 12	11218 10	249715 10
16	54 48	3990	13896 12	14580	293340
17	75 48	5187	19083 12	20250	310350
18	102 48	6726	25809 12	27540	332220
19	135 48	8607	34416 12	36450	358950
20	174 48	10830	45246 12	46980	390540
21	225 48	13737	58983 12	60750	431850
22	297 48	17841	76824 12	80190	490170

(H. 57) (K. 19) (A. 122) (E. 1192 tt 7ſ) (G. 466 tt 7ſ)

QUINZIEME TABLEAU
de la 1ʳᵉ Combinaison du Jeu par AMBES & TERNES sur 60 Numéros divisés en vingt parties.

I	3ſ	12 tt	12 tt	40 tt 10ſ	901 tt 10ſ
2	6	24	36	81	1803

Suite du QUNZIEME TABLEAU *de la* 1ʳᵉ *Combinaison du Jeu par* AMBES & TERNES *sur* 60 *Numéros divisés en vingt parties.*

Tirages.	PRIX de l'Ambe & du Terne par soi à chaque Tirage.		MONTANT de la Mise par elle-même à chaque Tirage.	TOTAL des Sommes déja employéesjusques & compris le Tirage indiqué.	MONTANT du Produit que donne la sortie d'un Ambe.		MONTANT du Produit que donne la sortie d'un Terne.	
3	₶	9ſ	36₶	72₶	121₶10ſ		2704₶10ſ	
B. 4	......12.		......48......	.....120.....	...162......		...3606....B	
5		18	72	192	243		5409	
6	1	7	108	300	364	10	8113	10
7	1	19	156	456	526	10	11719	10
8	2	17	228	684	769	10	17128	10
9	4	4	336	1020	1134		25242	
10	6	3	492	1512	1660	10	36961	10
11	9		720	2232	2430		54090	
12	13	4	1056	3288	3564		79332	
13	19	7	1548	4836	5224	10	116293	10
14	28	7	2268	7104	7654	10	170383	10
15	41	11	3324	10428	11218	10	249715	10
	₶ ——— ₶							
16	60	48	4560	14988	16200		298200	
17	81	48	5820	20808	21870		315210	
18	111	48	7620	28428	29970		339510	
19	150	48	9960	38388	40500		371100	
20	204	48	13200	51588	55080		414840	
21	273	48	17340	68928	73710		470730	

(H. 60) (K. 20) (A. 123) (E. 1009₶7ſ) (G. 418₶7ſ)

SEIZIEME TABLEAU

de la 1ʳᵉ *Combinaison du Jeu par* AMBES & TERNES *sur* 63 *Numéros divisés en vingt-une parties.*

1	₶	3ſ	12₶12ſ	. 12₶12ſ	40₶10ſ		901₶10ſ	
2		6	25	4	37 16	81		1803	
3		9	37 16	75 12	121	10	2704	10
4		15	63	138 12	202	10	4507	10
5	1	4	100 16	239 8	324		7212	
6	1	19	163 16	403 4	526	10	11719	10

Suite du SEIZIEME TABLEAU *de la* 1re *Combinaison du Jeu par* AMBES & TERNES *sur* 63 *Numéros divisés en vingt-une parties.*

Tirages.	PRIX de l'Ambe & du Terne par soi à chaque Tirage.		MONTANT de la Mise par elle-même à chaque Tirage.		TOTAL des Sommes déja employées jusques & compris le Tirage indiqué.		MONTANT du Produit que donne la sortie d'un Ambe.		MONTANT du Produit que donne la sortie d'un Terne.	
7	3 tt	3 s	264 tt	12 s	667 tt	16 s	850 tt	10 s	18931 tt	10 s
8	5	2	428	8	1096	4	1377		30651	
9	8	5	603		1789	4	2227	10	49582	10
10	13	7	1121	8	2910	12	3604	10	80233	10
11	21	12	1814	8	4725		5832		129816	
12	34	19	2935	16	7660	16	9436	10	210049	10
13	54	48	4410		12070	16	14580		293340	
14	72	48	5544		17614	16	19440		307920	
15	99	48	7245		24859	16	26730		329790	
16	138	48	9702		34561	16	37260		361380	
17	195	48	13293		47854	16	52650		407550	
18	270	48	18018		65872	16	72900		468300	

(H. 63) (K. 21) (A. 124) (E. 919 tt 4 s) (G. 379 tt 4 s)

DIX-SEPTIEME TABLEAU

de la 1re *Combinaison du Jeu par* AMBES & TERNES *sur* 66 *Numéros divisés en vingt-deux parties.*

Tirages.	PRIX de l'Ambe & du Terne par soi à chaque Tirage.		MONTANT de la Mise par elle-même à chaque Tirage.		TOTAL des Sommes déja employées jusques & compris le Tirage indiqué.		MONTANT du Produit que donne la sortie d'un Ambe.		MONTANT du Produit que donne la sortie d'un Terne.	
1	tt	3 s	13 tt	4 s	13 tt	4 s	40 tt	10 s	901 tt	10 s
2		6	26	8	39	12	81		1803	
3		9	39	12	79	4	121	10	2704	10
4		15	66		145	4	202	10	4507	10
5	1	4	105	12	250	16	324		7212	
6	1	19	171	12	422	8	526	10	11719	10
7	3	3	277	4	699	12	850	10	18931	10
8	5	2	448	16	1148	8	1377		30651	
9	8	5	726		1874	8	2227	10	49582	10
10	13	7	1174	16	3049	4	3604	10	80233	10
11	21	12	1900	16	4950		5832		129816	
12	34	19	3075	12	8025	12	9436	10	210049	10

Suite du DIX-SEPTIEME TABLEAU *de la* 1re *Combinaison du Jeu par* AMBES & TERNES *sur 66 Numéros divisés en vingt-deux parties.*

Tirages.	PRIX de l'Ambe & du Terne par soi à chaque Tirage.		MONTANT de la Mise par elle-même à chaque Tirage.	TOTAL des Sommes déjà employéesjusques & compris le Tirage indiqué.		MONTANT du Produit que donne la sortie d'un Ambe.	MONTANT du Produit que donne la sortie d'un Terne.
	₶	₶	₶	₶	ſ	₶	₶
13	60	48	5016	13041	12	16200	298200
14	84	48	6600	19641	12	22680	317640
15	114	48	8580	28221	12	30780	341940
16	156	48	11352	39573	12	42120	375960
17	216	48	15312	54885	12	58320	424560
18	300	48	20856	75741	12	81000	492600

(H. 66) (K. 22) (A. 125) (E. 1021[₶] 4^ſ) (G. 379[₶] 4^ſ)

DIX-HUITIEME TABLEAU *de la* 1re *Comb. du Jeu par* AMBES & TERNES *sur 69 N*^{os}. *divisés en 23 parties.*

Tirages.	PRIX de l'Ambe & du Terne.		MONTANT de la Mise.	TOTAL des Sommes.		MONTANT Produit Ambe.	MONTANT Produit Terne.
	₶	ſ					
1		3^ſ	13[₶] 16^ſ	13[₶] 16^ſ		40[₶] 10^ſ	901[₶] 10^ſ
2		6	27 12	41 8		81	1803
3		9	41 8	82 16		121 10	2704 10
4		15	69	151 16		202 10	4507 10
5	1	4	110 8	262 4		324	7212
6	1	19	179 8	441 12		526 10	11719 10
7	3	3	289 16	731 8		850 10	18931 10
8	5	2	469 4	1200 12		1377	30651
9	8	5	759	1959 12		2227 10	49582 10
10	13	7	1228 4	3187 16		3604 10	80233 10
11	21	12	1987 4	5175		5832	129816
12	34	19	3215 8	8390 8		9436 10	210049 10
	₶	₶					
13	60	48	5244	13634	8	16200	298200
14	84	48	6900	20534	8	22680	317640
15	114	48	8970	29504	8	30780	341940
16	156	48	11868	41372	8	42120	375960
17	216	48	16008	57380	8	58320	424560
18	300	48	21804	79184	8	81000	492600

(H. 69) (K. 23) (A. 126) (E. 1021[₶] 4^ſ) (G. 379[₶] 4^ſ)

DIX-NEUVIEME TABLEAU
de la 1ʳᵉ Combinaiſon du Jeu par AMBES & TERNES ſur 72 Numéros diviſés en vingt-quatre parties.

Tirages.	PRIX de l'Ambe & du Terne par ſoi à chaque Tirage.		MONTANT de la Miſe par elle-même à chaque Tirage.		TOTAL des Sommes déja employées juſques & compris le Tirage indiqué.		MONTANT du Produit que donne la ſortie d'un Ambe.		MONTANT du Produit que donne la ſortie d'un Terne.	
	tt	3f	14 tt	8f	14 tt	8f	40 tt 10f		901 tt 10f	
1										
2		6	28	16	43	4	81		1803	
3		9	43	4	86	8	121	10	2704	10
4		15	72		158	8	202	10	4507	10
5	1	4	115	4	273	12	324		7212	
6	1	19	187	4	460	16	526	10	11719	10
7	3	3	302	8	763	4	850	10	18931	10
8	5	2	489	12	1252	16	1377		30651	
9	8	5	792		2044	16	2227	10	49582	10
10	13	7	1281	12	3326	8	3604	10	80233	10
11	21	12	2073	12	5400		5832		129816	
12	34	19	3355	4	8755	4	9436	10	210049	10
	tt	tt								
13	63	48	5688		14443	4	17010		300630	
14	90	48	7632		22075	4	24300		322500	
15	132	48	10656		32731	4	35640		356520	
16	186	48	14544		47275	4	50220		400260	
17	264	48	20160		67435	4	71280		463440	

(H. 72) (K. 24) (A. 127) (E. 826 tt 4f) (G. 331 tt 4f)

VINGTIEME TABLEAU
de la 1ʳᵉ Combinaiſon du Jeu par AMBES & TENRNES ſur 75 Numéros diviſés en vingt-cinq parties.

Tirages.	PRIX de l'Ambe & du Terne par ſoi à chaque Tirage.		MONTANT de la Miſe par elle-même à chaque Tirage.		TOTAL des Sommes déja employées juſques & compris le Tirage indiqué.		MONTANT du Produit que donne la ſortie d'un Ambe.		MONTANT du Produit que donne la ſortie d'un Terne.	
1	tt	3f	15 tt		15 tt		40 tt 10f		901 tt 10f	
2		9	45		60		121	10	2704	10
3		12	60		120		162		3606	
4	1	1	105		225		283	10	6310	10
5	1	13	165		390		445	10	9916	10
6	2	14	270		660		729		16227	
7	4	7	435		1095		1174	10	26143	10

Suite du VINGTIEME TABLEAU *de la* 1re *Combinaison du Jeu par* AMBES & TERNES *sur* 75 *Numéros divisés en vingt-cinq parties.*

Tirages.	PRIX de l'Ambe & du Terne par soi à chaque Tirage.	MONTANT de la Mise par elle-même à chaque Tirage.	TOTAL des Sommes déja employéesjusques& compris le Tirage indiqué.	MONTANT du Produit que donne la sortie d'un Ambe.	MONTANT du Produit que donne la sortie d'un Terne.
8	7tt 1f	705tt	1800tt	1903tt10f	42370tt10f
9	11 8	1140	2940	3078	68514
10	18 9	1845	4785	4981 10	110884 10
11	29 17	2985	7770	8059 10	179398 10
12	48｜48	4800	12570	12960	288480
13	78｜48	7050	19620	21060	312780
14	120｜48	10200	29820	32400	346800
15	180｜48	14700	44520	48600	395400
16	264｜48	21000	65520	71280	463440

(H. 75) (K. 25) (A. 128) (E. 767tt14f) (G. 317tt14f)

VINGT-UNIEME TABLEAU

de la 1re *Combinaison du Jeu par* AMBES & TERNES *sur* 78 *Numéros divisés en vingt-six parties.*

1	tt 3f	15tt12f	15tt12f	40tt10f	901tt10f
2	9	46 16	62 8	121 10	2704 10
3	18	93 12	156	243	5409
4	1 16	187 4	343 4	486	10818
Z. 5	…3.12.	…374…8.	…717.12.	…972…….	.21636….Z
6	5 8	561 12	1279 4	1458	32454
7	9	936	2215 4	2430	54090
8	14 8	1497 12	3712 16	3888	86544
9	23 8	2433 12	6146 8	6318	140634
10	37 16	3931 4	10077 12	10206	227178
11	63｜48	6162	16239 12	17010	300630
12	96｜48	8736	24975 12	25920	327360

Suite du VINGT-UNIEME TABLEAU *de la* 1re *Combinaison du Jeu par* AMBES *&* TERNES *sur* 78 *Numéros divisés en vingt-six parties.*

Tirages.	PRIX de l'Ambe & du Terne par foi à chaque Tirage.		MONTANT de la Mise par elle-même à chaque Tirage.	TOTAL des Sommes déja employéesjuf-ques & compris le Tirage indiqué.		MONTANT du Produit que donne la sortie d'un Ambe.	MONTANT du Produit que donne la sortie d'un Terne.
	tt	tt	tt	tt		tt	tt
13	144	48	12480	37455	12	38880	366240
14	213	48	17862	55317	12	57510	422130
15	300	48	24648	79965	12	81000	492600

(H. 78) (K. 26) (A. 129) (E. 912 tt 18 s) (G. 336 tt 18 s)

VINGT-DEUXIEME TABLEAU

de la 1re *Combinaison du Jeu par* AMBES *&* TERNES *sur* 81 *Numéros divisés en vingt-sept parties.*

	tt	s	tt	s	tt	s	tt	s	tt	s
1		3	16	4	16	4	40	10	901	10
2	6		32	8	48	12	81		1803	
B. 3	........9.		......48.12.		.....97...4.		...121.10.		...2704.10.	
4	18		97	4	194	8	243		5409	
5	1	16	194	8	388	16	486		10818	
6	3	12	388	16	777	12	972		21636	
7	7	4	777	12	1555	4	1944		43272	
8	14	8	1555	4	3110	8	3888		86744	
9	28	16	3110	8	6220	16	7776		173488	
	tt	tt								
10	51	48	5427		11647	16	13770		290910	
11	84	48	8100		19747	16	22680		317640	
12	120	48	11016		30763	16	32400		346800	
13	210	48	18306		49069	16	56700		419700	
14	300	48	25596		74665	16	81000		492600	

(H. 81) (K. 27) (A. 130) (E. 822 tt 12 s) (G. 297 tt 12 s)

✳✳

VINGT-TR.

VINGT-TROISIEME TABLEAU
de la 1ʳᵉ Combinaison du Jeu par AMBES & TERNES
fur 84 Numéros divifés en vingt-huit parties.

Tirages.	PRIX de l'Ambe & du Terne par foi a chaque Tirage.		MONTANT de la Mife par elle-même à chaque Tirage.		TOTAL des Sommes déja employées jufques & compris le Tirage indiqué.		MONTANT du Produit que donne la fortie d'un Ambe.	MONTANT du Produit que donne la fortie d'un Terne.
1	tt	3ſ	16ᵗᵗ	16ſ	16ᵗᵗ	16ſ	40ᵗᵗ 10ſ	901ᵗᵗ 10ſ
2		6	33	12	50	8	81	1803
3		12	67	4	117	12	162	3606
4	1	4	134	8	252		324	7212
5	2	8	268	16	520	16	648	14424
6	4	16	537	12	1058	8	1296	28848
7	9	12	1075	4	2133	12	2592	57696
8	19	4	2150	8	4284		5184	115392
9	38	8	4300	16	8584	16	10368	230784
10	60	48	6384		14968	16	16200	298200
11	96	48	9408		24376	16	25920	327360
12	162	48	14952		39328	16	43740	380820
13	252	48	22512		61840	16	68040	453720

(H. 84) (K. 28) (A. 131) (E. 646ᵗᵗ 13ſ) (G. 268ᵗᵗ 13ſ)

VINGT-QUATRIEME TABLEAU
de la 1ʳᵉ Combinaison du Jeu par AMBES & TERNES
fur 87 Numéros divifés en vingt-neuf parties.

Tirages.	PRIX de l'Ambe & du Terne par foi a chaque Tirage.		MONTANT de la Mife par elle-même à chaque Tirage.		TOTAL des Sommes déja employées jufques & compris le Tirage indiqué.		MONTANT du Produit que donne la fortie d'un Ambe.	MONTANT du Produit que donne la fortie d'un Terne.
1	tt	3ſ	17ᵗᵗ	8ſ	17ᵗᵗ	8ſ	40ᵗᵗ 10ſ	901ᵗᵗ 10ſ
2		6	34	16	52	4	81	1803
3		12	69	12	121	16	162	3606
4	1	4	139	4	261		324	7212
5	2	8	278	8	539	8	648	14424
6	4	16	556	16	1096	4	1296	28848
7	9	12	1113	12	2209	16	2592	57696
8	19	4	2227	4	4437		5184	115392
9	38	8	4454	8	8891	8	10368	230784
10	63	48	6873		15764	8	17010	300630
11	102	48	10266		26030	8	27540	332220

V

Suite du VINGT-QUATRIEME TABLEAU *de la* 1ʳᵉ *Combinaison du Jeu par* AMBES *&* TERNES *sur 87 Numéros divisés en vingt-neuf parties.*

Tirages.	PRIX de l'Ambe & du Terne par soi à chaque Tirage.		MONTANT de la Mise par elle-même a chaque Tirage.	TOTAL des Sommes deja employéesjusques & compris le Tirage indiqué.		MONTANT du Produit que donne la sortie d'un Ambe.	MONTANT du Produit que donne la sortie d'un Terne.
	tt	tt	tt	tt	s	tt	tt
12	162	48	15486	41516	8	43740	380820
13	258	48	23838	65354	8	69660	458500

(H. 87) (K. 29) (A. 132) (E. 661ᵗᵗ 13ˢ) (G. 268ᵗᵗ 13ˢ)

VINGT-CINQUIEME TABLEAU

de la 1ʳᵉ *Combinaison du Jeu par* AMBES *&* TERNES *sur 90 Numéros divisés en trente parties.*

1	tt	3ˢ	18ᵗᵗ	18ᵗᵗ	40ᵗᵗ10ˢ	901ᵗᵗ10ˢ
2		6	36	54	81	1803
3		12	72	126	162	3606
4	1	4	144	270	324	7212
5	2	8	288	558	648	14424
6	4	16	576	1134	1296	28848
7	9	12	1152	2286	2592	57696
8	19	4	2304	4590	5184	115392
9	38	8	4608	9198	10368	230784
	tt	tt				
10	66	48	7380	16578	17820	303060
11	111	48	11430	28008	29970	339510
12	180	48	17640	45648	48600	395400
13	300	48	28440	74088	81000	492600

(H. 90) (K. 30) (A. 133) (E. 733ᵗᵗ13ˢ) (G. 268ᵗᵗ 13ˢ)

VINGT-SIXIEME TABLEAU

de la 1ʳᵉ *Combinaison du Jeu par* AMBES *&* TERNES *sur 93 Numéros divisés en trente-une parties.*

1	3ˢ	18ᵗᵗ	12ˢ	18ᵗᵗ	12ˢ	40ᵗᵗ 10ˢ	901ᵗᵗ 10ˢ
2	6	37	4	55	16	81	1803

Suite du VINGT-SIXIEME TABLEAU *de la* 1ʳᵉ *Combinaison du Jeu par* AMBES & TERNES *ſur 93 Numéros diviſés en trente-une parties.*

Tirages.	PRIX de l'Ambe & du Terne par ſoi à chaque Tirage.		MONTANT de la Miſe par elle-même à chaque Tirage.		TOTAL des Sommes déja employées juſ-ques & com-pris le Tirage indiqué.		MONTANT du Produit que donne la ſortie d'un Ambe.	MONTANT du Produit que donne la ſortie d'un Terne.
3	tt	12ˡ	74 tt	8ˢ	130 tt	4ˡ	162 tt	3606 tt
4	1	4	148	16	279		324	7212
5	2	8	297	12	576	12	648	14424
6	4	16	595	4	1171	16	1296	28848
7	9	12	1190	8	2362	4	2592	57696
8	19	4	2380	16	4743		5184	115392
9	38	8	4761	12	9504	12	10368	230784
10	69	48	7905		17409	12	18630	305490
11	120	48	12648		30057	12	32400	346800
12	204	48	20460		50517	12	55080	414840
13	300	48	29388		79905	12	81000	492600

(H. 93) (K. 31) (A. 134) (E. 769 tt 13ˢ) (G. 268 tt 13ˢ)

VINGT-SEPTIEME TABLEAU

de la 1ʳᵉ *Combinaiſon du Jeu par* AMBES & TERNES *ſur 96 Numéros diviſés en trente-deux parties.*

Tirages.	PRIX de l'Ambe & du Terne par ſoi à chaque Tirage.		MONTANT de la Miſe par elle-même à chaque Tirage.		TOTAL des Sommes déja employées juſ-ques & com-pris le Tirage indiqué.		MONTANT du Produit que donne la ſortie d'un Ambe.	MONTANT du Produit que donne la ſortie d'un Terne.
1	tt	3ˡ	19 tt	4ˡ	19 tt	4ˡ	40 tt 10ˢ	901 tt 10ˢ
2		6	38	8	57	12	81	1803
3		12	76	16	134	8	162	3606
4	1	4	153	12	288		324	7212
5	2	8	307	4	595	4	648	14424
6	4	16	614	8	1209	12	1296	28848
7	9	12	1228	16	2438	8	2592	57696
8	19	4	2457	12	4896		5184	115392
9	38	8	4915	4	9811	4	10368	230784
10	78	48	9024		18835	4	21060	312780
11	138	48	14784		33619	4	37260	361380
12	240	48	24576		58195	4	64800	444000

(H. 96) (K. 32) (A. 135) (E. 532 tt 13ˢ) (G. 220 tt 13ˢ)

VINGT-HUITIEME TABLEAU
de la 1ʳᵉ Combinaiſon du Jeu par AMBES & TERNES ſur 99 Numéros diviſés en trente-trois parties.

Tirages.	PRIX de l'Ambe & du Terne par ſoi à chaque Tirage.	MONTANT de la Miſe par elle-même à chaque Tirage.	TOTAL des Sommes déja employées juſques & compris le Tirage indiqué.	MONTANT du Produit que donne la ſortie d'un Ambe.	MONTANT du Produit que donne la ſortie d'un Terne.
1	tt 3ſ	19tt16ſ	19tt16ſ	40tt10ſ	901tt10ſ
2	6	39 12	59 8	81	1803
B. 3	......12.	.....79...4.	...138.12.	...162......	...3606...B
4	1 7	178 4	316 16	364 10	8113 10
5	3	396	712 16	810	18030
6	6 12	871 4	1584	1782	39666
7	14 11	1920 12	3504 12	3928 10	87445 10
8	32 2	4237 4	7741 16	8667	192921
9	63 48	7821	15562 16	17010	300630
10	111 48	12573	28135 16	29970	339510
11	183 48	19701	47836 16	49410	397830
12	300 48	31284	79120 16	81000	492600

(H. 99) (K. 33) (A. 136) (E. 715tt13ſ) (G. 250tt13ſ)

VINGT-NEUVIEME TABLEAU
de la 1ʳᵉ Combinaiſon du Jeu par AMBES & TERNES ſur 102 Numéros diviſés en trente-quatre parties.

Tirages.	PRIX de l'Ambe & du Terne par ſoi à chaque Tirage.	MONTANT de la Miſe par elle-même à chaque Tirage.	TOTAL des Sommes déja employées juſques & compris le Tirage indiqué.	MONTANT du Produit que donne la ſortie d'un Ambe.	MONTANT du Produit que donne la ſortie d'un Terne.
1	tt 3ſ	20tt 8ſ	20tt 8ſ	40tt10ſ	901tt10ſ
2	6	40 16	61 4	81	1803
3	12	81 12	142 16	162	3606
B. 4	...1...4.	...163...4	...306......	...324......	...7212....B
5	2 14	367 4	673 4	729	16227
6	6	816	1489 4	1620	36060
7	13 4	1795 4	3284 8	3564	79332
8	29 2	3957 12	7242	7857	174891
9	66 48	8364	15606	17820	303060
10	138 48	15708	31314	37260	361380
11	288 48	31008	62322	77760	482880

(H. 102) (K. 34) (A. 137) (E. 545tt5ſ) (G. 197tt5ſ)

TRENTIEME TABLEAU

de la 1ʳᵉ Combinaison du Jeu par AMBES & TERNES sur 105 Numéros divisés en trente-cinq parties.

Tirages.	PRIX de l'Ambe & du Terne par soi à chaque Tirage.	MONTANT de la Mise par elle-même à chaque Tirage.	TOTAL des Sommes déja employées jusques & compris le Tirage indiqué.	MONTANT du Produit que donne la sortie d'un Ambe.	MONTANT du Produit que donne la sortie d'un Terne.
I	tt 3ſ	21 tt	21 tt	40 tt 10ſ	901 tt 10ſ
B. 2	.........6.	.........42..	.........63..	....81......,	...1803....B
3	15	105	168	202 10	4507 10
4	1 13	231	399	445 10	9916 10
5	3 12	504	903	972	21636
6	7 19	1113	2016	2146 10	47779 10
7	17 11	2457	4473	4738 10	104475 10
8	38 14	5418	9891	10449	230587
9	81 48	10185	20076	21870	315210
10	150 48	17430	37506	40500	371100
11	297 48	32865	70371	80190	490170

(H. 105) (K.35) (A.138) (E. 598 tt 13ſ) (G.214 tt 13ſ)

TRENTE-UNIEME TABLEAU

de la 1ʳᵉ Combinaison du Jeu par AMBES & TERNES sur 108 Numéros divisés en trente-six parties.

Tirages.	PRIX de l'Ambe & du Terne par soi à chaque Tirage.	MONTANT de la Mise par elle-même à chaque Tirage.	TOTAL des Sommes déja employées jusques & compris le Tirage indiqué.	MONTANT du Produit que donne la sortie d'un Ambe.	MONTANT du Produit que donne la sortie d'un Terne.
1	tt 3ſ	21 tt 12ſ	21 tt 12ſ	40 tt 10ſ	901 tt 10ſ
2	12	86 8	108	162	3606
B. 3	...1...4.	...172.16.	...280.16.	...324......	...7212....B
4	2 11	367 4	648	688 10	15325 10
5	5 14	820 16	1468 16	1539	34257
6	12 12	1814 8	3283 4	3402	75726
7	27 15	3996	7279 4	7492 10	166777 10
8	72 48	9504	16783 4	19440	307920
9	144 48	17280	34063 4	38880	366240
10	288 48	32832	66895 4	77760	482880

(H. 108) (K. 36) (A. 139) (E. 550 tt 11ſ) (G. 194 tt 11ſ)

TRENTE-DEUXIEME TABLEAU

de la 1ʳᵉ Combinaiſon du Jeu par AMBES & TERNES ſur 111 Numéros diviſés en trente-ſept parties.

Tirages.	PRIX de l'Ambe & du Terne par ſoi à chaque Tirage.	MONTANT de la Miſe par elle-même à chaque Tirage.	TOTAL des Sommes déja employées juſques & compris le Tirage indiqué.	MONTANT du Produit que donne la ſortie d'un Ambe.	MONTANT du Produit que donne la ſortie d'un Terne.
1	tt 3ſ	22tt 4ſ	22tt 4ſ	40tt 10ſ	901tt 10ſ
2	12	88 16	111	162	3606
B. 3	...1...4.	...177.12.	...288.12.	...324.....	...7212....B
4	3	444	732 12	810	18030
5	7 4	1065 12	1798 4	1944	43272
6	17 8	2575 4	4373 8	4698	104574
7	42	6216	10589 8	11340	252420
8	84 48	11100	21689 8	22680	317640
9	168 48	20424	42113 8	45360	385680
10	300 48	35076	77189 8	81000	492600

(H. 111) (K. 37) (A. 140) (E. 623tt 11ſ) (G. 215tt 11ſ)

TRENTE-TROISIEME TABLEAU

de la 1ʳᵉ Combinaiſon du Jeu par AMBES & TERNES ſur 114 Numéros diviſés en trente-huit parties.

Tirages.	PRIX de l'Ambe & du Terne par ſoi à chaque Tirage.	MONTANT de la Miſe par elle-même à chaque Tirage.	TOTAL des Sommes déja employées juſques & compris le Tirage indiqué.	MONTANT du Produit que donne la ſortie d'un Ambe.	MONTANT du Produit que donne la ſortie d'un Terne.
1	tt 3ſ	22 16ſ	22tt 16ſ	40tt 10ſ	901tt 10ſ
B. 2	.......6.	...45.12.	...68...8.	.....81.....	...1803....B
3	15	114	182 8	202 10	4507 10
4	1 16	273 12	456	486	10818
5	4 7	661 4	1117 4	1174 10	26143 10
6	10 10	1596	2713 4	2835	63105
7	25 7	3853 4	6566 8	6844 10	152353 10
8	66 48	9348	15914 8	17820	303060
9	150 48	18924	34838 8	40500	371100
10	288 48	34656	69494 8	77760	482880

(H. 114) (K. 38) (A. 141) (E. 547tt 4ſ) (G. 187tt 4ſ)

TRENTE-QUATRIEME TABLEAU
de la 1ʳᵉ *Combinaison du Jeu par* AMBES & TERNES *sur* 117 *Numéros divisés en trente-neuf parties.*

Tirages.	PRIX de l'Ambe & du Terne par soi a chaque Tirage.		MONTANT de la Mise par elle-même à chaque Tirage.		TOTAL des Sommes déja employces jusques & compris le Tirage indiqué.		MONTANT du Produit que donne la sortie d'un Ambe.		MONTANT du Produit que donne la sortie d'un Terne.	
I	₶	3ˢ	23 ₶	8ˢ	23 ₶	8ˢ	40 ₶ 10ˢ		901 ₶ 10ˢ	
B. 2	......12.		.....93.12.		...117......		...162......		...3606....B	
3	I	7	210	12	327	12	364	10	8113	10
4	3	6	514	16	842	8	891		19833	
5	7	19	1240	4	2082	12	2146	10	47779	10
6	19	4	2995	4	5077	16	5184		115392	
7	46	7	7230	12	12308	8	12514	10	278563	10
8	93	48	12753		25061	8	25110		324930	
9	192	48	24336		49397	8	51840		405123	

(H. 117) (K. 39) (A. 142) (E. 363 ₶ 18ˢ) (G. 174 ₶ 18ˢ)

Fin de la premiere Combinaison du Jeu par Ambes & Ternes.

SECONDE COMBINAISON
du Jeu par AMBES *&* TERNES.

CETTE Combinaison a les mêmes principes & les mêmes avantages que la premiere. La seule diffé-rence est , que les Divisions des Numéros sont de 4, de 5, de 6, de 7 & de 8 Numéros liés par Ambes & Ternes. Les Tableaux qui la composent , sont au nombre de vingt-six.

Le premier présente un Jeu, pendant 43 Tirages, sur 16 Numéros divisés en quatre parties, de 4 Numéros chacune, liés par Ambes & Ternes.

Le 2^d pendant 37 Tirages sur 20 Numéros divisés en 5 parties de même.

Le 3e pendant 29 Tirages sur 24 Numéros divisés en 6 parties de même.

Le 4e pendant 26 Tirages sur 28 Numéros divisés en 7 parties de même.

Le 5e pendant 22 Tirages sur 32 Numéros divisés en 8 parties de même.

Le 6e pendant 19 Tirages sur 36 Numéros divisés en 9 parties de même.

Le 7e pendant 15 Tirages sur 40 Numéros divisés en 10 parties de même.

Le 8e pendant 14 Tirages sur 44 Numéros divisés en 11 parties de même.

Le 9e pendant 14 Tirages sur 48 Numéros divisés en 12 parties de même.

Le 10e pendant 13 Tirages sur 52 Numéros divisés en 13 parties de même.

Le 11e pendant 10 Tirages sur 56 Numéros divisés en 14 parties de même.

Le 12e pendant 10 Tirages sur 60 Numéros divisés en 15 parties de même.

Le

Le 13e pendant 42 Tirages sur 10 Numéros divisés en 2 parties de 5 Numéros chacune.

Le 14e pendant 30 Tirages sur 15 Numéros divisés en 3 parties de même.

Le 15e pendant 22 Tirages sur 20 Numéros divisés en 4 parties de même.

Le 16e pendant 17 Tirages sur 25 Numéros divisés en 5 parties de même.

Le 17e pendant 14 Tirages sur 30 Numéros divisés en 6 parties de même.

Le 18e pendant 12 Tirages sur 35 Numéros divisés en 7 parties de même.

Le 19e pendant 10 Tirages sur 40 Numéros divisés en 8 parties de même.

Le 20e pendant 25 Tirages sur 12 Numéros divisés en 2 parties de 6 Numéros chacune.

Le 21e pendant 18 Tirages sur 18 Numéros divisés en 3 parties de même.

Le 22e pendant 10 Tirages sur 24 Numéros divisés en 4 parties de même.

Le 23e pendant 9 Tirages sur 30 Numéros divisés en 5 parties de même.

Le 24e pendant 16 Tirages sur 14 Numéros divisés en 2 parties de 7 Numéros chacune.

Le 25e pendant 10 Tirages sur 21 Numéros divisés en 3 parties de même.

Le 26e pendant 10 Tirages sur 16 Numéros divisés en 2 parties de 8 Numéros chacune.

PREMIER TABLEAU

de la 2de Combinaison du Jeu par AMBES & TERNES sur 16 Numéros divisés en 4 parties de 4 N^os. chacune.

Tirages.	PRIX de l'Ambe & du Terne par soi à chaque Tirage.		MONTANT de la Mise par elle-même à chaque Tirage.	TOTAL des Sommes déja employées jusques & compris le Tirage indiqué.	MONTANT du Produit que donne la sortie d'un Ambe.		MONTANT du Produit que donne la sortie d'un Terne.	
	tt	3	6 tt	6 tt	40 tt	10 l	901 tt	10 l
1								
2		6	12	18	81		1803	
3		9	18	36	121	10	2704	10
4		12	24	60	162		3606	
5		15	30	90	202	10	4507	10
6		18	36	126	243		5409	
7	1	1	42	168	283	10	6310	10
8	1	4	48	216	324		7212	
9	1	7	54	270	364	10	8113	10
10	1	10	60	330	405		9015	
11	1	13	66	396	445	10	9916	10
B 12	1	16	72	468	486		10818	B
13	2	2	84	552	567		12621	
14	2	11	102	654	688	10	15325	10
15	3	3	126	780	850	10	18931	10
16	3	18	156	936	1053		23439	
17	4	16	192	1128	1296		28848	
18	5	17	234	1362	1579	10	35158	10
19	7	1	282	1644	1903	10	42370	10
20	8	8	336	1980	2268		50484	
21	9	18	396	2376	2673		59499	
22	11	11	462	2838	3118	10	69415	10
23	13	7	534	3372	3604	10	80233	10
24	15	9	618	3990	4171	10	92854	10
25	18		720	4710	4860		108180	
26	21	3	846	5556	5710	10	127111	10
27	25	1	1002	6558	6763	10	150550	10
28	29	17	1194	7752	8059	10	179398	10
29	35	14	1428	9180	9639		214557	
30	42	15	1710	10890	11542	10	256927	10
	tt ——— tt							
31	51	48	1992	12882	13770		290910	
32	60	48	2208	15090	16200		298200	

Suite du PREMIER TABLEAU *de la* 2de *Combinaison du Jeu par* AMBES & TERNES *sur* 16 *Numéros divisés en* 4 *parties de* 4 *Numéros chacune.*

Tirages.	PRIX de l'Ambe & du Terne par soi à chaque Tirage.		MONTANT de la Mise par elle-même à chaque Tirage.	TOTAL des Sommes déja employées jusques & compris le Tirage indiqué.	MONTANT du Produit que donne la sortie d'un Ambe.	MONTANT du Produit que donne la sortie d'un Terne.
	tt	tt	tt	tt	tt	tt
33	72	48	2496	17586	19440	307920
34	84	48	2784	20370	22680	317640
35	99	48	3144	23514	26730	329790
36	114	48	3504	27018	30780	341940
37	132	48	3936	30954	35640	356520
38	150	48	4368	35322	40500	371100
39	171	48	4872	40194	46170	388110
40	192	48	5376	45570	51840	405120
41	219	48	6024	51594	59130	426990
42	246	48	6672	58266	66420	448860
43	276	48	7392	65658	74520	473160

(H. 24) (K. 16) (A. 143) (E. 2138^tt 5ſ) (G. 896^tt 5ſ)

SECOND TABLEAU

de la 2de *Combinaison du Jeu par* AMBES & TERNES *sur* 20 *Numéros divisés en* 5 *parties de* 4 N^os. *chacune.*

1	tt 3ſ	7^tt 10ſ	7^tt 10	40^tt 10ſ	901^tt 10ſ
2	6	15	22 10	81	1803
3	9	22 10	45	121 10	2704 10
4	12	30	75	162	3606
5	15	37 10	112 10	202 10	4507 10
6	18	45	157 10	243	5409
7	1 1	52 10	210	283 10	6310 10
8	1 4	60	270	324	7212
9	...1...7.	......67.10.	...337.10.	...364.10.	....8113.10.B
10	1 13	82 10	420	445 10	9916 10
11	2 2	105	525	567	12621
12	2 14	135	660	729	16227
13	3 9	172 10	832 10	931 10	20734 10
14	4 7	217 10	1050	1174 10	26143 10

Suite du SECOND TABLEAU de la 2de Combinaison du Jeu par AMBES & TERNES sur 20 Numéros divisés en 5 parties de 4 Numéros chacune.

Tirages.	PRIX de l'Ambe & du Terne par soi à chaque Tirage.		MONTANT de la Mise par elle-même à chaque Tirage.		TOTAL des Sommes deja employées jusques & compris le Tirage indiqué.		MONTANT du Produit que donne la sortie d'un Ambe.		MONTANT du Produit que donne la sortie d'un Terne.	
15	5 tt	8 s	270 tt	s	1320 tt	s	1458 tt	s	32454 tt	s
16	6	12	330		1650		1782		39666	
17	7	19	397	10	2047	10	2146	10	47779	10
18	9	12	480		2527	10	2592		57696	
19	11	14	585		3112	10	3159		70317	
20	14	8	720		3832	10	3888		86544	
21	17	17	892	10	4725		4819	10	107278	10
22	22	4	1110		5835		5994		133422	
23	27	12	1380		7215		7452		165876	
24	34	4	1710		8925		9234		205542	
25	42	3	2107	10	11032	10	11380	10	253321	10
26	51	48	2490		13522	10	13770		290910	
27	63	48	2850		16372	10	17010		300630	
28	78	48	3300		19672	10	21060		312780	
29	93	48	3750		23422	10	25110		324930	
30	111	48	4290		27712	10	29970		339510	
31	129	48	4830		32542	10	34830		354090	
32	150	48	5460		38002	10	40500		371100	
33	171	48	6090		44092	10	46170		388110	
34	195	48	6810		50902	10	52650		407550	
35	222	48	7620		58522	10	59940		429420	
36	255	48	8610		67132	10	68850		456150	
37	300	48	9960		77092	10	81000		492600	

(H. 30) (K. 20) (A. 144) (E. 2038 tt 13 s) (G. 796 tt 13 s)

TROISEME TABLEAU
de la 2ᵈᵉ Combinaison du Jeu par AMBES & TERNES
ſur 24 Numéros diviſés en ſix parties de 4 Nᵒˢ. chacune.

Tirages.	PRIX de l'Ambe & du Terne par ſoi à chaque Tirage.		MONTANT de la Miſe par elle-même à chaque Tirage.	TOTAL des Sommes deja employéesjuſ-ques & com-pris le Tirage indiqué.	MONTANT du Produit que donne la ſortie d'un Ambe.		MONTANT du Produit que donne la ſortie d'un Terne.	
1	tt	3ſ	9tt	9tt	40tt	10ſ	901tt	10ſ
2		6	18	27	81		1803	
3		9	27	54	121	10	2704	10
4		12	36	90	162		3606	
5		15	45	135	202	10	4507	10
B. 6		18	54	189	243		5409	B
7	1	4	72	261	324		7212	
8	1	13	99	360	445	10	9916	10
9	2	5	135	495	607	10	13522	10
10	3		180	675	810		18030	
11	3	18	234	909	1053		23439	
12	5	2	306	1215	1377		30651	
13	6	15	405	1620	1822	10	40567	10
14	9		540	2160	2430		54090	
15	12		720	2880	3240		72120	
16	15	18	954	3834	4293		95559	
17	21		1260	5094	5670		126210	
18	27	15	1665	6759	7492	10	166777	10
19	36	15	2205	8964	9922	10	220867	10
20	51	48	2988	11952	13770		290910	
21	63	48	3420	15372	17010		300630	
22	78	48	3960	19332	21060		312780	
23	99	48	4716	24048	26730		329790	
24	123	48	5580	29628	33210		349230	
25	147	48	6444	36072	39690		368670	
26	174	48	7416	43488	46980		390540	
27	207	48	8604	52092	55890		417270	
28	249	48	10116	62208	67230		451290	
29	300	48	11952	74160	81000		492600	

(H. 36) (K. 24.) (A. 145) (E. 1640tt4ſ) (G. 629tt4ſ)

QUATRIEME TABLEAU

de la 2de Combinaison du Jeu par AMBES & TERNES sur 28 Numéros divisés en 7 parties de 4 N^os. chacune.

Tirages.	PRIX de l'Ambe & du Terne par foi à chaque Tirage.		MONTANT de la Mise par elle-même à chaque Tirage.		TOTAL des Sommes déja employéesjuſques & compris le Tirage indiqué.		MONTANT du Produit que donne la ſortie d'un Ambe.		MONTANT du Produit que donne la ſortie d'un Terne.	
1	₶	3f	10₶	10f	10₶	10f	40₶	10f	901₶	10f
2		6	21		31	10	81		1803	
3		9	31	10	63		121	10	2704	10
4		12	42		105		162		3606	
B. 5	......15.		......52.10.		...157.10.		...202.10.		...4507.10.	
6	1	1	73	10	231		283	10	6310	10
7	1	10	105		336		405		9015	
8	2	2	147		483		567		12621	
9	2	17	199	10	682	10	769	10	17128	10
10	3	18	273		955	10	1053		23439	
11	5	8	378		1333	10	1458		32454	
12	7	10	525		1858	10	2025		45075	
13	10	7	724	10	2583		2794	10	62203	10
14	14	5	997	10	3580	10	3847	10	85642	10
15	19	13	1375	10	4956		5305	10	118096	10
16	27	3	1900	10	6856	10	7330	10	163171	10
17	37	10	2625		9481	10	10125		225375	
	₶ —— ₶									
18	51	48	3486		12967	10	13770		290910	
19	66	48	4116		17083	10	17820		303060	
20	87	48	4998		22081	10	23490		320070	
21	108	48	5880		27961	10	29160		337080	
22	135	48	7014		34975	10	36450		358950	
23	165	48	8274		43249	10	44550		383250	
24	201	48	9786		53035	10	54270		412410	
25	243	48	11550		64585	10	65610		446430	
26	300	48	13944		78529	10	81000		492600	

(H. 42) (K. 28) (A. 146) (E. 1491₶9f) (G. 567₶9f)

CINQUIEME TABLEAU

de la 2ᵈᵉ Combinaiſon du Jeu par AMBES & TERNES ſur 32 Numéros diviſés en 8 parties de 4 Nᵒˢ. chacune.

Tirages.	PRIX de l'Ambe & du Terne par ſoi à chaque Tirage.		MONTANT de la Miſe par elle-même à chaque Tirage.	TOTAL des Sommes déja employées juſques & compris le Tirage indiqué.	MONTANT du Produit que donne la ſortie d'un Ambe.	MONTANT du Produit que donne la ſortie d'un Terne.
1	tt	3ˢ	12tt	12tt	40tt 10ſ	901tt 10ſ
2		6	24	36	81	1803
3		9	36	72	121 10	2704 10
B. 4		12	48	120	162	3606 B
5		18	72	192	243	5409
6	1	7	108	300	364 10	8113 10
7	1	19	156	456	527 10	11719 10
8	2	17	228	684	770 10	17128 10
9	4	4	336	1020	1135	25242
10	6	3	492	1512	1662 10	36961 10
11	9		720	2232	2433	54090
12	13	4	1056	3288	3568	79332
13	19	7	1548	4836	5230 10	116293 10
14	28	7	2268	7104	7663 10	170383 10
15	41	11	3324	10428	11231 10	249715 10
16	63	48	4560	14988	17010	300630
17	87	48	5712	20700	23490	320070
18	114	48	7008	27708	30780	341940
19	144	48	8448	36156	38880	366240
20	174	48	9888	46044	46980	390540
21	228	48	12480	58524	61560	434280
22	294	48	15648	74172	79380	487740

(H. 48) (K. 32) (A. 147) (E. 1234tt 7ſ) (G. 466tt 7ſ)

SIXIEME TABLEAU

de la 2ᵈᵉ Combinaiſon du Jeu par AMBES & TERNES ſur 36 Numéros diviſés en 9 parties de 4 Nᵒˢ. chacune

1	3ˢ	13tt 10ſ	13tt 10ſ	40tt 10ſ	901tt 10ſ
2	6	27	40 10	81	1803

Suite du SIXIEME TABLEAU *de la* 2de *Combinaiſon du Jeu par* AMBES & TERNES *ſur* 36 *Numéros diviſés en neuf parties de quatre Numéros chacune.*

Tirages.	PRIX de l'Ambe & du Terne par ſoi à chaque Tirage.		MONTANT de la Miſe par elle-même à chaque Tirage.	TOTAL des Sommes deja employéesjuſques & compris le Tirage indiqué.	MONTANT du Produit que donne la ſortie d'un Ambe.	MONTANT du Produit que donne la ſortie d'un Terne.
3	tt	5ſ	40tt 10ſ	81tt ſ	121tt 10ſ	2704tt 10ſ
4		15	67 10	148 10	202 10	4507 10
5	1	4	108	256 10	324	7212
6	1	19	175 10	432	526 10	11719 10
7	3	3	283 10	715 10	850 10	18931 10
8	5	2	459	1174 10	1377	30651
9	8	5	742 10	1917	2227 10	49582 10
10	13	7	1201 10	3118 10	3604 10	80233 10
11	21	12	1944	5062 10	5832	129816
12	34	19	3145 10	8208	9436 10	210049 10
13	54	48	4644	12852	14580	393340
14	78	48	5940	18792	21060	312780
15	108	48	7560	26352	29160	337080
16	144	48	9504	35856	38880	366240
17	186	48	11772	47628	50220	400260
18	234	48	14364	61992	63180	439140
19	300	48	17928	79920	81000	492600

(H. 54) (K. 36) (A. 148) (E. 1195tt 4ſ) (G. 427tt 4ſ)

SEPTIEME TABLEAU

de la 2de *Combinaiſon du Jeu par* AMBES & TERNES *ſur* 40 *Numéros diviſés en* 10 *parties de* 4 N^{os}. *chacune.*

	PRIX de l'Ambe & du Terne		MONTANT de la Miſe	TOTAL des Sommes	MONTANT du Produit d'un Ambe	MONTANT du Produit d'un Terne
1	tt	3ſ	15tt	15tt	40tt 10ſ	901tt 10ſ
2		6	30	45	81	1803
3		12	60	105	162	3606
4	1	4	120	225	324	7212
5	2	8	240	465	648	14424
6	4	16	480	945	1296	28848
7	9	12	960	1905	2592	57696

Suite

Suite du SEPTIEME TABLEAU *de la* 2ᵈᵉ *Combinaiſon du Jeu par* AMBES & TERNES *ſur* 40 *Numéros diviſés en dix parties de quatre Numéros chacune.*

Tirages.	PRIX de l'Ambe & du Terne par ſoi à chaque Tirage.		MONTANT de la Miſe par elle-même à chaque Tirage.	TOTAL des Sommes déja employéesjuſques & compris le Tirage Indiqué.	MONTANT du Produit que donne la ſortie d'un Ambe.	MONTANT du Produit que donne la ſortie d'un Terne.
8	19ᵗᵗ	4ſ	1920ᵗᵗ	3825ᵗᵗ	5184ᵗᵗ	115392ᵗᵗ
9	38	8	3840	7665	10368	230784
10	66	48	5880	13545	17820	303060
11	96	48	7680	21225	25920	327360
12	132	48	9840	31065	35640	356520
13	180	48	12720	43785	48600	395400
14	240	48	16320	60105	64800	444000
15	300	48	19920	80025	81000	492600

(H. 60) (K. 40) (A. 149) (E. 1090ᵗᵗ 13ſ) (G. 364ᵗᵗ 13ſ)

HUITIEME TABLEAU

de la 2ᵈᵉ *Combinaiſon du Jeu par* AMBES & TERNES *ſur* 44 *Numéros diviſés en* 11 *parties de* 4 Nᵒˢ. *chacune.*

1	ᵗᵗ	2ſ	16ᵗᵗ10ſ	16ᵗᵗ10ſ	40ᵗᵗ10ſ	901ᵗᵗ10ſ
2		6	33	49 10	81	1803
3		12	66	115 10	162	3606
4	1	4	132	247 10	324	7212
5	2	8	264	511 10	648	14424
6	4	16	528	1039 10	1296	28848
7	9	12	1056	2095 10	2592	57696
8	19	4	2112	4207 10	5184	115392
9	38	8	4224	8431 10	10368	230784
10	66	48	6468	14899 10	17820	303060
11	111	48	9438	24337 10	29970	339510
22	162	48	12804	37141 10	43740	380820
13	222	48	16764	53905 10	59940	429420
14	300	48	21912	75817 10	81000	492600

(H. 66) (K. 44) (A. 150) (E. 937ᵗᵗ 13ſ) (G. 316ᵗᵗ 13ſ)

Y

NEUVIEME TABLEAU
de la 2ᵈᵉ Combinaiſon du Jeu par AMBES & TERNES ſur 48 Numéros diviſés en 12 parties de 4 Nᵒˢ. chacune.

Tirages.	PRIX de l'Ambe & du Terne par ſoi à chaque Tirage.		MONTANT de la Miſe par elle-même à chaque Tirage.	TOTAL des Sommes déjà employées juſques & compris le Tirage indiqué.	MONTANT du Produit que donne la ſortie d'un Ambe.	MONTANT du Produit que donne la ſortie d'un Terne.
1	₶	3ſ	18₶	18₶	40₶ 10ſ	901₶ 10ſ
2		6	36	54	81	1803
3		12	72	126	162	3606
4	1	4	144	270	324	7212
5	2	8	288	558	648	14424
6	4	16	576	1134	1296	28848
7	9	12	1152	2286	2592	57696
8	19	4	2304	4590	5184	115392
9	38	8	4608	9198	10368	230784
10	63	48	6840	16038	17010	300630
11	99	48	9432	25470	26730	329790
12	150	48	13104	38574	40500	371100
13	207	48	17208	55782	55890	417270
14	300	48	23904	79686	81000	492600

(H. 72) (K. 48) (A. 151) (E. 895₶ 13ſ) (G. 316₶ 13ſ)

DIXIEME TABLEAU
de la 2ᵈᵉ Combinaiſon du Jeu par AMBES & TERNES ſur 52 Numéros diviſés en 13 parties de 4 Nᵒˢ. chacune.

Tirages.	PRIX		MONTANT	TOTAL	MONTANT Ambe	MONTANT Terne
1	₶	3ſ	19₶ 10ſ	19₶ 10ſ	40₶ 10ſ	901₶ 10ſ
2		6	39	58 10	81	1803
3		12	78	136 10	162	3606
4	1	4	156	292 10	324	7212
5	2	8	312	604 10	648	14424
6	4	16	624	1228 10	1296	28848
7	9	12	1248	2476 10	2592	57696
8	19	4	2496	4972 10	5184	115392
9	38	8	4992	9964 10	10368	230784
10	75	48	8346	18310 10	20250	310350

Suite du DIXIEME TABLEAU *de la* 2de *Combinaison du Jeu par* AMBES & TERNES *sur* 52 *Numéros divisés en* 13 *parties de* 4 *Numéros chacune.*

Tirages.	PRIX de l'Ambe & du Terne par foi à chaque Tirage.		MONTANT de la Mife par elle-même à chaque Tirage.	TOTAL des Sommes déja employées jufques & compris le Tirage indiqué.		MONTANT du Produit que donne la fortie d'un Ambe.	MONTANT du Produit que donne la fortie d'un Terne.
	tt	tt	tt	tt	f	tt	tt
11	126	48	12324	30634	10	34020	351660
12	192	48	17472	48106	10	51840	405120
13	282	48	24492	72598	10	76140	478020

(H. 78) (K. 52) (A. 152) (E. 751^{tt}13^{f}) (G. 268^{tt}13^{f})

ONZIEME TABLEAU

de la 2de *Combinaison du Jeu par* AMBES & TERNES *fur* 56 *Numéros divisés en* 14 *parties de* 4 N^{os}. *chacune.*

Tirages.	Prix		Mife	Total		Ambe	Terne
1	tt	3^{f}	21^{tt}	21^{tt}		40^{tt}10^{f}	901^{tt}10^{f}
2		9	63	84		121 10	2704 10
3	1	7	189	273		364 10	8113 10
4	4	1	567	840		1093 10	24340 10
5	12	3	1701	2541		3280 10	73021 10
6	36	9	5103	7644		9841 10	219064 10
	tt	tt					
7	66	48	8232	15876		17820	303060
8	117	48	12516	28392		31590	344370
9	192	48	18816	47208		51840	405120
10	300	48	27888	75096		81000	492600

(H. 84) (K. 56) (A. 153) (E. 729^{tt}12^{f}) (G. 246^{tt}12^{f})

DOUZIEME TABLEAU

de la 2de *Combinaison du Jeu par* AMBES & TERNES *fur* 60 *Numéros divisés en* 15 *parties de* 4 N^{os}. *chacune.*

Tirages.	Prix		Mife	Total		Ambe	Terne
1	tt	3^{f}	22^{tt}10^{f}	22^{tt}10^{f}		40^{tt}10^{f}	901^{tt}10^{f}
2		9	67 10	90		121 10	2704 10
3	1	7	202 10	292 10		364 10	8113 10

Suite du DOUZIEME TABLEAU *de la* 2ᵈᵉ *Combinaison du Jeu par* AMBES & TERNES *sur* 60 *Numéros divisés en* 15 *parties de* 4 *Nᵒˢ. chacune.*

Tirages.	PRIX de l'Ambe & du Terne par soi à chaque Tirage.		MONTANT de la Mise par elle-même à chaque Tirage.	TOTAL des Sommes déja employéesjusques & compris le Tirage indiqué.	MONTANT du Produit que donne la sortie d'un Ambe.	MONTANT du Produit que donne la sortie d'un Terne.
4	4^{tt}	1ˢ	607^{tt} 10ˢ	900^{tt}	1093^{tt} 10ˢ	24340^{tt} 10ˢ
5	12	3	1822 10	2722 10	3280 10	73021 10
6	36	9	5467 10	8190	9841 10	219064 10
7	66	48	8820	17010	17820	303060
8	117	48	13410	30420	31590	344370
9	192	48	20160	50580	51840	405120
10	300	48	29880	80460	81000	492600

(H. 90) (K. 60) (A. 154) (E. 729^{tt} 12ˢ) (G. 246^{tt} 12ˢ)

TREIZIEME TABLEAU

de la 2ᵈᵉ *Combinaison du Jeu par* AMBES & TERNES *sur* 10 *Numéros divisés en* 2 *parties de* 5 *Nᵒˢ. chacune*

1	^{tt}	3ˢ	6^{tt}	6^{tt}	40^{tt} 10ˢ	901^{tt} 10ˢ
2		6	12	18	81	1803
3		9	18	36	121. 10	2704 10
4		12	24	60	162	3606
5		15	30	90	202 10	4507 10
6		18	36	126	243	5409
7	1	1	42	168	283 10	6310 10
8	1.	4	48	216	324	7212
9	1	7	54	270	364 10	8113 10
B10	...1.	10.	......60.	.....330....	...405......	...9015....B
11	1	16	72	402	486	10818
12	2	5	90	492	607 10	13522 10
13	2	17	114	606	769 10	17128 10
14	3	12	144	750	972	21636
15	4	10	180	930	1215	27045
16	5	11	222	1152	1498 10	33355 10
17	6	15	270	1422	1822 10	40567 10

Suite du TREIZIEME TABLEAU *de la* 2de *Combinaison du Jeu par* AMBES *&* TERNES *sur* 10 *Numéros divisés en* 2 *parties de* 5 *Numéros chacune.*

Tirages.	PRIX de l'Ambe & du l'erne par foi à chaque Tirage.		MONTANT de la Mise par elle-même à chaque Tirage.	TOTAL des Sommes déja employéesjus-ques& com-pris le Tirage indiqué.	MONTANT du Produit que donne la sortie d'un Ambe.		MONTANT du Produit que donne la sortie d'un Terne.	
18	8^{tt}	2^f	324^{tt}	1746^{tt}	2187^{tt}	f	48681^{tt}	f
19	9	12	384	2130	2592		57696	
20	11	8	456	2586	3078		68514	
21	13	13	546	3132	3685	10	82036	10
22	16	10	660	3792	4455		99165	
23	20	2	804	4596	5427		120801	
24	24	12	984	5580	6642		147846	
25	30	3	1206	6786	8140	10	181201	10
26	36	18	1476	8262	9963		221769	
27	45		1800	10062	12150		270450	
28	51	48	1980	12042	13770		290910	
29	57	48	2100	14142	15390		295770	
30	66	48	2280	16422	17820		303060	
31	78	48	2520	18942	21060		312780	
32	90	48	2760	21702	24300		322500	
33	105	48	3060	24762	28350		334650	
34	120	48	3360	28122	32400		346800	
35	135	48	3660	31782	36450		358950	
36	150	48	3960	35742	40500		371100	
37	165	48	4260	40002	44550		383250	
38	180	48	4560	44562	48600		395400	
39	198	48	4920	49482	53460		405980	
40	222	48	5400	54882	59940		429420	
41	252	48	6000	60882	68040		453720	
42	288	48	6720	67602	77760		482880	

(H. 20) (K. 20) (A. 155) (E. 2408^{tt}11^f) (G. 971^{tt}11^f)

QUATORZIEME TABLEAU
de la 2ᵈᵉ Combinaison du Jeu par AMBES & TERNES ſur 15 Numéros diviſés en 3 parties de 5 Nᵒˢ. chacune.

Tirages.	PRIX de l'Ambe & du Teʳᵉ ne par ſoi à chaque Tirage. (₶ / ſ)		MONTANT de la Miſe parelle-même à chaque Tirage.	TOTAL des Sommes déja employées juſques & compris le Tirage indiqué.	MONTANT du Produit que donne la ſortie d'un Ambe. (₶ / ſ)		MONTANT du Produit que donne la ſortie d'un Terne. (₶ / ſ)	
1		3	9	9	40	10	901	10
2		6	18	27	81		1803	
3		9	27	54	121	10	2704	10
4		12	36	90	162		3606	
5		15	45	135	202	10	4507	10
B. 6		18	54	189	243		5409	
7	1	4	72	261	324		7212	
8	1	13	99	360	445	10	9916	10
9	2	5	135	495	607	10	13522	10
10	3		180	675	810		18030	
11	3	18	234	909	1053		23439	
12	5	2	306	1215	1377		30651	
13	6	15	405	1620	1822	10	40567	10
14	9		540	2160	2430		54090	
15	12		720	2880	3240		72120	
16	15	18	954	3834	4293		95559	
17	21		1260	5094	5670		126210	
18	27	15	1665	6759	7492	10	166777	10
19	36	15	2205	8964	9922	10	220867	10
20	51	48	2970	11934	13770		290910	
21	63	48	3330	15264	17010		300630	
22	78	48	3780	19044	21060		312780	
23	96	48	4320	23364	25920		327360	
24	114	48	4860	28224	30780		341940	
25	132	48	5400	33624	35640		356520	
26	156	48	6120	39744	42120		375960	
27	183	48	6930	46674	49410		397830	
28	219	48	8010	54684	59130		426990	
29	267	48	9450	64134	72090		465870	
30	294	48	10260	74394	79380		487740	

(H. 30) (K. 30) (A. 156) (E. 1802₶ 8ſ) (G. 677₶ 8ſ)

QUINZIEME TABLEAU
de la 2de Combinaison du Jeu par AMBES & TERNES
sur 20 Numéros divisés en 4 parties de 5 N^{os}. chacune.

Tirages.	PRIX de l'Ambe & du Terne par soi à chaque Tirage.		MONTANT de la Mise par elle-même à chaque Tirage.	TOTAL des Sommes déja employéesjusques & compris le Tirage indiqué.	MONTANT du Produit que donne la sortie d'un Ambe.		MONTANT du Produit que donne la sortie d'un Terne.	
I	tt	3ſ	12 tt	12 tt	40 tt	10ſ	901 tt	10ſ
2		6	24	36	81		1803	
3		9	36	72	121	10	2704	10
B. 4	......12.		......48....	.....120....	...162.......		...3606....B	
5		18	72	192	243		5409	
6	I	7	108	300	364	10	8113	10
7	I	19	156	456	526	10	11719	10
8	2	17	228	684	769	10	17128	10
9	4	4	336	1020	1134		25242	
10	6	3	492	1512	1660	10	36961	10
11	9		720	2232	2430		54090	
12	13	4	1056	3288	3564		79332	
13	19	7	1548	4836	5224	10	116293	10
14	28	7	2268	7104	7654	10	170383	10
15	41	11	3324	10428	11218	10	249715	10
16	63	48	4440	14868	17010		300630	
17	90	48	5520	20388	24300		322000	
18	120	48	6720	27108	32400		346800	
19	156	48	8160	35268	42120		375960	
20	183	48	9240	44508	49410		397830	
21	228	48	11040	55548	61560		434280	
22	294	48	13680	69228	79380		487740	

(H. 40) (K. 40) (A. 157) (E. 1264 tt 7ſ) (G. 466 tt 7ſ)

SEIZIEME TABLEAU
de la 2de Combinaison du Jeu par AMBES & TERNES
sur 25 Numéros divisés en 5 parties de 5 N^{os}. chacune.

I	3ſ	15 tt	15 tt	40 tt 10ſ	901 tt 10ſ
2	6	30	45	81	1803

Suite du SEIZIEME TABLEAU *de la* 2de *Combinaison du Jeu par* AMBES & TERNES *fur* 25 *Numéros divifés en* 5 *parties de* 5 *Numéros chacune.*

Tirages.	PRIX de l'Ambe & du Terne par foi à chaque Tirage.		MONTANT de la Mife par elle-même à chaque Tirage.	TOTAL des Sommes déja employéesjufques & compris le Tirage indiqué.	MONTANT du Produit que donne la fortie d'un Ambe.	MONTANT du Produit que donne la fortie d'un Terne.
z. 3	..tt.	.12ſ	......60tt..	.....105tt..	.....162tt..	.....3606tt z
4		18	90	195	243	5409
5	1	10	150	345	405	9015
6	2	8	240	585	648	14424
7	3	18	390	975	1053	23439
8	6	6	630	1605	1701	37863
9	10	4	1020	2625	2754	61302
10	16	10	1650	4275	4455	99165
11	26	14	2670	6945	7209	160467
12	43	4	4320	11265	11664	259632
	tt	tt				
13	72	48	6000	17265	19440	307920
14	117	48	8250	25515	31590	344370
15	165	48	10650	36165	44550	383250
16	222	48	13500	49665	59940	429420
17	288	48	16800	66465	77760	482880

(H. 50) (K. 50) (A. 158) (E. 976tt 13ſ) (G. 352tt 13ſ)

DIX-SEPTIEME TABLEAU

de la 2de *Combinaifon du Jeu par* AMBES & TERNES *fur* 30 *Numéros divifés en* 6 *parties de* 5 *N^{os}. chacune*

Tirages.	PRIX de l'Ambe & du Terne		MONTANT de la Mife	TOTAL des Sommes	MONTANT du Produit Ambe	MONTANT du Produit Terne
1	tt	3ſ	18tt	18tt	40tt10ſ	901tt10ſ
2		6	36	54	81	1803
3		12	72	126	162	3606
4	1	4	144	270	324	7212
5	2	8	288	558	648	14424
6	4	16	576	1134	1296	28848
7	9	12	1152	2286	2592	57696
8	19	4	2304	4590	5184	115392
9	38	8	4608	9198	10368	230784

Su

Suite du DIX-SEPTIEME TABLEAU *de la* 2ᵈᵉ *Combinaison du Jeu par* AMBES *&* TERNES *ſur* 30 *Numéros diviſés en* 6 *parties de* 5 *Numéros chacune.*

Tirages.	PRIX de l'Ambe & du Terne par ſoi à chaque Tirage.		MONTANT de la Miſe par elle-même à chaque Tirage.	TOTAL des Sommes déja employéesiuſques & compris le Tirage indiqué.	MONTANT du Produit que donne la ſortie d'un Ambe.	MONTANT du Produit que donne la ſortie d'un Terne.
	tt	tt	tt	tt	tt	tt
10	66	48	6840	16038	17820	303060
11	105	48	9180	25218	28350	334650
12	156	48	12240	37458	42120	375960
13	216	48	15840	53298	58320	424560
14	294	48	20520	73818	79380	487740

(H. 60) (K. 60) (A. 159) (E. 913ᵗᵗ 13ˢ) (G. 316ᵗᵗ 13ˢ)

DIX-HUITIEME TABLEAU

de la 2ᵈᵉ *Combinaiſon du Jeu par* AMBES *&* TERNES *ſur* 35 *Numéros diviſés en* 7 *parties de* 5 *Nᵒˢ. chacune.*

	PRIX de l'Ambe & du Terne		MONTANT de la Miſe	TOTAL des Sommes	MONTANT du Produit (Ambe)	MONTANT du Produit (Terne)
1	tt	3ˢ	21ᵗᵗ	21ᵗᵗ	40ᵗᵗ10ˢ	901ᵗᵗ10ˢ
2		6	42	63	81	1803
3		12	84	147	162	3606
B. 4	…1…	4.	…168…	…315…	…324…	…7212…. B
5	3		420	735	810	18030
6	7	4	1008	1743	1944	43272
7	17	8	2436	4179	4698	104574
8	42		5880	10059	11340	252420
	tt	tt				
9	72	48	8400	18459	19440	307920
10	120	48	11760	30219	32400	346800
11	189	48	16590	46809	51030	402690
12	294	48	23940	70749	79380	487740

(H. 70) (K. 70) (A. 160) (E. 746ᵗᵗ17ˢ) (G. 263ᵗᵗ17ˢ)

DIX-NEUVIEME TABLEAU
de la 2ᵈᵉ Combinaiſon du Jeu par AMBES & TERNES ſur 40 Numéros diviſés en 8 parties de 5 Nᵒˢ. chacune

Tirages.	PRIX de l'Ambe & du Terne par ſoi à chaque Tirage. (tt)	(ſ)	MONTANT de la Miſe par elle-même à chaque Tirage.	TOTAL des Sommes déja employéesjuſques & compris le Tirage indiqué.	MONTANT du Produit que donne la ſortie d'un Ambe.	MONTANT du Produit que donne la ſortie d'un Terne.
I	tt	3ſ	24tt	24tt	40tt 10ſ	901tt 10ſ
B. 2		....6.	....48...	....72....	....81......	...1803....B
3		18	144	216	243	5409
4	2	14	432	648	729	16227
5	8	2	1296	1944	2187	48681
6	24	6	3888	5832	6561	146043
	tt ——— tt					
7	54	48	8160	13992	14580	293340
8	108	48	12480	26472	29160	337080
9	183	48	18480	44952	49410	397830
10	294	48	27360	72312	79380	487740

(H. 80) (K. 80) (A. 161) (E. 675tt 9ſ) (G. 228tt 9ſ)

VINGTIEME TABLEAU
de la 2ᵈᵉ Combinaiſon du Jeu par AMBES & TERNES ſur 12 Numéros diviſés en 2 parties de 6 Nᵒˢ. chacune

Tirages.	Prix (tt)	(ſ)	Montant de la Miſe	Total des Sommes	Produit d'un Ambe	Produit d'un Terne
1	tt	3ſ	10tt 10ſ	10tt 10ſ	40tt 10ſ	901tt 10ſ
2		6	21	31 10	81	1803
3		9	31 10	63	121 10	2704 10
B. 4		...12.	...42......	...105........	...162.......	...3606....
5		18	63	168	243	5409
6	1	7	94 10	262 10	364 10	8113 10
7	1	19	136 10	399	526 10	11719 10
8	2	17	199 10	598 10	769 10	17128 10
9	4	4	294	892 10	1134	25242
10	6	3	430 10	1323	1660 10	36961 10
11		9	630	1953	2430	54090
12	13	4	924	2877	3564	79332
13	19	7	1354 10	4231 10	5224 10	116293 10
14	28	7	1984 10	6216	7654 10	170383 10

Suite du VINGTIEME TABLEAU *de la* 2de *Combinaison du Jeu par* AMBES & TERNES *sur* 12 *Numéros divisés en* 2 *parties de* 6 *Numéros chacune.*

Tirages.	PRIX de l'Ambe & du Terne par soi à chaque Tirage.	MONTANT de la Mise par elle-même à chaque Tirage.	TOTAL des Sommes déja employées jusques & compris le Tirage indiqué.	MONTANT du Produit que donne la sortie d'un Ambe.	MONTANT du Produit que donne la sortie d'un Terne.
15	41tt 11ſ	2908tt 10ſ	9124tt 10ſ	11215tt 10ſ	249715tt 10ſ
16	54tt 48ſ	3540	12664 10	14580	293340
17	72tt 48ſ	4080	16744 10	19440	307920
18	93tt 48ſ	4710	21454 10	25110	324930
19	108tt 48ſ	5160	26614 10	29160	337080
20	129tt 48ſ	5790	32404 10	34830	354090
21	150tt 48ſ	6420	38824 10	40500	371100
22	180tt 48ſ	7320	46144 10	48600	395400
23	219tt 48ſ	8490	54634 10	59130	426990
24	258tt 48ſ	9660	64294 10	69660	458580
25	294tt 48ſ	10740	75034 10	79380	487740

(H. 30) (K. 40) (A. 162) (E. 1687tt 7ſ) (G. 610tt 7ſ)

VINGT-UNIEME TABLEAU

de la 2de *Combinaison du Jeu par* AMBES & TERNES *sur* 18 *Numéros divisés en* 3 *parties de* 6 N^{os}. *chacune.*

Tirages.	PRIX de l'Ambe & du Terne par soi à chaque Tirage.	MONTANT de la Mise par elle-même à chaque Tirage.	TOTAL des Sommes déja employées jusques & compris le Tirage indiqué.	MONTANT du Produit que donne la sortie d'un Ambe.	MONTANT du Produit que donne la sortie d'un Terne.
1	3ſ	15tt 15ſ	15tt 15ſ	40tt 10ſ	901tt 10ſ
2	6	31 10	47 5	81	1803
3	9	47 5	94 10	121 10	2704 10
4	15	78 15	173 5	202 10	4507 10
5	…1…4.	…126……	…299…5.	…324……	…7212….B
6	2 2	220 10	519 15	567	12621
7	3 12	378	897 15	972	21636
8	6 3	645 15	1543 10	1660 10	36961 10
9	10 10	1102 10	2646	2835	63105
10	17 17	1874 5	4520 5	4819 10	107278 10
11	30 9	3197 5	7717 10	8221 10	183004 10
12	51tt 48ſ	5175	12892 10	13770	290910

Suite du VINGT-UNIEME TABLEAU *de la* 2de *Combinaison du Jeu par* AMBES & TERNES *sur* 18 *Numéros divisés en* 3 *parties de* 6 *Numéros chacune.*

Tirages.	PRIX de l'Ambe & du Terne par soi à chaque Tirage.		MONTANT de la Mise par elle-même à chaque Tirage.	TOTAL des sommes deja employéesjusques & compris le Tirage indiqué.		MONTANT du Produit que donne la sortie d'un Ambe.	MONTANT du Produit que donne la sortie d'un Terne.
	tt	tt	tt	tt	ſ	tt	tt
13	75	48	6255	19147	10	20250	310350
14	108	48	7740	26887	10	29160	337080
15	138	48	9090	35977	10	37260	361380
16	180	48	10980	46957	10	48600	395400
17	222	48	12870	59827	10	59940	429420
18	294	48	16110	75937	10	79380	487740

(H. 45) (K. 60) (A. 163) (E. 1141^{tt} 10^{ſ}) (G. 409^{tt} 10^{ſ})

VINGT-DEUXIEME TABLEAU

de la 2de *Combinaison du Jeu par* AMBES & TERNES *sur* 24 *Numéros divisés en* 4 *parties de* 6 N^{os}. *chacune.*

1	tt	3ſ	21 tt	21 tt	40 tt 10 ſ	901 tt 10 ſ	
2		9	63	84	121	10	2704	10
3	1	7	189	273	364	10	8113	10
4	4	1	567	840	1093	10	24340	10
5	12	3	1701	2541	3280	10	73021	10
6	36	9	5103	7644	9841	10	219064	10
	tt	tt					
7	66	48	7800	15444	17820	303060	
8	114	48	10680	26124	30780	341940	
9	192	48	15360	41484	51840	405120	
10	294	48	21480	62964	79380	487740	

(H. 60) (K. 80) (A. 164) (E. 720^{tt} 12^{ſ}) (G. 246^{tt} 12^{ſ})

VINGT-TROISIEME TABLEAU

de la 2de Combinaison du Jeu par AMBES & TERNES
sur 30 Numéros divisés en 5 parties de 6 N^{os}. chacune.

Tirages.	PRIX de l'Ambe & du Terne par soi à chaque Tirage.	MONTANT de la Mise par elle-même à chaque Tirage.	TOTAL des Sommes déjà employées jusques & compris le Tirage indiqué.	MONTANT du Produit que donne la sortie d'un Ambe.	MONTANT du Produit que donne la sortie d'un Terne.
1	tt 3ˢ	26tt 5ˢ	26tt 5ˢ	40tt 10ˢ	901tt 10ˢ
2	9	78 15	105	121 10	2704 10
3	1 7	236 5	341 5	364 10	8113 10
4	4 1	708 15	1050	1093 10	24340 10
5	12 3	2126 5	3176 5	3280 10	73021 10
6	36 9	6378 15	9555	9841 10	219064 10
7	90	48	11550	21105	24300	322500
8	156	48	16500	37605	42120	375960
9	264	48	24600	62205	71280	463440

(H.75) (K.100) (A.165) (E. 564tt 12ˢ) (G. 198tt 12ˢ)

VINGT-QUATRIEME TABLEAU

de la 2de Combinaison du Jeu par AMBES & TERNES
sur 14 Numéros divisés en 2 parties de 7 N^{os}. chacune.

Tirages.	PRIX de l'Ambe & du Terne par soi à chaque Tirage.	MONTANT de la Mise par elle-même à chaque Tirage.	TOTAL des Sommes déjà employées jusques & compris le Tirage indiqué.	MONTANT du Produit que donne la sortie d'un Ambe.	MONTANT du Produit que donne la sortie d'un Terne.
1	tt 3ˢ	16tt 16ˢ	16tt 16ˢ	40tt 10ˢ	901tt 10ˢ
2	6	33 12	50 8	81	1803
3	12	67 4	117 12	162	3606
4	1 4	134 8	252	324	7212
5	2 8	268 16	520 16	648	14424
6	4 16	537 12	1058 8	1296	28848
7	9 12	1075 4	2133 12	2592	57696
8	19 4	2150 8	4284	5184	115392
9	38 8	4300 16	8584 16	10368	230784
10	57	48	5754	14338 16	15390	295770
11	84	48	6888	21226 16	22680	317640
12	114	48	8148	29374 16	30780	341940
13	150	48	9660	39034 16	40500	371100
14	192	48	11424	50458 16	51840	405120

Suite du VINGT-QUATRIEME TABLEAU *de la* 2de *Combinaison du Jeu par* AMBES & TERNES *sur* 14 *Numéros divisés en* 2 *parties de* 7 *Numéros chacune.*

Tirages.	PRIX de l'Ambe & du Terne par soi à chaque Tirage.		MONTANT de la Mise par elle-même à chaque Tirage.	TOTAL des Sommes deja employées jusques & compris le Tirage indiqué.		MONTANT du Produit que donne la sortie d'un Ambe.	MONTANT du Produit que donne la sortie d'un Terne.
	tt	tt	tt	tt	s	tt	tt
15	243	48	13566	64024	16	65610	446430
16	300	48	15960	79984	16	81000	492600

(H. 42) (K 70) (A. 166) (E. 1216^{tt}13^{s}) (G. 412^{tt}13^{s})

VINGT-CINQUIEME TABLEAU

de la 2de *Combinaison du Jeu par* AMBES & TERNES *sur* 21 *Numéros divisés en* 3 *parties de* 7 N^{os}. *chacune.*

1	tt	3^{s}	25^{tt}	4^{s}	25^{tt}	4^{s}	40^{tt}	10^{s}	901^{tt}	10^{s}
2		9	75	12	100	16	121	10	2704	10
3	1	7	226	16	327	12	364	10	8113	10
4	4	1	680	8	1008		1093	10	24340	10
5	12	3	2041	4	3049	4	3280	10	73021	10
6	36	9	6123	12	9172	16	9841	10	219064	10
	tt	tt								
7	84	48	10332		19504	16	22680		317640	
8	144	48	14112		33616	16	38880		366240	
9	213	48	18459		52075	16	57510		422130	
10	297	48	23751		75826	16	80190		490170	

(H.63) (K. 105) (A. 167) (E.792^{tt}12^{s}) (G. 246^{tt}12^{s})

VINGT-SIXIEME TABLEAU
de la 2.ᵈᵉ Combinaison du Jeu par AMBES & TERNES ſur 16 Numéros diviſés en 2 parties de 8 N.ᵒˢ. chacune.

Tirages.	PRIX de l'Ambe & du Terne par ſoi à chaque Tirage.		MONTANT de la Miſe par elle-même à chaque Tirage.		TOTAL des Sommes déja employées juſques & compris le Tirage indiqué.		MONTANT du Produit que donne la ſortie d'un Ambe.		MONTANT du Produit que donne la ſortie d'un Terne.	
1	₶	3ˢ	25 ₶	4ˢ	25 ₶	4ˢ	40 ₶	10ˢ	901 ₶	10ˢ
2		9	75	12	100	16	121	10	2704	10
3	1	7	226	16	327	12	364	10	8113	10
4	4	1	680	8	1008		1093	10	24340	10
5	12	3	2041	4	3049	4	3280	10	73021	10
6	36	9	6123	12	9172	16	9841	10	219064	10
7	84	48	10080		19252	16	22680		317640	
8	144	48	13440		32692	16	38880		366240	
9	207	48	16968		49660	16	55890		417270	
10	294	48	21840		71500	16	79380		487740	

(H. 56) (K. 112) (A. 168) (E. 783 ₶ 12ˢ) (G. 246 ₶ 12ˢ)

Fin de la ſeconde Combinaiſon du Jeu par Ambes & Ternes.

TROISIEME COMBINAISON
du Jeu par AMBES & TERNES.

CETTE troisieme Combinaison & la derniere de cette seconde Partie de l'Ouvrage offre un Jeu sur un certain nombre de Numéros tous liés ensemble par Ambes & Ternes, dans leur totalité & sans divisions. Elle est composé de 12 Tableaux.

Le premier offre les Mises qu'on peut faire pendant 60 Tirages sur 5 Numéros liés par Ambes & Ternes, dans leur totalité.

Le 2d pendant 42 Tirages sur 6 Numéros liés de même.

Le 3e pendant 32 Tirages sur 7 Numéros liés de même.

Le 4e pendant 24 Tirages sur 8 Numéros liés de même.

Le 5e pendant 16 Tirages sur 9 Numéros liés de même.

Le 6e pendant 11 Tirages sur 10 Numéros liés de même.

Le 7e pendant 12 Tirages sur 11 Numéros liés de même.

Le 8e pendant 12 Tirages sur 12 Numéros liés de même.

Le 9e pendant 11 Tirages sur 13 Numéros liés de même.

Le 10e pendant 9 Tirages sur 14 Numéros liés de même.

Le 11e pendant 8 Tirages sur 15 Numéros liés de même.

Et le 12e pendant 6 Tirages sur 16 Numéros liés de même.

PREMIER

PREMIER TABLEAU
de la troisieme Combinaison du Jeu par Aᴍʙᴇs & Tᴇʀɴᴇs *sur cinq Numéros liés.*

Tirages.	PRIX de l'Ambe & du Terne par soi à chaque Tirage.	MONTANT de la Mise par elle-même à chaque Tirage.	TOTAL des Sommes déja employées jusques & compris le Tirage indiqué.	MONTANT du Produit que donne la sortie d'un Ambe.	MONTANT du Produit que donne la sortie d'un Terne.
1	₶ 3ſ	3 ₶	3 ₶	40 ₶ 10ſ	901 ₶ 10ſ
2	6	6	9	81	1803
3	9	9	18	121 10	2704 10
4	12	12	30	162	3606
5	15	15	45	202 10	4507 10
6	18	18	63	243	5409
7	1 1	21	84	283 10	6310 10
8	1 4	24	108	324	7212
9	1 7	27	135	364 10	8113 10
10	1 10	30	165	405	9015
11	1 13	33	198	445 10	9916 10
12	1 16	36	234	486	10818
13	1 19	39	273	526 10	11719 10
14	2 2	42	315	567	12621
15	2 5	45	360	607 10	13522 10
16	…2…8.	…48….	…408….	…648…….	·14424…. B
17	2 14	54	462	729	16227
18	3 3	63	525	850 10	18931 10
19	3 15	75	600	1012 10	22537 10
20	4 10	90	690	1215	27045
21	5 8	108	798	1458	32454
22	6 9	129	927	1741 10	38764 10
23	7 13	153	1080	2065 10	45976 10
24	9	180	1260	2430	54090
25	10 10	210	1470	2835	63105
26	12 3	243	1713	3280 10	73021 10
27	13 19	279	1992	3766 10	83839 10
28	15 18	318	2310	4293	95559
29	18	360	2670	4860	108180
30	20 5	405	3075	5467 10	121702 10
31	22 13	453	3528	6115 10	136126 10
32	25 7	507	4035	6844 10	152353 10
33	28 10	570	4605	7695	171285

Suite du PREMIER TABLEAU *de la troisieme Combinaison du Jeu par* AMBES & TERNES *sur cinq Numéros liés.*

Tirages.	PRIX de l'Ambe & du Terne par foi à chaque Tirage.		MONTANT de la Mise par elle-même à chaque Tirage.	TOTAL des Sommes déja employéesjusques & compris le Tirage indiqué.	MONTANT du Produit que donne la fortie d'un Ambe.	MONTANT du Produit que donne la fortie d'un Terne.
34	32tt 5ſ		645tt	5250tt	8707tt 10ſ	193822tt 10ſ
35	36 15		735	5985	9922 10	220867 10
36	42 3		843	6828	11380 10	253321 10
37	48	48	960	7788	12960	288480
38	54	48	1020	8808	14580	293340
39	60	48	1080	9888	16200	298200
40	66	48	1140	11028	17820	303060
41	72	48	1200	12228	19440	307920
42	78	48	1260	13488	21060	312780
43	84	48	1320	14808	22680	317640
44	90	48	1380	16188	24300	322500
45	96	48	1440	17628	25920	327360
46	102	48	1500	19128	27540	332220
47	108	48	1560	20688	29160	337080
48	114	48	1620	22308	30780	341940
49	120	48	1680	23988	32000	346800
50	126	48	1740	25728	34020	351660
51	135	48	1830	27558	36450	358950
52	144	48	1920	29478	38880	366240
53	156	48	2040	31518	42120	375960
54	168	48	2160	33678	45360	385680
55	180	48	2280	35958	48600	395400
56	192	48	2400	38358	51840	405120
57	210	48	2580	40938	56700	419700
58	228	48	2760	43698	61560	434280
59	252	48	3000	46698	68040	453720
60	282	48	3300	49998	76140	478020

(H. 10) (K. 10) (A. 169) (E. 3506tt8ſ) (G. 1493tt8ſ)

❋❋

SECOND TABLEAU
de la troisieme Combinaison du Jeu par AMBES & TERNES sur six Numéros liés.

Tirage.	PRIX de l'Ambe & du Terne par soi à chaque Tirage.		MONTANT de la Mise par elle-même à chaque Tirage.		TOTAL des Sommes déja employées jusques & compris le Tirage indiqué.		MONTANT du Produit que donne la sortie d'un Ambe.		MONTANT du Produit que donne la sortie d'un Terne.	
	tt	3ſ	5 tt	5 ſ	5 tt	5 ſ	40 tt	10 ſ	901 tt	10 ſ
1		3	5	5	5	5	40	10	901	10
2		6	10	10	15	15	81		1803	
3		9	15	15	31	10	121	10	2704	10
4		12	21		52	10	162		3606	
5		15	26	5	78	15	202	10	4507	10
6		18	31	10	110	5	243		5409	
7	1	1	36	15	147		283	10	6310	10
8	1	4	42		189		324		7212	
9	1	7	47	5	236	5	364	10	8113	10
B10	1 . 10 .		52 . 10 .		288 . 15 .		405		9015	B
11	1	16	63		351	15	486		10818	
12	2	5	78	15	430	10	607	10	13522	10
13	2	17	99	15	530	5	769	10	17128	10
14	3	12	126		656	5	972		21636	
15	4	10	157	10	813	15	1215		27045	
16	5	11	194	5	1008		1498	10	33355	10
17	6	15	236	5	1244	5	1822	10	40567	10
18	8	2	283	10	1527	15	2187		48681	
19	9	12	336		1863	15	2592		57696	
20	11	8	399		2262	15	3078		68514	
21	13	13	477	15	2740	10	3685	10	82036	10
22	16	10	577	10	3318		4455		99165	
23	20	2	703	10	4021	10	5427		120801	
24	24	12	861		4882	10	6642		147846	
25	30	3	1055	5	5937	15	8140	10	181201	10
26	36	18	1291	10	7229	5	9963		221769	
27	45		1575		8804	5	12150		270450	
28	51	48	1725		10529	5	13770		290910	
29	60	48	1860		12389	5	16200		298200	
30	69	48	1995		14384	5	18630		405490	
31	78	48	2130		16514	5	21060		312780	
32	90	48	2310		18824	5	24300		322500	

Suite du SECOND TABLEAU *de la troisieme Combinaison du Jeu par* AMBES & TERNES *sur six Numéros liés.*

Tirages.	PRIX de l'Ambe & du Terne par soi à chaque Tirage.		MONTANT de la Mise par elle-même à chaque Tirage.	TOTAL des Sommes déja employées jusques & compris le Tirage indiqué.		MONTANT du Produit que donne la sortie d'un Ambe.	MONTANT du Produit que donne la sortie d'un Terne.
	tt	tt	tt	tt	f	tt	tt
33	102	48	2490	21314	5	27540	332220
34	114	48	2670	23984	5	30780	341940
35	129	48	2895	26879	5	34830	354090
36	147	48	3165	30044	5	39690	368670
37	165	48	3435	33479	5	44550	383250
38	186	48	3750	37229	5	50220	400260
39	207	48	4065	41294	5	55890	417270
40	231	48	4425	45719	5	62370	436710
41	258	48	4830	50549	5	69660	458580
42	288	48	5280	55829	5	77760	482880

(H. 15) (K. 20) (A. 170) (E. 2426tt 11f) (G. 971tt 11f

TROISEME TABLEAU

de la troisieme Combinaison du Jeu par AMBES & TERNES *sur sept Numéros liés.*

	tt	f	tt	f	tt	f	tt	f	tt	f
1		3	8	8	8	8	40	10	901	10
2		6	16	16	25	4	81		1803	
3		9	25	4	50	8	121	10	2704	10
4		12	33	12	84		162		3606	
5		15	42		126		202	10	4507	10
B..6		18.	50...8		176...8.		243		5409....B	
7	1	4	67	4	243	12	324		7212	
8	1	13	92	8	336		445	10	9916	10
9	2	5	126		462		607	10	13522	10
10	3		168		630		810		18030	
11	3	18	218	8	848	8	1053		23439	
12	5	2	285	12	1134		1377		30651	
13	6	15	378		1512		1822	10	40567	10
14	9		504		2016		2430		54090	
15	12		672		2688		3240		72120	

Suite du TROISIEME TABLEAU *de la troisieme Combinaiſon du Jeu par* AMBES *&* TERNES *ſur ſept Numéros liés.*

Tirages.	PRIX de l'Ambe & du Terne par foi la chaque Tirage.	MONTANT de la Miſe par elle-même à chaque Tirage.	TOTAL des Sommes deja employéesjuſques & compris le Tirage indiqué.	MONTANT du Produit que donne la ſortie d'un Ambe.	MONTANT du Produit que donne la ſortie d'un Terne.
16	15 ᵗᵗ 18 ſ	890 ᵗᵗ 8 ſ	3578 ᵗᵗ 8 ſ	4293 ᵗᵗ ſ	95559 ᵗᵗ ſ
17	21	1176	4754 8	5670	126210
18	27 15	1554	6308 8	7492 10	166777 10
19	36 15	2058	8366 8	9922 10	220867 10
20	48 48	2688	11054 8	12960	288480
21	60 48	2940	13994 8	16200	298200
22	72 48	3192	17186 8	19440	307920
23	84 48	3444	20630 8	22680	317640
24	99 48	3759	24389 8	26730	329790
25	114 48	4074	28463 8	30780	341940
26	135 48	4515	32978 8	36450	358950
27	156 48	4956	37934 8	42120	375960
28	180 48	5460	43394 8	48600	395400
29	204 48	5964	49358 8	55080	414840
30	234 48	6594	55952 8	63180	439140
31	264 48	7224	63176 8	71280	463440
32	294 48	7854	71030 8	79380	487740

(H. 21) (K. 35) (A. 171) (E. 2093 ᵗᵗ 8 ſ) (G. 773 ᵗᵗ 8 ſ)

QUATRIEME TABLEAU

de la troiſieme Combinaiſon du Jeu par AMBES *&* TERNES *ſur huit Numéros liés.*

	ᵗᵗ 3 ſ	12 ᵗᵗ 12 ſ	12 ᵗᵗ 12 ſ	40 ᵗᵗ 10 ſ	901 ᵗᵗ 10 ſ
1	3 ſ	12 ᵗᵗ 12 ſ	12 ᵗᵗ 12 ſ	40 ᵗᵗ 10 ſ	901 ᵗᵗ 10 ſ
2	6	25 4	37 16	81	1803
3	9	37 16	75 12	121 10	2704 10
B. 4	......12..	....50...8.	...126........	....162........	....3606....B
5	18	75 12	201 12	243	5409
6	1 7	113 8	315	364 10	8113 10
7	1 19	163 16	478 16	526 10	11719 10

Suite du QUATRIEME TABLEAU *de la troisieme Combinaison du Jeu par* AMBES & TERNES *sur huit Numéros liés.*

Tirages.	PRIX de l'Ambe & du Terne par soi à chaque Tirage.		MONTANT de la Mise par elle-même à chaque Tirage.		TOTAL des Sommes déja employées jusques & compris le Tirage indiqué.		MONTANT du Produit que donne la sortie d'un Ambe.		MONTANT du Produit que donne la sortie d'un Terne.	
8	2tt 17s		239tt 8s		718tt 4s		769tt 10s		17128tt 10s	
9	4	4	352	16	1071		1134		25242	
10	6	3	516	12	1587	12	1660	10	36961	10
11	9		756		2343	12	2430		54090	
12	13	4	1108	16	3452	8	3564		79332	
13	19	7	1625	8	5077	16	5224	10	116293	10
14	28	7	2381	8	7459	4	7654	10	170383	10
15	41	11	3490	4	10949	8	11218	10	249715	10
16	60	48	4368		15317	8	16200		298200	
17	78	48	4872		20189	8	21060		312780	
18	102	48	5544		25733	8	27540		332220	
19	126	58	6216		31949	8	34020		351660	
20	156	48	7056		39005	8	42120		375960	
21	186	48	7896		46901	8	50220		400260	
22	222	48	8904		55805	8	59940		429420	
23	258	48	9912		65717	8	69660		458580	
24	294	48	10920		76637	8	79380		487740	

(H. 28) (K. 56) (A. 172) (E. 1612tt 7s) (G. 562tt 7s

CINQUIEME TABLEAU

de la troisieme Combinaison du Jeu par AMBES & TERNES *sur neuf Numéros liés.*

1	tt	3s	18tt		18tt		40tt 10s		901tt 10s	
2	6		36		54		81		1803	
B. 3	........9.		......54....		.....108....		...121.10.		..2704.10.	B
4	18		108		216		243		5409	
5	1	16	216		432		486		10818	
6	3	12	432		864		972		21636	
7	7	4	864		1728		1944		43272	

Suite du CINQUIEME TABLEAU *de la troisieme Combi-naison du Jeu par* AMBES & TERNES *sur neuf Numéros liés.*

Tirages.	PRIX de l'Ambe & du Terne par soi à chaque Tirage.		MONTANT de la Mise parelle-mémé à chaque Tirage.	TOTAL des Sommes déja employées jusques & compris le Tirage indiqué.	MONTANT du Produit que donne la sortie d'un Ambe.	MONTANT du Produit que donne la sortie d'un Terne.
8	14^{tt}	8^s	1728^{tt}	3456^{tt}	3888^{tt}	86544^{tt}
9	28	16	3456	6912	7776	173088
10	54	48	5976	12888	14580	293340
11	78	48	6840	19728	21060	312780
12	114	48	8136	27864	30780	341940
13	150	48	9432	37296	40500	371100
14	192	48	10944	48240	51840	405120
15	240	48	12672	60912	64800	444000
16	294	48	14616	75528	79380	487740

(H. 36) (K. 84) (A. 173) (E. 1179^{tt}12^s) (G. 393^{tt}12^s)

SIXIEME TABLEAU

de la troisieme Combinaison du Jeu par AMBES & TERNES *sur dix Numéros liés.*

Tirages	PRIX de l'Ambe & du Terne par soi à chaque Tirage.		MONTANT de la Mise parelle-mémé à chaque Tirage.		TOTAL des Sommes déja employées jusques & compris le Tirage indiqué.		MONTANT du Produit que donne la sortie d'un Ambe.		MONTANT du Produit que donne la sortie d'un Terne.	
1	^{tt}	3^s	24^{tt}15^s		24^{tt}15^s		40^{tt}10^s		901^{tt}10^s	
2	....	6.	...... 49.	10.	.... 74...	5.	 81	......	... 1803	.... B
3		18	148	10	222	15	243		5409	
4	2	14	445	10	668	5	729		16227	
5	8	2	1336	10	2004	15	2187		48681	
6	24	6	4009	10	6014	5	6561		146043	
7	60	48	8460		14474	5	16200		298200	
8	96	48	10080		24554	5	25920		327360	
9	144	48	12240		36794	5	38880		366240	
10	210	48	15210		52004	5	56700		419700	
11	282	48	18450		70454	5	76140		478020	

(H. 45) (K. 120) (A. 174) (E. 828^{tt}9^s) (G. 276^{tt}9^s)

SEPTIEME TABLEAU
de la troisieme Combinaison du Jeu par AMBES & TERNES sur 11 Numéros liés.

Tirages.	Prix de l'Ambe par lui-même à chaque Tirage.	Prix du Terne par lui-même à chaque Tirage.	Montant de la Mise pareille-même à chaque Tirage.	Total des Sommes déjà employées jusques & compris le Tirage indiqué.	Montant du Produit d'un Amb. par la sortie de 2 Numéros.	Montant du Produit de 3 Amb. & du Terne par la sortie de 3 Num.
1	1tt 4s	tt 3s	90tt 15s	90tt 15s	324tt	1752tt
2	2 8	6	181 10	272 5	648	3504
3	3 12	9	272 5	544 10	972	5256
4	6	15	453 15	998 5	1620	8760
5	9 12	1 4	726	1724 5	2592	14016
6	15 12	1 19	1179 15	2904	4212	22776
7	25 4	3 3	1905 15	4809 15	6804	36792
8	40 16	5 2	3085 10	7895 5	11016	59568
9	66	8 5	4991 5	12886 10	17820	96360
10	106 16	13 7	8076 15	20963 5	28836	155928
11	172 16	21 12	13068	34031 5	46656	252288
12	279 12	34 19	21144 15	55176	75492	408216

(H. 55) (K. 165) (A. 175) (E. 729tt 12s) (G. 91tt 4s)

HUITIEME TABLEAU
de la troisieme Combinaison du Jeu par AMBES & TERNES sur 12 Numéros liés.

Tirages.	Prix de l'Ambe par lui-même à chaque Tirage.	Prix du Terne par lui-même à chaque Tirage.	Montant de la Mise pareille-même à chaque Tirage.	Total des Sommes déjà employées jusques & compris le Tirage indiqué.	Montant du Produit d'un Amb. par la sortie de 2 Numéros.	Montant du Produit de 3 Amb. & du Terne par la sortie de 3 Num.
1	1tt 4s	tt 3s	112tt 4s	112tt 4s	324tt	1752tt
2	2 8	6	224 8	336 12	648	3504
3	3 12	9	336 12	673 4	972	5256
4	6	15	561	1234 4	1620	8760
5	9 12	1 4	897 12	2131 16	2592	14016
6	15 12	1 19	1458 12	3590 8	4212	22776
7	25 4	3 3	2356 4	5946 12	6804	36792
8	40 16	5 2	3814 16	9761 8	11016	59568
9	66	8 5	6171	15932 8	17820	96360
10	106 16	13 7	9985 16	25918 4	28836	155928
11	172 16	21 12	16156 16	42075	46656	252288
12	279 12	34 19	26142 12	68217 12	75492	408216

(H. 66) (K. 220) (A. 176) (E. 729tt 12s) (G. 91tt 4s)

NEUVIEM

NEUVIEME TABLEAU
de la troisieme Combinaison du Jeu par AMBES & TERNES sur 13 Numéros liés.

Tirages.	PRIX de l'Ambe par lui-même à chaque Tirage.		PRIX du Terne par lui-même à chaque Tirage.		MONTANT de la Mise par elle-même à chaque Tirage.		TOTAL des Sommes déja employéesjusques & compris le Tirage indiqué.		MONTANT du Produit d'un Amb. par la sortie de 2 Numéros.	MONTANT du Produit de 3 Amb. & du Terne par la sortie de 3 Num.
1	1 tt 16 ſ		tt	3 ſ	183 tt	6 ſ	183 tt	6 ſ	486 tt	2238 tt
2	3	12		6	366	12	549	18	972	4476
3	5	8		9	549	18	1099	16	1458	6714
4	9			15	916	10	2016	6	2430	11190
5	14	8	1	4	1466	8	3482	14	3888	17904
6	23	8	1	19	2382	18	5865	12	6318	29094
7	37	16	3	3	3849	6	9714	18	10206	46998
8	61	4	5	2	6232	4	15947	2	16524	76092
9	99		8	5	10081	10	26028	12	26730	123090
10	160	4	13	7	16313	14	42342	6	43254	199182
11	259	4	21	12	26395	4	68737	10	69984	322272

(H. 78 (K. 286) (A. 177) (E. 675 tt.) (G. 56 tt 5 ſ)

DIXIEME TABLEAU
de la troisieme Combinaison du Jeu par AMBES & TERNES sur 14 Numéros liés.

Tirages.	PRIX de l'Ambe		PRIX du Terne		MONTANT de la Mise	TOTAL des Sommes	MONTANT du Produit d'un Amb.	MONTANT du Produit de 3 Amb. & du Terne
1	5 tt	8 ſ	tt	3 ſ	546 tt	546 tt	1458 tt	5154 tt
2	10	16		6	1092	1638	2916	10308
3	16	4		9	1638	3276	4374	15462
4	27			15	2730	6006	7290	25770
5	43	4	1	4	4368	10374	11664	41232
6	70	4	1	19	7098	17472	18954	67002
7	113	8	3	3	11466	28938	30618	108234
8	183	12	5	2	18564	47502	49572	175236
9	297		8	5	30030	77532	80190	283470

(H. 91) (K. 364) (A. 178) (E. 766 tt 16 ſ) (G. 21 tt 6 ſ)

**

Bb

ONZIEME TABLEAU
de la troisieme Combinaison du Jeu par AMBES & TERNES sur 15 Numéros liés.

Tirages.	PRIX de l'Ambe par lui-même à chaque Tirage.	PRIX du Terne par lui-même à chaque Tirage.	MONTANT de la Mise par elle-même à chaque Tirage.	TOTAL des Sommes déja employéesjus-ques & compris le Tirage indiqué.	MONTANT du Produit d'un Amb. par la sortie de 2 Numéros.	MONTANT du Produit de 3 Amb. & du Terne par la sortie de 3 Num.
1	3ᵗᵗ	ᵗᵗ 3ˢ	383ᵗᵗ 5ˢ	383ᵗᵗ 5ˢ	810ᵗᵗ	3210ᵗᵗ
2	6	6	766 10	1149 15	1620	6420
B3	......9...	......9.	.1149.15.	.2299.10.	..2430.	...9630 B
4	18	18	2299 10	4599	4860	19260
5	36	1 16	4599	9198	9720	38520
6	72	3 12	9198	18396	19440	77040
7	144	7 4	18396	36792	38880	154080
8	288	14 8	36792	73584	77760	308160

(H. 105) (K. 455) (A. 179) (E. 576ᵗᵗ) (G. 28ᵗᵗ 16ˢ)

DOUZIEME TABLEAU
de la troisieme Combinaison du Jeu par AMBES & TERNES sur 16 Numéros.

Tirages.	PRIX de l'Ambe	PRIX du Terne	MONTANT de la Mise	TOTAL des Sommes	MONTANT du Produit d'un Amb.	MONTANT du Produit de 3 Amb. & du Terne
1	6ᵗᵗ	ᵗᵗ 3ˢ	804ᵗᵗ	804ᵗᵗ	1620ᵗᵗ	5640ᵗᵗ
2	12	6	1608	2412	3240	11280
B3	.....24..	.....12.	....3216..	.....5628..	..6480.	.22560 B
4	54	1 7	7236	12864	14580	50760
5	120	3	16080	28944	32400	112800
6	264	6 12	35376	64320	71280	248160

(H. 120) (K. 560) (A. 180) (E. 480ᵗᵗ) (G. 12ᵗᵗ)

Fin de la troisieme & derniere Combinaison du Jeu par Ambes & Ternes.

TROISIEME PARTIE

CONTENANT

Différentes Combinaisons de Jeux par Extraits & de Jeux par Ambes, dirigées de maniere qu'il faut, pour parvenir au grand but qu'on se propose, la sortie de 2 & 3 Numéros à la fois pour le Jeu des Extraits, & de 3 Numéros pour le Jeu des Ambes.

Jeu par Extraits, terminé par la sortie de deux Numéros.

PREMIERE COMBINAISON.

ON a vu par les différents Jeux & Combinaisons des deux premieres Parties de cet Ouvrage qu'en adoptant telle de ces Combinaisons que ce soit, le moindre Lot de tous ceux qu'on a lieu d'espérer, produira, à quelque Tirage que ce soit du nombre de ceux pendant lesquels on a la liberté de pousser ses Mises, le remboursement des sommes employées jusqu'à l'époque de sa sortie, & que ce remboursement est toujours accompagné d'un bénéfice plus ou moins considérable, suivant que la chance arrive plus ou moins tard. La Combinaison dont il s'agit ici & celles qui la suivent, sont les seules qui, passé un certain nombre de Tirages, n'offrent plus cet avantage aux Actionnaires. Cet inconvénient, capable peut-être de rebuter au premier abord, disparoîtra bientôt aux yeux d'un Calculateur éclairé, & sera pour lui, j'ose le dire, un motif de plus pour adopter cette méthode de jouer par Extraits ou par Ambes, la plus attrayante, la plus singuliere & en même temps la plus sûre & la plus avantageuse que je connoisse. C'est par la sortie de 2 ou de 3 Numéros, relativement au Jeu par Extraits dont il s'agit ici, que s'opere le grand effet, & que l'Actionnaire est enfin conduit au but desiré. Lui sera-t-il plus difficile & plus coûteux de parvenir à ce but par cette méthode que par les autres? Je ne le crois pas. Au reste qu'il n'en juge qu'après avoir examiné les Tableaux de cette premiere Combinaison, & lu sans partialité la remarque qui les suit.

Le nombre de ces Tableaux est de seize.

Le premier indique un Jeu pendant 45 Tirages sur 5 Numéros.

Le   2d   pendant 38 Tirages sur   6 Numéros.
Le   3e   pendant 32 Tirages sur   7 Numéros.
Le   4e   pendant 28 Tirages sur   8 Numéros.
Le   5e   pendant 24 Tirages sur   9 Numéros.
Le   6e   pendant 19 Tirages sur 10 Numéros.
Le   7e   pendant 19 Tirages sur 11 Numéros.
Le   8e   pendant 18 Extrages sur 12 Numéros.
Le   9e   pendant 16 Tirages sur 13 Numéros.
Le 10e   pendant 15 Tirages sur 14 Numéros.
Le 11e   pendant 14 Tirages sur 15 Numéros.
Le 12e   pendant 12 Tirages sur 16 Numéros.
Le 13e   pendant 11 Tirages sur 17 Numéros.
Le 14e   pendant 11 Tirages sur 18 Numéros.
Le 15e   pendant   9 Tirages sur 19 Numéros.
Et le 16e pendant   9 Tirages sur 20 Numéros.

PREMIER TABLEAU
du Jeu par Extraits, *terminé par la sortie de 2 Numéros à la fois & dirigé sur 5 Numéros liés.*

Tirages.	Prix de l'Extrait par lui même à chaque Tirage.		Montant de la Mise par elle-même à chaque Tirage.	Total des Sommes déja employées jusques & compris le Tirage indiqué.	Montant du Produit que donne la sortie d'un Numéro.	Montant du Produit que donne la sortie de deux Numéros.
1	₶	12ſ	3ᵗᵗ	3ᵗᵗ	9ᵗᵗ	18ᵗᵗ
2	1	4	6	9	18	36
3	1	16	9	18	27	54
4	2	8	12	30	36	72
5	3		15	45	45	90
6	3	12	18	63	54	108
7	4	4	21	84	63	126
8	4	16	24	108	72	144
9	5	8	27	135	81	162
B 10	...6......		......30....	......165...	......90....	......180...B
11	7	4	36	201	108	216
12	9		45	246	135	270
13	11	8	57	303	171	342
14	14	8	72	375	216	432
15	18		90	465	270	540
16	22	4	111	576	333	666
17	27		135	711	405	810
18	32	8	162	873	486	972
19	38	8	192	1065	576	1152
20	45	12	228	1293	684	1368
21	54	12	273	1566	819	1638
22	66		330	1896	990	1980
23	80	8	402	2298	1206	2412
24	98	8	492	2790	1476	2952
25	120	12	603	3393	1809	3618
26	147	12	738	4131	2214	4428
27	180		900	5031	2700	5400
28	218	8	1092	6123	3276	6552
29	264		1320	7443	3960	7920
30	318	12	1593	9036	4779	9558
31	384	12	1923	10959	5769	11538
32	465		2325	13284	6975	13950
33	563	8	2817	16101	8451	16902

Suite du **Premier Tableau** du Jeu par **Extraits**, terminé par la sortie de 2 Numéros à la fois & dirigé sur 5 Numéros liés.

Tirages.	Prix de l'Extrait par lui-même à chaque Tirage.	Montant de la Mise par elle-même à chaque Tirage.	Total des Sommes déjà employées jusques & compris le Tirage indiqué.	Montant du Produit que donne la sortie d'un Numéro.	Montant du Produit que donne la sortie de deux Numéros.
34	684tt　1	3420tt	19521tt	10260tt	20520tt
35	831　12	4158	23679	12474	24948
36	1011　12	5058	28737	15174	30348
37	1230	6150	34887	18450	36900
38	1494	7470	42357	22410	44820
39	1812　12	9063	51420	27189	54378
40	2197　4	10986	62406	32958	56916
41	2662　4	13311	75717	39933	79866
42	3225　12	16128	91845	48384	96768
43	3909　12	19548	111393	58644	117288
44	4741　4	23706	135099	71118	142236
45	5752　16	28764	163863	86292	172584

(A. 181)　(D. 32772tt 12f)

SECOND TABLEAU

du Jeu par **Extraits**, terminé par la sortie de 2 Numéros à la fois & dirigé sur 6 Numéros liés.

1	tt　12f	3tt 12f	3tt 12f	9tt	18tt
2	1　4	7　4	10　16	18	36
3	1　16	10　16	21　12	27	54
4	2　8	14　8	36	36	72
5	3	18	54	45	90
6	3　12	21　12	75　12	54	108
7	4　4	25　4	100　16	63	126
B. 8	...4.16..	...28.16..	.129.12...	.......72.....	....144..B
9	6	36	165　12	90	180
10	7　16	46　16	212　8	117	234
11	10　4	61　4	273　12	153	306
12	13　4	79　4	352　16	198	396
13	16　16	100　16	453　12	252	504

Suite du SECOND TABLEAU *du Jeu par* EXTRAITS, *terminé par la sortie de* 2 *Numéros à la fois & dirigé sur 6 Numéros liés.*

Tirages.	PRIX de l'Extrait par lui-même à chaque Tirage.		MONTANT de la Mile par elle-même à chaque Tirage.		TOTAL des Sommes déja employées juſques & compris le Tirage indiqué.		MONTANT du Produit que donne la ſortie d'un Numero.	MONTANT du Produit que donne la ſortie de deux Numéros.
14	21ᵗᵗ		126ᵗᵗ		579ᵗᵗ	12ſ	315ᵗᵗ	630ᵗᵗ
15	25	16	154	16	734	8	387	774
16	31	16	190	16	925	4	477	954
17	39	12	237	12	1162	16	594	1188
18	49	16	298	16	1461	12	747	1494
19	63		378		1839	12	945	1890
20	79	16	478	16	2318	8	1197	2394
21	100	16	604	16	2923	4	1512	3024
22	126	12	759	12	3682	16	1899	3798
23	158	8	950	8	4633	4	2376	4752
24	198		1188		5821	4	2970	5940
25	247	16	1486	16	7308		3717	7434
26	310	16	1864	16	9172	16	4662	9324
27	390	12	2343	12	11516	8	5859	11718
28	491	8	2948	8	14464	16	7371	14742
29	618		3708		18172	16	9270	18540
30	776	8	4658	8	22831	4	11646	23292
31	974	8	5846	8	28677	12	14616	29232
32	1222	4	7333	4	36010	16	18333	36666
33	1533		9198		45208	16	22995	45990
34	1923	12	11541	12	56750	8	28854	57708
35	2415		14490		71240	8	36225	72450
36	3033		18198		89438	8	45495	90990
37	3809	8	22856	8	112294	16	57141	114282
38	4783	16	28702	16	140997	12	71757	143514

(A. 182)   (D. 23499ᵗᵗ 12ſ)

TROISIEME TABLEAU

du Jeu par EXTRAITS, *terminé par la sortie de 2 Numéros à la fois & dirigé sur 7 Numéros liés.*

Tirages.	PRIX de l'Extrait par lui-même à chaque Tirage.		MONTANT de la Mise par elle-même à chaque Tirage.		TOTAL des Sommes déjà employées jusques & compris le Tirage indiqué.		MONTANT du Produit que donne la sortie d'un Numéro.	MONTANT du Produit que donne la sortie de deux Numéros.
I	tt	12 f	4 tt	4 f	4 tt	4 f	9 tt	18 tt
2	1	4	8	8	12	12	18	36
3	1	16	12	12	25	4	27	54
4	2	8	16	16	42		36	72
5	3		21		63		45	90
B. 6	3	12	25	4	88	4	54	108 B
7	4	16	33	12	121	16	72	144
8	6	12	46	4	168		99	198
9	9		63		231		135	270
1C	12		84		315		180	360
11	15	12	109	4	424	4	234	468
12	20	8	142	16	567		306	612
13	27		189		756		405	810
14	36		252		1008		540	1080
15	48		336		1344		720	1440
16	63	12	445	4	1789	4	954	1908
17	84		588		2377	4	1260	2520
18	111		777		3154	4	1665	3330
19	147		1029		4183	4	2205	4410
20	195		1365		5548	4	2925	5850
21	258	12	1810	4	7358	8	3879	7758
22	342	12	2398	4	9756	12	5139	10278
23	453	12	3175	4	12931	16	6804	13608
24	600	12	4204	4	17136		9009	18018
25	795	12	5569	4	22705	4	11934	23868
26	1054	4	7379	8	30084	12	15813	31626
27	1396	16	9777	12	39862	4	20952	41904
28	1850	8	12952	16	52815		27756	55512
29	2451		17157		69972		36765	73530
30	3246	12	22726	4	92698	4	48699	97398
31	4300	16	30105	12	122803	16	64512	129024
32	5697	12	39883	4	162687		85464	170928

(A. 183)　(D. 23241 tt)

QUATRIEME

QUATRIEME TABLEAU
du Jeu par EXTRAITS, *terminé par la sortie de 2 Numéros à la fois & dirigé sur 8 Numéros liés.*

Tirages.	PRIX de l'Extrait par lui-même à chaque Tirage.		MONTANT de la Mise par elle-même à chaque Tirage.		TOTAL des Sommes déjà employées jusques & compris le Tirage indiqué.		MONTANT du Produit que donne la sortie d'un Numéro.	MONTANT du Produit que donne la sortie de deux Numéros.
1	tt	12f	4tt	16f	4tt	16f	9tt	18tt
2	1	4	9	12	14	8	18	36
3	1	16	14	8	28	16	27	54
4	2	8	19	4	48		36	72
B. 5	....3.....		....24.......		.......72.......		.......45. .	.........90.B
6	4	4	33	12	105	12	63	126
7	6		48		153	12	90	180
8	8	8	67	4	220	16	126	252
9	11	8	91	4	312		171	342
10	15	12	124	16	436	16	234	468
11	21	12	172	16	609	12	324	648
12	30		240		849	12	450	900
13	41	8	331	4	1180	16	621	1242
14	57		456		1636	16	855	1710
15	78	12	628	16	2265	12	1179	2358
16	108	12	868	16	3134	8	1629	3258
17	150		1200		4334	8	2250	4500
18	207		1656		5990	8	3105	6210
19	285	12	2284	16	8275	4	4284	8568
20	394	4	3153	12	11428	16	5913	11826
21	544	4	4353	12	15782	8	8163	16326
22	751	4	6009	12	21792		11268	22536
23	1036	16	8294	8	30086	8	15552	31104
24	1431		11448		41534	8	21465	42930
25	1975	4	15801	12	57336		29628	59256
26	2726	8	21811	4	79147	4	40896	81792
27	3763	4	30105	12	109252	16	56448	112896
28	5194	4	41553	12	150806	8	77913	155826

(A. 184)   (D. 18850tt 16f)

CINQUIEME TABLEAU
du Jeu par EXTRAITS *, terminé par la sortie de 2 Numéros à la fois & dirigé sur 9 Numéros liés.*

Tirages.	PRIX de l'Extrait par lui-même à chaque Tirage.		MONTANT de la Mise par elle-même à chaque Tirage.		TOTAL des Sommes déja employées jusques & compris le Tirage indiqué.		MONTANT du Produit que donne la sortie d'un Numéro.	MONTANT du Produit que donne la sortie de deux Numéros.
	tt	12ſ	5tt	8ſ	5tt	8ſ	9tt	18tt
I		12ſ	5	8	5	8	9	18
2	1	4	10	16	16	4	18	36
3	1	16	16	4	32	8	27	54
B. 4	....2....	.8.	....21.	12.	......54......		......36...	........72.
5	3	12	32	8	86	8	54	108
6	5	8	48	12	135		81	162
7	7	16	70	4	205	4	117	234
8	11	8	102	12	307	16	171	342
9	16	16	151	4	459		252	504
10	24	12	221	8	680	8	369	738
11	36		324		1004	8	540	1080
12	52	16	475	4	1479	12	792	1584
13	77	8	696	12	2176	4	1161	2322
14	113	8	1020	12	3196	16	1701	3402
15	166	4	1495	16	4692	12	2493	4986
16	243	12	2192	8	6885		3654	7308
17	357		3213		10098		5355	10710
18	523	4	4708	16	14806	16	7848	15696
19	766	16	6901	4	21708		11502	23004
20	1123	16	10114	4	31822	4	16857	33714
21	1647		14823		46645	4	24705	49410
22	2413	16	21724	4	68369	8	36207	72414
23	3537	12	31838	8	100207	16	53064	106128
24	5184	12	46661	8	146869	4	77769	155538

(A. 18ſ)   (D. 163 18tt 16ſ)

SIXIEME TABLEAU
du Jeu par EXTRAITS *, terminé par la sortie de 2 Numéros à la fois & dirigé sur 10 Numéros liés.*

	PRIX		MONTANT	TOTAL	MONTANT	MONTANT
	tt	12ſ	6tt	6tt	9tt	18tt
1		12ſ	6	6	9	18
2	1	4	12	18	18	36

Suite du SIXIEME TABLEAU *du Jeu par* EXTRAITS, *terminé par la sortie de* 2 *Numéros à la fois & dirigé sur* 10 *Numéros liés.*

Tirages.	PRIX de l'Extrait par lui-même à chaque Tirage.	MONTANT de la Mise par elle-même à chaque Tirage.	TOTAL des Sommes déjà employées jusques & compris le Tirage indiqué.	MONTANT du Produit que donne la sortie d'un Numéro.	MONTANT du Produit que donne la sortie de deux Numéros.
3	1 tt 16 ſ	18 tt	36 tt	27 tt	54 tt
4	3	30	66	45	90
5	4 16	48	114	72	144
6	7 16	78	192	117	234
7	12 12	126	318	189	378
8	20 8	204	522	306	612
9	33	330	852	495	990
10	53 8	534	1386	801	1602
11	86 8	864	2250	1296	2592
12	139 16	1398	3648	2097	4194
13	226 4	2262	5910	3393	6786
14	366	3660	9570	5490	10980
15	592 4	5922	15492	8883	17766
16	958 4	9582	25074	14373	28746
17	1550 8	15504	40578	23256	46512
18	2508 12	25086	65664	37629	75258
19	4059	40590	106254	60885	121770

(A. 186)   (D. 10625 tt 8 ſ)

SEPTIEME TABLEAU
du Jeu par EXTRAITS, *terminé par la sortie de* 2 *Numéros à la fois & dirigé sur* 11 *Numéros liés.*

Tirages.	PRIX de l'Extrait par lui-même à chaque Tirage.	MONTANT de la Mise par elle-même à chaque Tirage.	TOTAL des Sommes déjà employées jusques & compris le Tirage indiqué.	MONTANT du Produit que donne la sortie d'un Numéro.	MONTANT du Produit que donne la sortie de deux Numéros.
1	tt 12 ſ	6 tt 12 ſ	6 tt 12 ſ	9 tt	18 tt
2	1 4	13 4	19 16	18	36
3	1 16	19 16	39 12	27	54
4	3	33	72 12	45	90
5	4 16	52 16	125 8	72	144
6	7 16	85 16	211 4	117	234
7	12 12	138 12	349 16	189	378
8	20 8	224 8	574 4	306	612
9	33	363	937 4	495	990

Suite du SEPTIEME TABLEAU *du Jeu par* EXTRAITS, *terminé par la sortie de* 2 *Numéros à la fois & dirigé sur* 11 *Numéros.*

Tirages.	PRIX de l'Extrait par lui-même à chaque Tirage.		MONTANT de la Mise par elle-même à chaque Tirage.		TOTAL des Sommes déja employées jusques & compris le Tirage indiqué.		MONTANT du Produit que donne la sortie d'un Numéro.	MONTANT du Produit que donne la sortie de deux Numéros.
10	53tt	8s	587tt	8s	1524tt	12s	801tt	1602tt
11	86	8	950	8	2475		1296	2592
12	139	16	1537	16	4012	16	2097	4194
13	226	4	2488	4	6501		3393	6786
14	366		4026		10527		5490	10980
15	592	4	6514	4	17041	4	8883	17766
16	958	4	10540	4	27581	8	14373	28746
17	1550	8	17054	8	44635	16	23256	46512
18	2508	12	27594	12	72230	8	37629	75258
19	4059		44649		116879	8	60885	121770

(A. 187) (D. 10625tt 8s)

HUITIEME TABLEAU

du Jeu par EXTRAITS, *terminé par la sortie de* 2 *Numéros à la fois & dirigé sur* 12 *Numéros.*

	tt	s	tt	s	tt	s	tt	tt
C 1		12s	7	4s	7	4s	9	18 C
2	1	4	14	8	21	12	18	36
3	1	16	21	12	43	4	27	54
4	3		36		79	4	45	90
5	4	16	57	12	136	15	72	144
CB. 6	.....7.	16.	..... 93.	12.	...230...	8.	..... 117...	....234 CB
7	13	4	158	8	388	16	198	396
8	22	4	266	8	655	4	333	666
9	37	4	446	8	1101	12	558	1116
10	62	8	748	16	1850	8	936	1872
11	104	8	1252	16	3103	4	1566	3132
12	174	12	2095	4	5198	8	2619	5238
13	292	4	3506	8	8704	16	4383	8766
14	489		5868		14572	16	7335	14670
15	818	8	9820	16	24393	12	12276	24552
16	1369	16	16437	12	40831	4	20547	41094

Suite du HUITIEME TABLEAU *du Jeu par* EXTRAITS, *terminé par la sortie de 2 Numéros à la fois & dirigé sur 12 Numéros liés.*

Tirages.	PRIX de l'Extrait par lui-même à chaque Tirage.	MONTANT de la Mise par elle-même à chaque Tirage.	TOTAL des Sommes déja employées jusques & compris le Tirage indiqué.	MONTANT du Produit que donne la sortie d'un Numéro.	MONTANT du Produit que donne la sortie de deux Numéros.
17	2292# 12ſ	27511# 4ſ	68342# 8ſ	34389#	68778#
18	3837	46044	114386 8	57555	115110

(A. 188) (D. 9532# 4ſ)

NEUVIEME TABLEAU

du Jeu par EXTRAITS, *terminé par la sortie de 2 Numéros à la fois & dirigé sur 13 Numéros liés.*

	# 12ſ	7# 16ſ	7# 16ſ	9#	18#
1					
2	1 4	15 12	23 8	18	36
3	1 16	23 8	46 16	27	54
B. 4	....3......	....39.....	......85.16.	.........45...	.........90. B
5	6	78	163 16	90	180
6	10 16	140 8	304 4	162	324
7	19 16	257 8	561 12	297	594
8	36 12	475 16	1037 8	549	1098
9	67 4	873 12	1911	1008	2016
10	123 12	1606 16	3517 16	1854	3708
11	227 8	2956 4	6474	3411	6822
12	418 4	5436 12	11910 12	6273	12546
13	769 4	9999 12	21910 4	11538	23076
14	1414 16	18392 8	40302 12	21222	42444
15	2602 4	33828 12	74131 4	39033	78066
16	4786 4	62220 12	136351 16	71793	143586

(A. 189) (D. 10488# 12ſ)

DIXIEME TABLEAU

du Jeu par EXTRAITS, *terminé par la sortie de 2 Numéros à la fois & dirigé sur 14 Numéros liés.*

	# 12ſ	8# 8ſ	8# 8ſ	9#	18#
1					
2	1 4	16 16	25 4	18	36

Suite du DIXIEME TABLEAU *du Jeu par* EXTRAITS, *terminé par la sortie de 2 Numéros à la fois & dirigé sur 14 Numéros liés.*

Tirages.	Prix de l'Extrait par lui-même à chaque Tirage.	Montant de la Mise par elle-même à chaque Tirage.	Total des Sommes déja employées jusques & compris le Tirage indiqué.	Montant du Produit que donne la sortie d'un Numéro.	Montant du Produit que donne la sortie de deux Numéros.
3	1ᵗᵗ 16ˢ	25ᵗᵗ 4ˢ	50ᵗᵗ 8ˢ	27ᵗᵗ	54
4	3 12	50 8	100 16	54	108
B. 5	....7...4.	100.16.	.....201.12.	.....108....	.......216.
6	13 16	193 4	394 16	207	414
7	26 8	369 12	764 8	396	792
8	51	714	1478 8	765	1530
9	98 8	1377 12	2856	1476	2952
10	189 12	2654 8	5510 8	2844	5688
11	365 8	5115 12	10626	5481	10962
12	704 8	9861 12	20487 12	10566	21132
13	1357 16	19009 4	39496 16	20367	40734
14	2617 4	36640 16	76137 12	39258	78516
15	5044 16	70627 4	146764 16	75672	151344

(A. 190)   (D. 10483ᵗᵗ 4ˢ)

ONZIEME TABLEAU

du Jeu par EXTRAITS, *terminé par la sortie de 2 Numéros à la fois & dirigé sur 15 Numéros liés.*

1	ᵗᵗ 12ˢ	9ᵗᵗ	9ᵗᵗ	9ᵗᵗ	18ᵗᵗ
2	1 4	18	27	18	36
3	2 8	36	63	36	72
4	4 16	72	135	72	144
5	9 12	144	279	144	288
6	19 4	288	567	288	576
7	38 8	576	1143	576	1152
8	76 16	1152	2295	1152	2304
9	153 12	2304	4599	2304	4608
10	307 4	4608	9207	4608	9216
11	614 8	9216	18423	9216	18432
12	1228 16	18432	36855	18432	36864

Suite du ONZIEME TABLEAU *du Jeu par* EXTRAITS, *terminé par la sortie de 2 Numéros à la fois & dirigé sur* 15 *Numéros liés.*

Tirages.	PRIX de l'Extrait par lui-même à chaque Tirage.	MONTANT de la Mise par elle-même à chaque Tirage.	TOTAL des Sommes déja employées jusques & compris le Tirage indiqué.	MONTANT du Produit que donne la sortie d'un Numéro.	MONTANT du Produit que donne la sortie de deux Numéros.
13	2457ᵗᵗ 12ˢ	36864ᵗᵗ	73719ᵗᵗ	36864ᵗᵗ	73728ᵗᵗ
14	2915 4	73728	147447	73728	147456

(A. 191)   (D. 9829ᵗᵗ 16ˢ)

DOUZIEME TABLEAU

du Jeu par EXTRAITS, *terminé par la sortie de 2 Numéros à la fois & dirigé sur* 16 *Numéros liés.*

1	ᵗᵗ 12ˢ	9ᵗᵗ 12ˢ	9ᵗᵗ 12ˢ	9ᵗᵗ	18ᵗᵗ
2	1 4	19 4	28 16	18	36
B. 3	....2...8.	....38...8.	......67...4.	.......36..	.......72 B
4	5 8	86 8	153 12	81	162
5	12	192	345 12	180	360
6	26 8	422 8	768	396	792
7	58 4	931 4	1699 4	873	1746
8	128 8	2054 8	3753 12	1926	3852
9	283 4	4531 4	8284 16	4248	8496
10	624 12	9993 12	18278 8	9369	18738
11	1377 12	22041 12	40320	20664	41328
12	3028 8	48614 8	88934 8	45576	91152

(A. 192)   (D. 5558ᵗᵗ 8ˢ)

TREIZIEME TABLEAU

du Jeu par EXTRAITS, *terminé par la sortie de 2 Numéros à la fois & dirigé sur* 17 *Numéros liés.*

1	ᵗᵗ 12ˢ	10ᵗᵗ 4ˢ	10ᵗᵗ 4ˢ	9ᵗᵗ	18ᵗᵗ
B. 2	...1...4..	....20...8..	.....30.12..	......18....	.......36.. B
3	3	51	81 12	45	90
4	7 4	122 8	204	108	216
5	17 8	295 16	499 16	261	522

Suite du TREIZIEME TABLEAU *du Jeu par* EXTRAITS, *terminé par la sortie de* 2 *Numéros à la fois & dirigé sur* 17 *Numéros liés.*

Tirages.	PRIX de l'Extrait par lui-même à chaque Tirage.		MONTANT de la Mise par elle-même à chaque Tirage.		TOTAL des Sommes déja employées jusques & compris le Tirage indiqué.		MONTANT du Produit que donne la sortie d'un Numéro.	MONTANT du Produit que donne la sortie de deux Numéros.
6	42 tt	f	714 tt	f	1213 tt	16 f	630 tt	1260 tt
7	101	8	1723	16	2937	12	1521	3042
8	244	16	4161	12	7099	4	3672	7344
9	591		10047		17146	4	8865	17730
10	1426	16	24255	12	41401	16	21402	42804
11	3444	12	58558	4	99960		51669	103338

(A. 193)   (D. 5880 tt)

QUATORZIEME TABLEAU

du Jeu par EXTRAITS, *terminé par la sortie de* 2 *Numéros à la fois & dirigé sur* 18 *Numéros liés.*

Tirages.	PRIX de l'Extrait		MONTANT de la Mise		TOTAL des Sommes		MONTANT sortie d'un Numéro.	MONTANT sortie de deux Numéros.
1	tt	12 f	10 tt	16 f	10 tt	16 f	9 tt	18 tt
2	1	4	21	12	32	8	18	36
3	3		54		86	8	45	90
B. 4	....7.	16.	... 140 ...	8.	.....226.	16.	......117..	..... 234.
5	19	16	356	8	583	4	297	594
6	50	8	907	4	1490	8	756	1512
7	128	8	2311	4	3801	12	1926	3852
8	327		5886		9687	12	4905	9810
9	832	16	14990	8	24678		12492	24984
10	2121		38178		62856		31815	63630
11	5401	16	97232	8	160088	8	81027	162054

(A. 194)   (D. 8893 tt 16 f)

QUINZIEM

QUINZIEME TABLEAU
du Jeu par Extraits, terminé par la sortie de 2 Numéros à la fois & dirigé sur 19 Numéros liés.

Tirages.	PRIX de l'Extrait par lui-même à chaque Tirage.	MONTANT de la Mise par elle-même à chaque Tiragé.	TOTAL des Sommes deja employées jusques & compris le Tirage indiqué.	MONTANT du Produit que donne la sortie d'un Numéro.	MONTANT du Produit que donne la sortie de deux Numéros.
1	₶ 12ſ	11₶ 8ſ	11₶ 8ſ	9₶	18₶
2	....1....4.	......22.16.	......34...4.	.......18...	.......36..B
3	3 12	68 8	102 12	54	108
4	10 16	205 4	307 16	162	324
5	32 8	615 12	923 8	486	972
6	97 4	1846 16	2770 4	1458	2916
7	291 12	5540 8	8310 12	4374	8748
8	874 16	16621 4	24931 16	13122	26244
9	2624 8	49863 12	74795 8	39366	78732

(A. 195)   (D. 3936₶ 12ſ)

SEIZIEME TABLEAU
du Jeu par Extraits, terminé par la sortie de 2 Numéros à la fois & dirigé sur 20 Numéros liés.

Tirages.	PRIX de l'Extrait par lui-même à chaque Tirage.	MONTANT de la Mise par elle-même à chaque Tiragé.	TOTAL des Sommes deja employées jusques & compris le Tirage indiqué.	MONTANT du Produit que donne la sortie d'un Numéro.	MONTANT du Produit que donne la sortie de deux Numéros.
1	₶ 12ſ	12₶	12₶	9₶	18₶
2	1 16	36	48	27	54
3	....5...8.	.....108...	.......156....	........81...	.....162.B
4	16 16	336	492	252	504
5	52 4	1044	1536	783	1566
6	162	3240	4776	2430	4860
7	502 16	10056	14832	7542	15084
8	1560 12	31212	46044	23409	46818
9	4843 16	96876	142920	72657	145314

(A. 196)   (D. 7146₶)

Fin du Jeu par Extraits, terminé par la sortie de deux Numéros à la fois.

Dd

REMARQUE.

Sɪ l'examen feul de ces différents Tableaux n[e]
fuffit pas pour faire fentir aux Actionnaires l'avantag[e]
général de chacune des méthodes particulieres qui [y]
font indiquées, ils n'ont qu'à fe donner la peine d[e]
calculer la quantité des Numéros fur lefquels ils peu[-]
vent jouer , & le nombre des Tirages pendant lef[-]
quels ils peuvent fuivre leurs Mifes : ils verront qu[e]
pendant le cours de ces Tirages, il eft moralem[ent]
impoffible qu'il ne leur forte fréquemment un Nu[-]
méro, c'eft-à-dire, un Extrait dont le produit, fan[s]
remplacer totalement les débourfés précédents, e[n]
diminuera confidérablement la fomme ; & que plu[s]
ils avanceront dans la carriere des Tirages qu'ils on[t]
devant eux, plus ils fe rapprocheront de la fortie de[s]
deux Numéros, c'eft-à-dire, de l'Ambe qui par lu[i]
même recouvre avec bénéfice la totalité des Mife[s]
faites jufqu'à fa fortie, & laiffe de furcroît à l'Ac[-]
tionnaire le produit de tous les Extraits qui lui feron[t]
fortis dans les Tirages précédents. Appliquons en[-]
core à cette méthode ce principe dont j'ai déja parl[é]
favoir que le nombre des Tirages pendant lefquel[s]
on peut fuivre une quotité de Numéros, influe au[-]
tant fur une chance à venir que cette quotité d[e]
Numéros multipliée par celle de ces Tirages peut in[-]
fluer fur cette même chance dans un feul & mêm[e]
Tirage. Prenons donc un des 16 Tableaux ci-deffus [,]
le 6e par exemple. L'Actionnaire peut jouer fur di[x]
Numéros pendant 19 Tirages ; mais il ne peut réelle[-]
ment gagner, ainfi que nous venons de le dire, qu['à]
celui de ces Tirages où il lui fortira 2 Numéros, c'eft[-]
à-dire , un Ambe. Cet Ambe eft-il impoffible, eft-i[l]
même difficile à fortir ? qu'on en juge par le calcu[l]

fuivant. Il réfulte des 10 Numéros liés enfemble 45 Ambes; ces 45 Ambes multipliés par 19, nombre des Tirages propofés, en forment 815, c'eft-à-dire, plus de la cinquieme partie du total des Ambes qui réfultent des 90 Numéros de la Loterie. Or fur ce total la Loterie donne 10 Ambes aux Actionnaires; par conféquent, à hafard égal entre elle & celui qui joueroit pendant 19 Tirages de la maniere indiquée ci-deffus, on peut, en faveur de celui-ci, parier cent contre cent pour la fortie de 2 Ambes pendant le cours de ces 19 Tirages, & deux cents contre cent pour la fortie d'un feul Ambe.

Jeu par Extraits, terminé par la Sortie de trois Numéros.

SECONDE COMBINAISON

CETTE feconde Combinaifon eft la fuite de la premiere, & elle eft fondée fur les mêmes principes. La quantité des Numéros fur lefquels on peut jouer & le nombre des Tirages pendant lefquels on peut fuivre les Mifes, font calculés de maniere que les probabilités compenfent au moins les difficultés & la rareté attachées aux chances que l'on pourfuit. On en jugera par les 21 Tableaux fuivants.

Le premier offre un Jeu fur 10 Numéros pendant 35 Tirages.

Le 2d fur 11 Numéros pendant 32 Tirages.
Le 3e fur 12 Numéros pendant 28 Tirages.
Le 4e fur 13 Numéros pendant 24 Tirages.
Le 5e fur 14 Numéros pendant 24 Tirages.
Le 6e fur 15 Numéros pendant 19 Tirages.
Le 7e fur 16 Numéros pendant 19 Tirages.

Le   8e sur 17 Numéros pendant 19 Tirages.
Le   9e sur 18 Numéros pendant 18 Tirages.
Le 10e sur 19 Numéros pendant 17 Tirages.
Le 11e sur 20 Numéros pendant 16 Tirages.
Le 12e sur 21 Numéros pendant 15 Tirages.
Le 13e sur 22 Numéros pendant 14 Tirages.
Le 14e sur 23 Numéros pendant 13 Tirages.
Le 15e sur 24 Numéros pendant 12 Tirages.
Le 16e sur 25 Numéros pendant 11 Tirages.
Le 17e sur 26 Numéros pendant 11 Tirages.
Le 18e sur 27 Numéros pendant 11 Tirages.
Le 19e sur 28 Numéros pendant 9 Tirages.
Le 20e sur 29 Numéros pendant 9 Tirages.
Et le 21e sur 30 Numéros pendant 9 Tirages.

PREMIER TABLEAU

du Jeu par Extraits, *terminé par la sortie de* 3 *Numéros à la fois & dirigé sur* 10 *Numéros liés.*

Tirages.	Prix de l'Ext. par lui-même à chaque Tirage.		Montant de la Mise par elle-même à chaque Tirage.	Total des Sommes déja employées jusq. & compris le Tirage indiqué.	Montant du Produit que donne la sortie d'un Num.	Montant du Produit que donne la sortie de 2 Num.	Montant du Produit que donne la sortie de 3 Num.
	tt	s	tt	tt	tt	tt	tt
1		12	6	6	9	18	27
2	1	4	12	18	18	36	54
3	1	16	18	36	27	54	81
4	2	8	24	60	36	72	108
5	3		30	90	45	90	135
6	3	12	36	126	54	108	162
CB 7	4	4	42	168	63	126	189 CB
8	5	8	54	222	81	162	243
9	7	4	72	294	108	216	324
10	9	12	96	390	144	288	432
11	12	12	126	516	189	378	567
12	16	4	162	678	243	486	729
13	20	8	204	882	306	612	918

Suite du PREMIER TABLEAU *du Jeu par* EXTRAITS *,
terminé par la sortie de* 3 *Numéros à la fois
& dirigé sur* 10 *Numéros liés.*

Tirages.	PRIX de l'Extr. par lui-même à chaque Tirage.		MONTANT de la Mise par elle-même à chaque Tirage.	TOTAL des Sommes déja employées jusques & compris le Tirage indiqué.	MONT. du Produit que donne la sortie de 1 Num.	MONT. du Produit que donne la sortie de 2 Num.	MONTANT du Produit que donne la sortie de 3 Num.
	tt	ſ	tt	tt	tt	tt	tt
14	25	16	258	1140	387	774	1161
15	33		330	1470	495	990	1485
16	42	12	426	1896	639	1278	1917
17	55	4	552	2448	828	1656	2484
18	71	8	714	3162	1071	2142	3213
19	91	16	918	4080	1377	2754	4131
20	117	12	1176	5256	1764	3528	5292
21	150	12	1506	6762	2259	4518	6777
22	193	4	1932	8694	2898	5796	8694
23	248	8	2484	11178	3726	7452	11178
24	319	16	3198	14376	4797	9594	14391
25	411	12	4116	18492	6174	12348	18522
26	529	4	5292	23784	7938	15876	23814
C27	..679..	16	....6798...	....30582....	10197	..20394	..30591C
28	877	4	8772	39354	13158	26316	39474
29	1131		11310	50664	16965	33930	50895
30	1458		14580	65244	21870	43740	65610
31	1879	4	18792	84036	28188	56376	84564
32	2421		24210	108246	36315	72630	108945
33	3117		31170	139416	46755	95510	140265
34	4014	12	40146	179562	60219	120438	180657
35	5171	8	51714	231276	77571	155142	232713

(A. 197) (D. 23127 tt 12 ſ)

SECOND TABLEAU

du Jeu par EXTRAITS, *terminé par la sortie de* 3 *Numéros
à la fois & dirigé sur* 11 *Numéros liés.*

	tt	ſ	tt	ſ	tt	ſ	tt	tt	tt
1		12	6	12	6	12	9	18	27
2	1	4	13	4	19	16	18	36	54

Suite du SECOND TABLEAU *du Jeu par* EXTRAITS, *terminé par la sortie de* 3 *Numéros à la fois & dirigé sur* 11 *Numéros liés.*

Tirages.	PRIX de l'Extr. par lui-même à chaque Tirage.		MONTANT de la Mise par elle-même à chaque Tirage.		TOTAL des Sommes déjà employées jusques & compris le Tirage indiqué.		MONT. du Produit que donne la sortie de 1 Num.	MONT. du Produit que donne la sortie de 2 Num.	MONTANT du Produit que donne la sortie de 3 Num.
	tt	ſ	tt	ſ	tt	ſ	tt	tt	tt
3	1	16	19	16	39	12	27	54	81
4	2	8	26	8	66		36	72	108
5	3		33		99		45	90	135
B6	3	.12	39	.12	138	.12	54	108	162
7	4	16	52	16	191	8	72	144	216
8	6	12	72	12	264		99	198	297
9	9		99		363		135	270	405
10	12		132		495		180	360	540
11	15	12	171	12	666	12	234	468	702
12	20	8	224	8	891		306	612	918
13	27		297		1188		405	810	1215
14	36		396		1584		540	1080	1620
15	48		528		2112		720	1440	2160
16	63	12	699	12	2811	12	954	1908	2862
17	84		924		3735	12	1260	2520	3780
18	111		1221		4956	12	1665	3330	4995
19	147		1617		6573	12	2205	4410	6615
20	195		2145		8718	12	2925	5850	8775
21	258	12	2844	12	11563	4	3879	7758	11637
22	342	12	3768	12	15331	16	5139	10278	15417
23	453	12	4989	12	20321	8	6804	13608	20412
24	600	12	6606	12	26928		9009	18018	27027
25	795	12	8751	12	35679	12	11934	23868	35802
26	1054	4	11596	4	47275	16	15813	31626	47439
27	1396	16	15364	16	62640	12	20952	41904	62856
28	1850	8	20354	8	82995		27756	55512	83268
29	2451		26961		109956		36765	73530	110295
30	3246	12	35712	12	145668	12	48699	97398	146097
31	4300	16	47308	16	192977	8	64512	129024	193536
32	5697	12	62673	12	255651		85464	170928	256392

(A. 198) (D. 23241 tt)

TROISIEME TABLEAU

du Jeu par EXTRAITS, *terminé par la sortie de 3 Numéros à la fois & dirigé sur 12 Numéros liés.*

Tirages.	PRIX de l'Extr. par lui-même à chaque Tirage.		MONTANT de la Mise par elle-même à chaque Tirage.		TOTAL des Sommes déja employées jusques & compris le Tirage indiqué.		MONT. du Produit que donne la sortie de 1 Num.	MONT. du Produit que donne la sortie de 2 Num.	MONTANT du Produit que donne la sortie de 3 Num.
	tt	ſ	tt	ſ	tt	ſ	tt	tt	tt
1		12	7	4	7	4	9	18	27
2	1	4	14	8	21	12	18	36	54
3	1	16	21	12	43	4	27	54	81
4	2	8	28	16	72		36	72	108
B 5	....3.....		.....36.....		....108.....		45	90	....135 B
6	4	4	50	8	158	8	63	126	189
7	6		72		230	8	90	180	270
8	8	8	100	16	331	4	126	252	378
9	11	8	136	16	468		171	342	513
10	15	12	187	4	655	4	234	468	702
11	21	12	259	4	914	8	324	648	972
12	30		360		1274	8	450	900	1350
13	41	8	496	16	1771	4	621	1242	1863
14	57		684		2455	4	855	1710	2565
15	78	12	943	4	3398	8	1179	2358	3537
16	108	12	1303	4	4701	12	1629	3258	4887
17	150		1800		6501	12	2250	4500	6750
18	207		2484		8985	12	3105	6210	9315
19	285	12	3427,	4	12412	16	4284	8568	12852
20	394	4	4730	8	17143	4	5913	11826	17739
21	544	4	6530	8	23673	12	8163	16326	24489
22	751	4	9014	8	32688		11268	22536	33804
23	1036	16	12441	12	45129	12	15552	31104	46656
24	1431		17172		62301	12	21465	42930	64395
25	1975	4	23702	8	86004		29628	59256	89884
26	2726	8	32716	16	118720	16	40896	81792	123688
27	3763	4	45158	8	163879	4	56448	112896	170344
28	5194	4	62330	8	226209	12	77913	155826	234739

(A. 199) (D. 18850 tt 16 ſ)

QUATRIEME TABLEAU
du Jeu par EXTRAITS, *terminé par la sortie de 3 Numéros à la fois & dirigé sur 13 Numéros liés.*

Tirages.	PRIX de l'Extr. par lui-même à chaque Tirage.		MONTANT de la Mise par elle-même à chaque Tirage.		TOTAL des Sommes déjà employées jusques & compris le Tirage indiqué.		MONT. du Produit que donne la sortie de 1 Num.	MONT. du Produit que donne la sortie de 2 Num.	MONTANT du Produit que donne la sortie de 3 Num.
	tt	s	tt	s	tt	s	tt	tt	tt
1		12	7	16	7	16	9	18	27
2	1	4	15	12	23	8	18	36	54
3	1	16	23	8	46	16	27	54	81
B4	2	8	31	...4	78	.....	36	72	...2..108
5	3	12	46	16	124	16	54	108	162
6	5	8	70	4	195		81	162	243
7	7	16	101	8	296	8	117	234	351
8	11	8	148	4	444	12	171	342	513
9	16	16	218	8	663		252	504	756
10	24	12	319	16	982	16	369	738	1107
11	36		468		1450	16	540	1080	1620
12	52	16	686	8	2137	4	792	1584	2376
13	77	8	1006	4	3143	8	1161	2322	3483
14	113	8	1474	4	4617	12	1701	3402	5103
15	166	4	2160	12	6778	4	2493	4986	7479
16	243	12	3166	16	9945		3654	7308	10962
17	357		4641		14586		5355	10710	16065
18	523	4	6801	12	21387	12	7848	15696	23544
19	766	16	9968	8	31356		11502	23004	34506
20	1123	16	14609	8	45965	8	16857	33714	50571
21	1647		21411		67376	8	24705	49410	74115
22	2413	16	31379	8	98755	16	36207	72414	108621
23	3537	12	45988	16	144744	12	53064	106128	159192
24	5184	12	67399	16	212144	8	77769	155538	233307

(A. 200)   (D. 16318 tt 16 s)

CINQUIEM

CINQUIEME TABLEAU
du Jeu par EXTRAITS*, terminé par la sortie de 3 Numéros à la fois & dirigé sur 14 Numéros liés.*

Tirages.	PRIX de l'Extr. par lui-même à chaque Tirage.		MONTANT de la Mise par elle-même à chaque Tirage.		TOTAL des Sommes déjà employées jusques & compris le Tirage indiqué.		MONT. du Produit que donne la sortie de 1 Num.	MONT. du Produit que donne la sortie de 2 Num.	MONTANT du Produit que donne la sortie de 3 Num.
	tt	s	tt	s	tt	s	tt	tt	tt
1		12	8	8	8	8	9	18	27
2	1	4	16	16	25	4	18	36	54
3	1	16	25	4	50	8	27	54	81
B 4	2	8	33	12	84		36	72	108 B
5	3	12	50	8	134	8	54	108	162
6	5	8	75	12	210		81	162	243
7	7	16	109	4	319	4	117	234	351
8	11	8	159	12	478	16	171	342	513
9	16	16	235	4	714		252	504	756
10	24	12	344	8	1058	8	369	738	1107
11	36		504		1562	8	540	1080	1620
12	52	16	739	4	2301	12	792	1584	2376
13	77	8	1083	12	3385	4	1161	2322	3483
14	113	8	1587	12	4972	16	1701	3402	5103
15	166	4	2326	16	7299	12	2493	4986	7479
16	243	12	3410	8	10710		3654	7308	10962
17	357		4998		15708		5355	10710	16065
18	523	4	7324	16	23032	16	7848	15696	23544
19	766	16	10735	4	33768		11502	23004	34506
20	1123	16	15733	4	49501	4	16857	33714	50571
21	1647		23058		72559	4	24705	49410	74115
22	2413	16	33793	4	106352	8	36207	72414	108621
23	3537	12	49526	8	155878	16	53064	106128	159192
24	5184	12	72584	8	228463	4	77769	155538	233307

(A. 201)   (D. 16318 tt 16 s)

SIXIEME TABLEAU
du Jeu par EXTRAITS, *terminé par la sortie de* 3 *Numéros à la fois & dirigé sur* 15 *Numéros liés.*

Tirages.	PRIX de l'Extr. par lui-même à chaque Tirage.		MONTANT de la Mise par elle-même à chaque Tirage.	TOTAL des Sommes déja employées jusques & compris le Tirage indiqué.	MONT. du Produit que donne la sortie de 1 Num.	MONT. du Produit que donne la sortie de 2 Num.	MONTANT du Produit que donne la sortie de 3 Num.
	tt	f	tt	tt	tt	tt	tt
1		12	9	9	9	18	27
2	1	4	18	27	18	36	54
B 3	....1.	16	........27...	........54...	27	54	81
4	3		45	99	45	90	135
5	4	16	72	171	72	144	216
6	7	16	117	288	117	234	351
7	12	12	189	477	189	378	567
8	20	8	306	783	306	612	918
9	33		495	1278	495	990	1485
10	53	8	801	2079	801	1602	2403
11	86	8	1296	3375	1296	2592	3888
12	139	16	2097	5472	2097	4194	6291
13	226	4	3393	8865	3393	6786	10179
14	366		5490	14355	5490	10980	16470
15	592	4	8883	23238	8883	17766	26649
16	958	4	14373	37611	14373	28746	43119
17	1550	8	23256	60867	23256	46512	69768
18	2508	12	37629	98496	37629	75258	112887
19	4059		60885	159381	60885	121770	182655

(A. 202)   (D. 10625 tt 8 f)

SEPTIEME TABLEAU
du Jeu par EXTRAITS, *terminé par la sortie de* 3 *Numéros à la fois & dirigé sur* 16 *Numéros liés.*

Tirages.	tt	f	tt	f	tt	f	tt	tt	tt
1		12	9	12	9	12	9	18	27
2	1	4	19	4	28	16	18	36	54
B 3	....1.	16	......28.	16	....57.12.		...27.	...54...	....81.
4	3		48		105	12	45	90	135
5	4	16	76	16	182	8	72	144	216

Suite du SEPTIEME TABLEAU *du Jeu par* EXTRAITS, *terminé par la sortie de 3 Numéros à la fois & dirigé sur 16 Numéros liés.*

Tirages.	PRIX de l'Extr. par lui-même à chaque Tirage.		MONTANT de la Mise par elle-même à chaque Tirage.		TOTAL des Sommes deja employées jusques & compris le Tirage indiqué.		MONT. du Produit que donne la sortie de 1 Num.	MONT. du Produit que donne la sortie de 2 Num.	MONTANT du Produit que donne la sortie de 3 Num.
	tt	ſ	tt	ſ	tt	ſ	tt	tt	tt
6	7	16	124	16	307	4	117	234	351
7	12	12	201	12	508	16	189	378	567
8	20	8	326	8	835	4	306	612	918
9	33		528		1363	4	495	990	1485
10	53	8	854	8	2217	12	801	1602	2403
11	86	8	1382	8	3600		1296	2592	3888
12	139	16	2236	16	5836	16	2097	4194	6291
13	226	4	3619	4	9456		3393	6786	10179
14	366		5856		15312		5490	10980	16470
15	592	4	9475	4	24787	4	8883	17766	26649
16	958	4	15331	4	40118	8	14373	28746	43119
17	1550	8	24806	8	64924	16	23256	46512	69768
18	2508	12	40137	12	105062	8	37629	75258	112887
19	4059		64944		170006	8	60885	121770	182655

(A. 203)   (D. 10625 tt 8 ſ)

HUITIEME TABLEAU

du Jeu par EXTRAITS, *terminé par la sortie de 3 Numéros à la fois & dirigé sur 17 Numéros liés.*

	tt	ſ	tt	ſ	tt	ſ	tt	tt	tt
1		12	10	4	10	4	9	18	27
2	1	4	20	8	30	12	18	36	54
B 3	…1.	16.	…30.	12…	…61…	4.	…27.	…54…	…81. B
4	3		51		112	4	45	90	135
5	4	16	81	12	193	16	72	144	216
6	7	16	132	12	326	8	117	234	351
7	12	12	214	4	540	12	189	378	567
8	20	8	346	16	887	8	306	612	918
9	33		561		1448	8	495	990	1485

Suite du HUITIEME TABLEAU *du Jeu par* EXTRAITS, *terminé par la sortie de 3 Numéros à la fois & dirigé sur 17 Numéros liés.*

Tirages.	PRIX de l'Extr. par lui-même à chaque Tirage.		MONTANT de la Mise par elle-même à chaque Tirage.		TOTAL des Sommes déjà employées jusques & compris le Tirage indiqué.		MONT. du Produit que donnela sortie de 1 Num.	MONT. du Produit que donne la sortie de 2 Num.	MONTANT du Produit que donne la sortie de 3 Num.
	tt	f	tt	f	tt	f	tt	tt	tt
10	53	8	907	16	2356	4	801	1602	2403
11	86	8	1468	16	3825		1296	2592	3888
12	139	16	2376	12	6201	12	2097	4194	6291
13	226	4	3845	8	10047		3393	6786	10179
14	366		6222		16269		5490	10980	16470
15	592	4	10067	8	26336	8	8883	17766	26649
16	958	4	16289	8	42625	16	14373	28746	43119
17	1550	8	26356	16	68982	12	23256	46512	69768
18	2508	12	42646	4	111628	16	37629	75258	112887
19	4059		69003		180631	16	60885	121770	182655

(A. 204)   (D. 10625 tt 8 f)

NEUVIEME TABLEAU

du Jeu par EXTRAITS, *terminé par la sortie de 3 Numéros à la fois & dirigé sur 18 Numéros liés.*

Tirages	PRIX de l'Extr.		MONTANT de la Mise		TOTAL des Sommes		MONT. 1 Num.	MONT. 2 Num.	MONTANT 3 Num.
	tt	f	tt	f	tt	f	tt	tt	tt
1		12	10	16	10	16	9	18	27
2	1	4	21	12	32	8	18	36	54
3	1	16	32	8	64	16	27	54	81
4	3		54		118	16	45	90	135
5	4	16	86	8	205	4	72	144	216
B6	...7	.16.	...140	...8.	345	.12	...117	...234.	....351 B
7	13	4	237	12	583	4	198	396	594
8	22	4	399	12	982	16	333	666	999
9	37	4	669	12	1652	8	558	1116	1674
10	62	8	1123	4	2775	12	936	1872	2808
11	104	8	1879	4	4654	16	1566	3132	4698
12	174	12	3142	16	7797	12	2619	5238	7857
13	292	4	5259	12	13057	4	4383	8766	13149
14	489		8802		21859	4	7335	14670	22005

Suite du NEUVIEME TABLEAU *du Jeu par* EXTRAITS, *terminé par la sortie de 3 Numéros à la fois & dirigé sur 18 Numéros liés.*

Tirages.	PRIX de l'Extr. par lui-même à chaque Tirage.		MONTANT de la Mise par elle-même à chaque Tirage.		TOTAL des Sommes déja employées jusques & compris le Tirage indiqué.		MONT. du Produit que donne la sortie de 1 Num.	MONT. du Produit que donne la sortie de 2 Num.	MONTANT du Produit que donne la sortie de 3 Num.
	tt	f	tt	f	tt	f	tt	tt	tt
15	818	8	14731	4	36590	8	12276	24552	36828
16	1369	16	24656	8	61246	16	20547	41094	61641
17	2292	12	41266	16	102513	12	34389	68778	103167
18	3837		69066		171579	12	57555	115110	172665

(A. 205)   (D. 9532^{tt} 4^{f})

DIXIEME TABLEAU

du Jeu par EXTRAITS, *terminé par la sortie de 3 Numéros à la fois & dirigé sur 19 Numéros liés.*

	tt	f	tt	f	tt	f	tt	tt	tt
1		12	11	8	11	8	9	18	27
2	1	4	22	16	34	4	18	36	54
3	1	16	34	4	68	8	27	54	81
B 4	....3....		.....57....		....125...8		45	90	....135 B
5	5	8	102	12	228		81	162	243
6	9	12	182	8	410	8	144	288	432
7	16	16	319	4	729	12	252	504	756
8	29	8	558	12	1288	4	441	882	1323
9	51	12	980	8	2268	12	774	1548	2322
10	90	12	1721	8	3990		1359	2718	4077
11	159		3021		7011		2385	4770	7155
12	279		5301		12312		4185	8370	12555
13	489	12	9302	8	21614	8	7344	14688	22032
14	859	4	16324	16	37939	4	12888	25776	38664
15	1507	16	28648	4	66587	8	22617	45234	67851
16	2646		50274		116861	8	39690	79380	119070
17	4643	8	88224	12	205086		69651	139302	208953

(A. 206)   (D. 10794^{tt})

ONZIEME TABLEAU
du Jeu par EXTRAITS, terminé par la sortie de 3 Numéros à la fois & dirigé sur 20 Numéros liés.

Tirages.	PRIX de l'Extr. par lui-même à chaque Tirage.		MONTANT de la Mise par elle-même à chaque Tirage.	TOTAL des Sommes déja employées jusques & compris le Tirage indiqué.	MONT. du Produit que donne la sortie de 1 Num.	MONT. du Produit que donne la sortie de 2 Num.	MONTANT du Produit que donne la sortie de 3 Num.
	tt	ſ	tt	tt	tt	tt	tt
1		12	12	12	9	18	27
2	1	4	24	36	18	36	54
3	1	16	36	72	27	54	81
B 4	…3…		…60…	…132…	…45	…90	…135 B
5	6		120	252	90	180	270
6	10	16	216	468	162	324	486
7	19	16	396	864	297	594	891
8	36	12	732	1596	549	1098	1647
9	67	4	1344	2940	1008	2016	3024
10	123	12	2472	5412	1854	3708	5562
11	227	8	4548	9960	3411	6822	10233
12	418	4	8364	18324	6273	12546	18819
13	769	4	15384	33708	11538	23076	34614
14	1414	16	28296	62004	21222	42444	63666
15	2602	4	52044	114048	39033	78066	117099
16	4786	4	95724	209772	71793	143586	215379

(A. 207)   (D. 10488 tt 12 ſ)

DOUZIEME TABLEAU
du Jeu par EXTRAITS, terminé par la sortie de 3 Numéros à la fois & dirigé sur 21 Numéros liés.

Tirages.	PRIX		MONTANT		TOTAL		MONT. 1 Num.	MONT. 2 Num.	MONTANT 3 Num.
	tt	ſ	tt	ſ	tt	ſ	tt	tt	tt
1		12	12	12	12	12	9	18	27
2	1	4	25	4	37	16	18	36	54
3	1	16	37	16	75	12	27	54	81
4	3	12	75	12	151	4	54	108	162
B 5	…7…	4…	…151…	4…	…302…	8…	108	…216	…324 B
6	13	16	289	16	592	4	207	414	621
7	26	8	554	8	1146	12	396	792	1188
8	51		1071		2217	12	765	1530	2295

Suite du DOUZIEME TABLEAU *du Jeu par* EXTRAITS, *terminé par la sortie de 3 Numéros à la fois & dirigé sur 21 Numéros liés.*

Tirages.	PRIX de l'Extr. par lui-même à chaque Tirage.		MONTANT de la Mise par elle-même à chaque Tirage.		TOTAL des Sommes déja employées jusques & compris le Tirage indiqué.		MONT. du Produit que donne la sortie de 1 Num.	MONT. du Produit que donne la sortie de 2 Num.	MONTANT du Produit que donne la sortie de 3 Num.
	tt	ſ	tt	ſ	tt	ſ	tt	tt	tt
9	98	8	2066	8	4284		1476	2952	4428
10	189	12	3981	12	8265	12	2844	5688	8532
11	365	8	7673	8	15939		5481	10962	16443
12	704	8	14792	8	30731	8	10566	21132	31698
13	1357	16	28513	16	59245	4	20367	40734	61101
14	2617	4	54961	4	114206	8	39258	78516	117774
15	5044	16	105940	16	220147	4	75672	151344	227016

(A. 208)   (D. 10483tt 4ſ)

TREIZIEME TABLEAU

du Jeu par EXTRAITS, *terminé par la sortie de 3 Numéros à la fois & dirigé sur 22 Numéros liés.*

	tt	ſ	tt	ſ	tt	ſ	tt	tt	tt
1		12	13	4	13	4	9	18	27
2	1	4	26	8	39	12	18	36	54
3	2	8	52	16	92	8	36	72	108
4	4	16	105	12	198		72	144	216
5	9	12	211	4	409	4	144	288	432
6	19	4	422	8	831	12	288	576	864
7	38	8	844	16	1676	8	576	1152	1728
8	76	16	1689	12	3366		1152	2304	3456
9	153	12	3379	4	6745	4	2304	4608	6912
10	307	4	6758	8	13503	12	4608	9216	13824
11	614	8	13516	16	27020	8	9216	18432	27648
12	1228	16	27033	12	54054		18432	36864	55296
13	2457	12	54067	4	108121	4	36864	73728	110592
14	4915	4	108134	8	216255	12	73728	147456	221184

(A. 209)   (D. 9829tt 16ſ)

QUATORZIEME TABLEAU

du Jeu par EXTRAITS, *terminé par la sortie de 3 Numéros à la fois & dirigé sur 23 Numéros liés.*

Tirages.	PRIX de l'Extr. par lui-même à chaque Tirage.		MONTANT de la Mise par elle-même à chaque Tirage.		TOTAL des Sommes déja employées jusques & compris le Tirage indiqué.		MONT. du Produit que donne la sortie de 1 Num.	MONT. du Produit que donne la sortie de 2 Num.	MONTANT du Produit que donne la sortie de 3 Num.
	tt	ſ	tt	ſ	tt	ſ	tt	tt	tt
1		12	13	16	13	16	9	18	27
2	1	4	27	12	41	8	18	36	54
3	2	8	55	4	96	12	36	72	108
4	4	16	110	8	207		72	144	216
B5	....9.	12	....220.	16	....427.	16	...144	288	....432 B
6	19	16	455	8	883	4	297	594	891
7	40	16	938	8	1821	12	612	1224	1836
8	84		1932		3753	12	1260	2520	3780
9	172	16	3974	8	7728		2592	5184	7776
10	355	4	8169	12	15897	12	5328	10656	15984
11	730	4	16794	12	32692	4	10953	21706	32859
12	1501	4	34527	12	67219	16	22518	44636	67554
13	3086	8	70987	4	138207		46296	91792	138888

(A. 210)　(D. 6009 tt)

QUINZIEME TABLEAU

du Jeu par EXTRAITS, *terminé par la sortie de 3 Numéros à la fois & dirigé sur 24 Numéros liés.*

Tirages.									
	tt	ſ	tt	ſ	tt	ſ	tt	tt	tt
1		12	14	8	14	8	9	18	27
2	1	4	28	16	43	4	18	36	54
B3	....2...	8	....57.	12.	...100.	16.	36	.....72.	......108 B
4	5	8	129	12	230	8	81	162	243
5	12		288		518	8	180	360	540
6	26	8	633	12	1152		396	792	1188
7	58	4	1396	16	2548	16	873	1746	2619
8	128	8	3081	12	5630	8	1926	3852	5778
9	283	4	6796	16	12427	4	4248	8496	12744
10	624	12	14990	8	27417	12	9369	18738	28107

Suit

Suite du QUINZIEME TABLEAU *du Jeu par* EXTRAITS, *terminé par la fortie de 3 Numéros à la fois & dirigé fur 24 Numéros liés.*

Tirages.	PRIX de l'Extr. par lui-même à chaque Tirage.		MONTANT de la Mife par elle-même à chaque Tirage.		TOTAL des Sommes déja employées jufques & compris le Tirage indiqué.		MONT. du Pro-duit que donne la fortie de 1 Num.	MONT. du Pro-duit que donne la fortie de 2 Num.	MONTANT du Produit que donne la fortie de 3 Num.
	₶	f	₶	f	₶	f	₶	₶	₶
11	1377	12	33062	8	60480		20664	41328	61992
12	3038	8	72921	12	133401	12	45576	91152	136728

(A. 211) (D. 5558₶ 8f)

SEIZIEME TABLEAU

du Jeu par EXTRAITS, *terminé par la fortie de 3 Numéros à la fois & dirigé fur 25 Numéros liés.*

	₶	f	₶	₶	₶	₶	₶
1		12	15	15	9	18	27
B 2	.... 1 ...4		.........30...	.........45...	 18	36	......54 B
3	3		75	120	45	90	135
4	7	4	180	300	108	216	324
5	17	8	435	735	261	522	783
6	42		1050	1785	630	1260	1890
7	101	8	2535	4320	1521	3042	4563
8	244	16	6120	10440	3672	7344	11016
9	591		14775	25215	8865	17730	26595
10	1426	16	35670	60885	21402	42804	64206
11	3444	12	86115	147000	51669	103338	155007

(A. 212) (D. 5880₶)

DIX-SEPTIEME TABLEAU
du Jeu par EXTRAITS, *terminé par la sortie de 3 Numéros à la fois & dirigé sur 26 Numéros liés.*

Tirages.	PRIX de l'Extr. par lui-même à chaque Tirage.		MONTANT de la Mise par elle-même à chaque Tirage.		TOTAL des Sommes déjà employées jusques & compris le Tirage indiqué.		MONT. du Produit que donne la sortie de 1 Num.	MONT. du Produit que donne la sortie de 2 Num.	MONTANT du Produit que donne la sortie de 3 Num.
	tt	s	tt	s	tt	s	tt	tt	tt
1		12	15	12	15	12	9	18	27
B 2	1	4	31	4	46	16	18	36	54
3	3		78		124	16	45	90	135
4	7	4	187	4	312		108	216	324
5	17	8	452	8	764	8	261	522	783
6	42		1092		1856	8	630	1260	1890
7	101	8	2636	8	4492	16	1521	3042	4563
8	244	16	6364	16	10857	12	3672	7344	11016
9	591		15366		26223	12	8865	17730	26595
10	1426	16	37096	16	63320	8	21402	42804	64206
11	3444	12	89559	12	152880		51669	103338	155007

(A. 213)   (D. 5880tt)

DIX-HUITIEME TABLEAU
du Jeu par EXTRAITS, *terminé par la sortie de 3 Numéros à la fois & dirigé sur 27 Numéros liés.*

Tirages.	PRIX de l'Extr.		MONTANT de la Mise		TOTAL des Sommes		MONT. 1 Num.	MONT. 2 Num.	MONTANT 3 Num.
	tt	s	tt	s	tt	s	tt	tt	tt
1		12	16	4	16	4	9	18	27
2	1	4	32	8	48	12	18	36	54
B 3	3		81		129	12	45	90	135
4	7	16	210	12	340	4	117	234	351
5	19	16	534	12	874	16	297	594	891
6	50	8	1360	16	2235	12	756	1512	2268
7	128	8	3466	16	5702	8	1926	2852	5778
8	327		8829		14531	8	4905	9810	14715
9	832	16	22485	12	37017		12492	24984	37476
10	2121		57267		94284		31815	63630	95445
11	5401	16	145848	12	240132	12	81027	162054	243081

(A. 214)   (D. 8893tt 16s)

DIX-NEUVIEME TABLEAU
du Jeu par EXTRAITS, *terminé par la sortie de 3 Numéros à la fois & dirigé sur 28 Numéros liés.*

Tirages.	PRIX de l'Extr. par lui-même à chaque Tirage.		MONTANT de la Mise par elle-même à chaque Tirage.		TOTAL des Sommes déja employées jusques & compris le Tirage indiqué.		MONT. du Produit que donne la sortie de 1 Num.	MONT. du Produit que donne la sortie de 2 Num.	MONTANT du Produit que donne la sortie de 3 Num.
	tt	s	tt	s	tt	s	tt	tt	tt
1		12	16	16	16	16	9	18	27
2	1	4	33	12	50	8	18	36	54
B 3	3		84		134	8	45	90	135 B
4	9		252		386	8	135	270	405
5	27		756		1142	8	405	810	1215
6	81		2268		3410	8	1215	2430	3645
7	243		6804		10214	8	3645	7290	10935
8	729		20412		30626	8	10935	21870	32805
9	2187		61236		91862	8	32805	65610	98415

(A. 215)   (D. 3280 tt 16 s)

VINGTIEME TABLEAU
du Jeu par EXTRAITS, *terminé par la sortie de 3 Numéros à la fois & dirigé sur 29 Numéros liés.*

Tirages.	tt	s	tt	s	tt	s	tt	tt	tt
1		12	17	8	17	8	9	18	27
B 2	1	4	34	16	52	4	18	36	54 B
3	3	12	104	8	156	12	54	108	162
4	10	16	313	4	469	16	162	324	486
5	32	8	939	12	1409	8	486	972	1458
6	97	4	2818	16	4228	4	1458	2916	4374
7	291	12	8456	8	12684	12	4374	8748	13122
8	874	16	25369	4	38053	16	13122	26244	39366
9	2624	8	76107	12	114161	8	39366	78732	118098

(A. 216)   (D. 3936 tt 12 s)

VINGT-UNIEME TABLEAU

du Jeu par EXTRAITS *, terminé par la sortie de 3 Numéros à la fois & dirigé sur 30 Numéros liés.*

Tirages.	PRIX de l'Extr. par lui-même à chaque Tirage.		MONTANT de la Mise par elle-même à chaque Tirage.	TOTAL des Sommes déja employées jusques & compris le Tirage indiqué.	MONT. du Produit que donne la sortie de 1 Num.	MONT. du Produit que donne la sortie de 2 Num.	MONTANT du Produit que donne la sortie de 3 Num.
	tt	ſ	tt	tt	tt	tt	tt
1		12	18	18	9	18	27
2	1	16	54	72	27	54	81
B3	5	...8	.......162...	......234...	81	162	243
4	16	16	504	738	252	504	756
5	52	4	1566	2304	783	1566	2349
6	162		4860	7164	2430	4860	7290
7	502	16	15084	22248	7542	15084	22626
8	1560	12	46818	69066	23409	46818	70227
9	4843	16	145314	214380	72657	145314	217971

(A. 217)   (D. 7146tt)

Fin du Jeu par Extraits , terminé par la sortie de 3 Numéros à la fois.

Jeu par Ambes, terminé par la Sortie de 3 Numéros.

PREMIERE COMBINAISON.

LA vue seule des 47 Tableaux qui composent cette Combinaison appuyée sur les mêmes principes que les précédents, suffira pour en donner une juste idée. La variété prodigieuse qu'ils offrent au goût & à l'espoir des Actionnaires, est un attrait que je n'aurois eu garde de leur présenter, si je n'avois su l'accompagner de tous les avantages de la Combinaison la plus sûre qu'il soit possible d'employer à ce Jeu.

Le premier Tableau présente un Jeu sur 11 Numéros liés par Ambes pendant 64 Tirages.

Le   2ᵈ sur 11 Numéros pendant 57 Tirages.
Le   3ᵉ sur 11 Numéros pendant 50 Tirages.
Le   4ᵉ sur 12 Numéros pendant 61 Tirages.
Le   5ᵉ sur 12 Numéros pendant 54 Tirages.
Le   6ᵉ sur 12 Numéros pendant 46 Tirages.
Le   7ᵉ sur 13 Numéros pendant 55 Tirages.
Le   8ᵉ sur 13 Numéros pendant 50 Tirages.
Le   9ᵉ sur 13 Numéros pendant 41 Tirages.
Le 10ᵉ sur 14 Numéros pendant 50 Tirages.
Le 11ᵉ sur 14 Numéros pendant 43 Tirages.
Le 12ᵉ sur 14 Numéros pendant 37 Tirages.
Le 13ᵉ sur 15 Numéros pendant 46 Tirages.
Le 14ᵉ sur 15 Numéros pendant 39 Tirages.
Le 15ᵉ sur 15 Numéros pendant 32 Tirages.
Le 16ᵉ sur 16 Numéros pendant 41 Tirages.
Le 17ᵉ sur 16 Numéros pendant 37 Tirages.
Le 18ᵉ sur 16 Numéros pendant 32 Tirages.
Le 19ᵉ sur 17 Numéros pendant 37 Tirages.
Le 20ᵉ sur 17 Numéros pendant 32 Tirages.

Le 21ᵉ ſur 17 Numéros pendant 26 Tirages.
Le 22ᵉ ſur 18 Numéros pendant 32 Tirages.
Le 23ᵉ ſur 18 Numéros pendant 29 Tirages.
Le 24ᵉ ſur 19 Numéros pendant 29 Tirages.
Le 25ᵉ ſur 19 Numéros pendant 26 Tirages.
Le 26ᵉ ſur 20 Numéros pendant 26 Tirages.
Le 27ᵉ ſur 20 Numéros pendant 23 Tirages.
Le 28ᵉ ſur 21 Numéros pendant 23 Tirages.
Le 29ᵉ ſur 21 Numéros pendant 20 Tirages.
Le 30ᵉ ſur 22 Numéros pendant 20 Tirages.
Le 31ᵉ ſur 22 Numéros pendant 16 Tirages.
Le 32ᵉ ſur 23 Numéros pendant 20 Tirages.
Le 33ᵉ ſur 23 Numéros pendant 16 Tirages.
Le 34ᵉ ſur 24 Numéros pendant 16 Tirages.
Le 35ᵉ ſur 24 Numéros pendant 16 Tirages.
Le 36ᵉ ſur 25 Numéros pendant 16 Tirages.
Le 37ᵉ ſur 25 Numéros pendant 12 Tirages.
Le 38ᵉ ſur 26 Numéros pendant 12 Tirages.
Le 39ᵉ ſur 26 Numéros pendant 12 Tirages.
Le 40ᵉ ſur 27 Numéros pendant 12 Tirages.
Le 41ᵉ ſur 27 Numéros pendant 12 Tirages.
Le 42ᵉ ſur 28 Numéros pendant 12 Tirages.
Le 43ᵉ ſur 28 Numéros pendant 12 Tirages.
Le 44ᵉ ſur 29 Numéros pendant 10 Tirages.
Le 45ᵉ ſur 29 Numéros pendant 10 Tirages.
Le 46ᵉ ſur 30 Numéros pendant 10 Tirages.
Et le 47ᵉ ſur 30 Numéros pendant 8 Tirages.

PREMIER TABLEAU
du Jeu par AMBES, *terminé par la sortie de 3 Numéros à la fois & dirigé sur 11 Numéros liés.*

Tirages.	PRIX de l'Amb. par lui-même à chaque Tirage.		MONTANT de la Mise par elle-même à chaque Tirage.		TOTAL des Sommes déja employées jusques & compris le Tirage indiqué.		MONTANT du Produit que donne la sortie de deux Numéros.		MONTANT du Produit que donne la sortie de trois Numéros.	
	tt	f	tt	f	tt	f	tt	f	tt	f
1		3	8	5	8	5	40	10	121	10
2		6	16	10	24	15	81		243	
3		9	24	15	49	10	121	10	364	10
4		12	33		82	10	162		486	
5		15	41	5	123	15	202	10	607	10
6		18	49	10	173	5	243		729	
7	1	1	57	15	231		283	10	850	10
8	1	4	66		297		324		972	
9	1	7	74	5	371	5	364	10	1093	10
10	1	10	82	10	453	15	405		1215	
11	1	13	90	15	544	10	445	10	1336	10
12	1	16	99		643	10	486		1458	
13	1	19	107	5	750	15	526	10	1579	10
14	2	2	115	10	866	5	567		1701	
15	2	5	123	15	990		607	10	1822	10
16	2	8	132		1122		648		1944	
17	2	11	140	5	1262	5	688	10	2065	10
18	2	14	148	10	1410	15	729		2187	
19	2	17	156	15	1567	10	769	10	2308	10
20	3		165		1732	10	810		2430	
21	3	3	173	5	1905	15	850	10	2551	10
22	3	6	181	10	2087	5	891		2673	
23	3	9	189	15	2277		931	10	2794	10
B 24	.3.	12.	.198......		.2475......		.972......		...2916...B	
25	3	18	214	10	2689	10	1053		3159	
26	4	7	239	5	2928	15	1174	10	3523	10
27	4	19	272	5	3201		1336	10	4009	10
28	5	14	313	10	3514	10	1539		4617	
29	6	12	363		3877	10	1782		5346	
30	7	13	420	15	4298	5	2065	10	6196	10
31	8	17	486	15	4785		2389	10	7168	10
32	10	4	561		5346		2754		8262	
33	11	14	643	10	5989	10	3159		9477	

Suite du PREMIER TABLEAU du Jeu par AMBES, terminé par la sortie de 3 Numéros à la fois & dirigé sur 11 Numéros liés.

Tirages.	PRIX de l'Amb. par lui-même à chaque Tirage.		MONTANT de la Mise par elle-même à chaque Tirage.		TOTAL des Sommes déjà employées jusques & compris le Tirage indiqué.		MONTANT du Produit que donne la sortie de deux Numéros.		MONTANT du Produit que donne la sortie de trois Numéros.	
	tt	f	tt	f	tt	f	tt	f	tt	f
34	13	7	734	5	6723	15	3604	10	10813	10
35	15	3	833	5	7557		4090	10	12271	10
36	17	2	940	10	8497	10	4617		13851	
37	19	4	1056		9553	10	5184		15552	
38	21	9	1179	15	10733	5	5791	10	17374	10
39	23	17	1311	15	12045		6439	10	19318	10
40	26	8	1452		13497		7128		21384	
41	29	2	1600	10	15097	10	7857		23571	
42	31	19	1757	5	16854	15	8626	10	25879	10
43	34	19	1922	5	18777		9436	10	28309	10
44	38	2	2095	10	20872	10	10287		30861	
45	41	8	2277		23149	10	11178		33534	
46	44	17	2466	15	25616	5	12109	10	36328	10
47	48	9	2664	15	28281		13081	10	39244	10
48	52	7	2879	5	31160	5	14134	10	42403	10
49	56	14	3118	10	34278	15	15309		45927	
50	61	13	3390	15	37669	10	16645	10	49936	10
51	67	7	3704	5	41373	15	18184	10	54553	10
52	73	19	4067	5	45441		19966	10	59899	10
53	81	12	4488		49929		22032		66096	
54	90	9	4974	15	54903	15	24421	10	73264	10
55	100	13	5535	15	60439	10	27175	10	81526	10
56	112	7	6179	5	66618	15	30334	10	91003	10
57	125	14	6913	10	73532	5	33939		101817	
58	140	17	7746	15	81279		38029	10	114088	10
59	157	19	8687	5	89966	5	42646	10	127939	10
60	177	3	9743	5	99709	10	47830	10	143491	10
61	198	12	10923		110632	10	53622		160866	
62	222	9	12234	15	122867	5	60061	10	180184	10
63	248	17	13686	15	136554		67189	10	201568	10
64	277	19	15287	5	151841	5	75046	10	225139	10

(H. 55) (A. 218) (E. 2760tt 15f)

SECOND

SECOND TABLEAU
du Jeu par AMBES, terminé par la sortie de 3 Numéros à la fois & dirigé sur 11 Numéros liés.

Tirages.	PRIX de l'Amb. par lui-même à chaque Tirage.		MONTANT de la Mise par elle-même à chaque Tirage.		TOTAL des Sommes déja employées jusques & compris le Tirage indiqué.		MONTANT du Produit que donne la sortie de deux Numéros.		MONTANT du Produit que donne la sortie de trois Numéros.	
	tt	f	tt	f	tt	f	tt	f	tt	f
1		3	8	5	8	5	40	10	121	10
2		6	16	10	24	15	81		243	
3		9	24	15	49	10	121	10	364	10
4		12	33		82	10	162		486	
5		15	41	5	123	15	202	10	607	10
6		18	49	10	173	5	243		729	
7	1	1	57	15	231		283	10	850	10
8	1	4	66		297		324		972	
9	1	7	74	5	371	5	364	10	1093	10
10	1	10	82	10	453	15	405		1215	
11	1	13	90	15	544	10	445	10	1336	10
12	1	16	99		643	10	486		1458	
13	1	19	107	5	750	15	526	10	1579	10
14	2	2	115	10	866	5	567		1701	
15	2	5	123	15	990		607	10	1822	10
16	2	8	132		1122		648		1944	
17	2	11	140	5	1262	5	688	10	2065	10
18	2	14	148	10	1410	15	729		2187	
19	2	17	156	15	1567	10	769	10	2308	10
B 20	3	......	165	......	1732	10	810	......	2430	...... B
21	3	6	181	10	1914		891		2673	
22	3	15	206	5	2120	5	1012	10	3037	10
23	4	7	239	5	2359	10	1174	10	3523	10
24	5	2	280	10	2640		1377		4131	
25	6		330		2970		1620		4860	
26	7	1	387	15	3357	15	1903	10	5710	10
27	8	5	453	15	3811	10	2227	10	6682	10
28	9	12	528		4339	10	2592		7776	
29	11	2	610	10	4950		2997		8991	
30	12	15	701	5	5651	5	3442	10	10327	10
31	14	11	800	5	6451	10	3928	10	11785	10
32	16	10	907	10	7359		4455		13365	

Suite du SECOND TABLEAU du *Jeu par* AMBES , *terminé par la sortie de 3 Numéros à la fois & dirigé sur 11 Numéros liés.*

Tirages.	PRIX de l'Amb. par lui-même à chaque Tirage.		MONTANT de la Mise par elle-même à chaque Tirage.		TOTAL des Sommes déja employées jusques & compris le Tirage indiqué.		MONTANT du Produit que donne la sortie de deux Numéros.		MONTANT du Produit que donne la sortie de trois Numéros.	
	tt	ſ	tt	ſ	tt	ſ	tt	ſ	tt	ſ
33	18	12	1023		8382		5022		15066	
34	20	17	1146	15	9528	15	5629	10	16888	10
35	23	5	1278	15	10807	10	6277	10	18832	10
36	25	16	1419		12226	10	6966		20898	
37	28	10	1567	10	13794		7695		23085	
38	31	7	1724	5	15518	5	8464	10	25393	10
39	34	7	1889	5	17407	10	9274	10	27823	10
40	37	13	2070	15	19478	5	10165	10	30496	10
41	41	8	2277		21755	5	11178		33534	
42	45	15	2516	5	24271	10	12352	10	37057	10
43	50	17	2796	15	27068	5	13729	10	41188	10
44	56	17	3126	15	30195		15349	10	46048	10
45	63	18	3514	10	33709	10	17253		51759	
46	72	3	3968	5	37677	15	19480	10	58441	10
47	81	15	4496	5	42174		22072	10	66217	10
48	92	17	5106	15	47280	15	25069	10	75208	10
49	105	12	5808		53088	15	28512		85536	
50	120	3	6608	5	59697		32440	10	97321	10
51	136	13	7515	15	67212	15	36895	10	110686	10
52	155	5	8538	15	75751	10	41917	10	125752	10
53	176	2	9685	10	85437		47547		142641	
54	199	7	10964	5	96401	5	53824	10	161473	10
55	225	3	12383	5	108784	10	60790	10	182371	10
56	253	13	13950	15	122735	5	68485	10	205456	10
57	285		15675		138410	5	76950		230850	

(H. 55) (A. 219) (E. 2516 tt 11 ſ)

TROISIEME TABLEAU
du Jeu par Ambes, terminé par la sortie de 3 Numéros à la fois & dirigé sur 11 Numéros liés.

Tirages.	PRIX de l'Amb. par lui-même à chaque Tirage.		MONTANT de la Mise par elle-même à chaque Tiragé.		TOTAL des Sommes déja employées jusques & compris le Tirage indiqué.		MONTANT du Produit que donne la sortie de deux Numéros.		MONTANT du Produit que donne la sortie de trois Numéros.	
	tt	ſ	tt	ſ	tt	ſ	tt	ſ	tt	ſ
1		3	8	5	8	5	40	10	121	10
2		6	16	10	24	15	81		243	
3		9	24	15	49	10	121	10	364	10
4		12	33		82	10	162		486	
5		15	41	5	123	15	202	10	607	10
6		18	49	10	173	5	243		729	
7	1	1	57	15	231		283	10	850	10
8	1	4	66		297		324		972	
9	1	7	74	5	371	5	364	10	1093	10
10	1	10	82	10	453	15	405		1215	
11	1	13	90	15	544	10	445	10	1336	10
12	1	16	99		643	10	486		1458	
13	1	19	107	5	750	15	526	10	1579	10
14	2	2	115	10	866	5	567		1701	
15	2	5	123	15	990		607	10	1822	10
B 16	2	8	132		1122		648		1944	B
17	2	14	148	10	1270	10	729		2187	
18	3	3	173	5	1443	15	850	10	2551	10
19	3	15	206	5	1650		1012	10	3037	10
20	4	10	247	10	1897	10	1215		3645	
21	5	8	297		2194	10	1458		4374	
22	6	9	354	15	2549	5	1741	10	5224	10
23	7	13	420	15	2970		2065	10	6196	10
24	9		495		3465		2430		7290	
25	10	10	577	10	4042	10	2835		8505	
26	12	3	668	5	4710	15	3280	10	9841	10
27	13	19	767	5	5478		3766	10	11299	10
28	15	18	874	10	6352	10	4293		12879	
29	18		990		7342	10	4860		14580	
30	20	5	1113	15	8456	5	5467	10	16402	10
31	22	13	1245	15	9702		6115	10	18346	10
32	25	7	1394	5	11096	5	6844	10	20533	10

Suite du TROISIEME TABLEAU du Jeu par AMBES, terminé par la sortie de 3 Numéros à la fois & dirigé sur 11 Numéros liés.

Tirages.	PRIX de l'Amb. par lui-même à chaque Tirage.		MONTANT de la Mise par elle-même à chaque Tirage.		TOTAL des Sommes déja employées jusques & compris le Tirage indiqué.		MONTANT du Produit que donne la sortie de deux Numéros.		MONTANT du Produit que donne la sortie de trois Numéros.	
	tt	f	tt	f	tt	f	tt	f	tt	f
33	28	10	1567	10	12663	15	7695		23085	
34	32	5	1773	15	14437	10	8707	10	26122	10
35	36	15	2021	5	16458	15	9922	10	29767	10
36	42	3	2318	5	18777		11380	10	34141	10
37	48	12	2673		21450		13122		39366	
38	56	5	3093	15	24543	15	15187	10	45562	10
39	65	5	3588	15	28132	10	17617	10	52852	10
40	75	15	4166	5	32298	15	20452	10	61357	10
41	87	18	4834	10	37133	5	23733		71199	
42	101	17	5601	15	42735		27499	10	82498	10
43	117	15	6476	5	49211	5	31792	10	95377	10
44	135	15	7466	5	56677	10	36652	10	109957	10
45	156		8580		65257	10	42120		126360	
46	178	13	9825	15	75083	5	48235	10	144706	10
47	204		11220		86303	5	55080		165240	
48	232	10	12787	10	99090	15	62775		188325	
49	264	15	14561	5	113652		71482	10	214447	10
50	300		16500		130152		81000		243000	

(H. 55)   (A. 220)   (E. 2366tt 8f)

QUATRIEME TABLEAU
du Jeu par AMBES, terminé par la sortie de 3 Numéros à la fois & dirigé sur 12 Numéros liés.

	f	tt	f	tt	f	tt	f	tt	f
1	3	9	18	9	18	40	10	121	10
2	6	19	16	29	14	81		243	
3	9	29	14	59	8	121	10	364	10
4	12	39	12	99		162		486	
5	15	49	10	148	10	202	10	607	10
6	18	59	8	207	18	243		729	

Suite du QUATRIEME TABLEAU *du Jeu par* AMBES, *terminé par la sortie de* 3 *Numéros à la fois & dirigé sur* 12 *Numéros liés.*

Tirages.	PRIX de l'Amb. par lui-même à chaque Tirage.		MONTANT de la Mise par elle-même à chaque Tirage.		TOTAL des Sommes déja employées jusques & compris le Tirage indiqué.		MONTANT du Produit que donne la sortie de deux Numéros.		MONTANT du Produit que donne la sortie de trois Numéros.	
	tt	f	tt	f	tt	f	tt	f	tt	f
7	1	1	69	6	277	4	283	10	850	10
8	1	4	79	4	356	8	324		972	
9	1	7	89	2	445	10	364	10	1093	10
10	1	10	99		544	10	405		1215	
11	1	13	108	18	653	8	445	10	1336	10
12	1	16	118	16	772	4	486		1458	
13	1	19	128	14	900	18	526	10	1579	10
14	2	2	138	12	1039	10	567		1701	
15	2	5	148	10	1188		607	10	1822	10
16	2	8	158	8	1346	8	648		1944	
17	2	11	168	6	1514	14	688	10	2065	10
18	2	14	178	4	1692	18	729		2187	
19	2	17	188	2	1881		769	10	2308	10
20	3		198		2079		810		2430	
21	3	3	207	18	2286	18	850	10	2551	10
B 22	.3...6..		.217.16.		.2504.14.		...891......		...2673.....B	
23	3	12	237	12	2742	6	972		2916	
24	4	1	267	6	3009	12	1093	10	3280	10
25	4	13	306	18	3316	10	1255	10	3766	10
26	5	8	356	8	3672	18	1458		4374	
27	6	6	415	16	4088	14	1701		5103	
28	7	7	485	2	4573	16	1984	10	5953	10
29	8	11	564	6	5138	2	2308	10	6925	10
30	9	18	653	8	5791	10	2673		8019	
31	11	8	752	8	6543	18	3078		9234	
32	13	1	861	6	7405	4	3523	10	10570	10
33	14	17	980	2	8385	6	4009	10	12028	10
34	16	16	1108	16	9494	2	4536		13608	
35	18	18	1247	8	10741	10	5103		15309	
36	21	3	1395	18	12137	8	5710	10	17131	10
37	23	11	1554	6	13691	14	6358	10	19075	10
38	26	2	1722	12	15414	6	7047		21141	

Suite du QUATRIEME TABLEAU *du Jeu par* AMBES, *terminé par la sortie de 3 Numéros à la fois & dirigé sur* 12 *Numéros liés.*

Tirages.	PRIX de l'Amb. par lui-même à chaque Tirage.		MONTANT de la Mise par elle-même à chaque Tirage.		TOTAL des Sommes déja employées jusques & compris le Tirage indiqué.		MONTANT du Produit que donne la sortie de deux Numéros.		MONTANT du Produit que donne la sortie de trois Numéros.	
	tt	ſ	tt	ſ	tt	ſ	tt	ſ	tt	ſ
39	28	16	1900	16	17315	2	7776		23328	
40	31	13	2088	18	19404		8545	10	25636	10
41	34	13	2386	18	21690	18	9355	10	28066	10
42	37	16	2494	16	24185	14	10206		30618	
43	41	2	2712	12	26898	6	11097		33291	
44	44	14	2950	4	29848	10	12069		36207	
45	48	15	3217	10	33066		13162	10	39487	10
46	53	8	3524	8	36590	8	14418		43254	
47	58	16	3880	16	40471	4	15876		47628	
48	65	2	4296	12	44767	16	17577		52731	
49	72	9	4781	14	49549	10	19561	10	58684	10
50	81		5346		54895	10	21870		65610	
51	90	18	5999	8	60894	18	24543		73629	
52	102	6	6751	16	67646	14	27621		82863	
53	115	7	7613	2	75259	16	31144	10	93433	10
54	130	4	8593	4	83853		35154		105462	
55	147		9702		93555		39690		119070	
56	165	18	10949	8	104504	8	44793		134379	
57	187	1	12345	6	116849	14	50503	10	151510	10
58	210	12	13899	12	130749	6	56862		170586	
59	236	14	15622	4	146371	10	63909		191727	
60	265	10	17523		163894	10	71685		215055	
61	297	3	19611	18	183506	8	80230	10	240691	10

(H. 66) (A. 221) (E. 2780tt 8ſ)

CINQUIEME TABLEAU
du Jeû par AMBES, *terminé par la sortie de* 3 *Numéros à la fois & dirigé sur* 12 *Numéros liés.*

Tirages.	PRIX de l'Amb. par lui-même à chaque Tirage.		MONTANT de la Mise par elle-même à chaque Tirage.		TOTAL dés Sommes déja employées jusques & compris le Tirage indiqué.		MONTANT du Produit que donne la sortie de deux Numéros.		MONTANT du Produit que donne la sortie de trois Numéros.	
	₶	ſ	₶	ſ	₶	ſ	₶	ſ	₶	ſ
1		3	9	18	9	18	40	10	121	10
2		6	19	16	29	14	81		243	
3		9	29	14	59	8	121	10	364	10
4		12	39	12	99		162		486	
5		15	49	10	148	10	202	10	607	10
6		18	59	8	207	18	243		729	
7	1	1	69	6	277	4	283	10	850	10
8	1	4	79	4	356	8	324		972	
9	1	7	89	2	445	10	364	10	1093	10
10	1	10	99		544	10	405		1215	
11	1	13	108	18	653	8	445	10	1336	10
12	1	16	118	16	772	4	486		1458	
13	1	19	128	14	900	18	526	10	1579	10
14	2	2	138	12	1039	10	567		1701	
15	2	5	148	10	1188		607	10	1822	10
16	2	8	158	8	1346	8	648		1944	
17	2	11	168	6	1514	14	688	10	2065	10
B 18	.2.	.14.	.178...	4..	.1692.	18.	...729...	...	...2187	....E
19	3		198		1890	18	810		2430	
20	3	9	227	14	2118	12	931	10	2794	10
21	4	1	267	6	2385	18	1093	10	3280	10
22	4	16	316	16	2702	14	1296		3888	
23	5	14	376	4	3078	18	1539		4617	
24	6	15	445	10	3524	8	1822	10	5467	10
25	7	19	524	14	4049	2	2146	10	6439	10
26	9	6	613	16	4662	18	2511		7533	
27	10	16	712	16	5375	14	2916		8748	
28	12	9	821	14	6197	8	3361	10	10084	10
29	14	5	940	10	7137	18	3847	10	11542	10
30	16	4	1069	4	8207	2	4374		13122	
31	18	6	1207	16	9414	18	4941		14823	
32	20	11	1356	6	10771	4	5548	10	16645	10

Suite du CINQUIEME TABLEAU du Jeu par AMBES, terminé par la sortie de 3 Numéros à la fois & dirigé sur 12 Numéros liés.

Tirages.	Prix de l'Amb. par lui-même à chaque Tirage.		Montant de la Mise par elle-même à chaque Tirage.		Total des Sommes déja employées jusques & compris le Tirage indiqué.		Montant du Produit que donne la sortie de deux Numéros.		Montant du Produit que donne la sortie de trois Numéros.	
	tt	ſ	tt	ſ	tt	ſ	tt	ſ	tt	ſ
33	22	19	1514	14	12285	18	6196	10	18589	10
34	25	10	1683		13968	18	6885		20655	
35	28	4	1861	4	15830	2	7614		22842	
36	31	4	2059	4	17889	6	8424		25272	
37	34	13	2286	18	20176	4	9355	10	28066	10
38	38	14	2554	4	22730	8	10449		31347	
39	43	10	2871		25601	8	11745		35235	
40	49	4	3247	4	28848	12	13284		39852	
41	55	19	3692	14	32541	6	15106	10	45319	10
42	63	18	4217	8	36758	14	17253		51759	
43	73	4	4831	4	41589	18	19764		59292	
44	84		5544		47133	18	22680		68040	
45	96	9	6365	14	53499	12	26041	10	78124	10
46	110	14	7306	4	60805	16	29889		89667	
47	126	18	8375	8	69181	4	34263		102789	
48	145	4	9583	4	78764	8	39204		117612	
49	165	15	10939	10	89703	18	44752	10	134257	10
50	188	14	12454	4	102158	2	50949		152847	
51	214	4	14137	4	116295	6	57834		173502	
52	242	8	15998	8	132293	14	65448		196344	
53	273	12	18057	12	150351	6	73872		221616	
54	300		19800		170151	6	81000		243000	

(H. 66) (A. 222) (E. 2578 tt 1 ſ)

SIXIEME TABLEAU

du Jeu par AMBES, terminé par la sortie de 3 Numéros à la fois & dirigé sur 12 Numéros liés.

	ſ	tt	ſ	tt	ſ	tt	ſ	tt	ſ
1	3	9	18	9	18	40	10	121	10
2	6	19	16	29	14	81		243	

Suite

Suite du SIXIEME TABLEAU *du Jeu par* AMBES, *terminé par la sortie de 3 Numéros à la fois & dirigé sur 12 Numéros liés.*

Tirages.	PRIX de l'Amb. par lui-même à chaque Tirage.		MONTANT de la Mise par elle-même à chaque Tirage.		TOTAL des Sommes déja employées jusques & compris le Tirage indiqué.		MONTANT du Produit que donne la sortie de deux Numéros.		MONTANT du Produit que donne la sortie de trois Numéros.	
	tt	ſ	tt	ſ	tt	ſ	tt	ſ	tt	ſ
3		9	29	14	59	8	121	10	364	10
4		12	39	12	99		162		486	
5		15	49	10	148	10	202	10	607	10
6		18	59	8	207	18	243		729	
7	1	1	69	6	277	4	283	10	850	10
8	1	4	79	4	356	8	324		972	
9	1	7	89	2	445	10	364	10	1093	10
10	1	10	99		544	10	405		1215	
11	1	13	108	18	653	8	445	10	1336	10
12	1	16	118	16	772	4	486		1458	
13	1	19	128	14	900	18	526	10	1579	10
B.14	.2...	2.	.138.	12.	.1039.	10.	...567	......	...1701	.... B
15	2	8	158	8	1197	18	648		1944	
16	2	17	188	2	1386		769	10	2308	10
17	3	9	227	14	1613	14	931	10	2794	10
18	4	4	277	4	1890	18	1134		3402	
19	5	2	336	12	2227	10	1377		4131	
20	6	3	405	18	2633	8	1660	10	4981	10
21	7	7	485	2	3118	10	1984	10	5953	10
22	8	14	574	4	3692	14	2349		7047	
23	10	4	673	4	4365	18	2754		8262	
24	11	17	782	2	5148		3199	10	9598	10
25	13	13	900	18	6048	18	3685	10	11056	10
26	15	12	1029	12	7078	10	4212		12636	
27	17	14	1168	4	8246	14	4779		14337	
28	20	2	1326	12	9573	6	5427		16281	
29	22	19	1514	14	11088		6196	10	18589	10
30	26	8	1742	8	12830	8	7128		21384	
31	30	12	2019	12	14850		8262		24786	
32	35	14	2356	4	17206	4	9639		28917	
33	41	17	2762	2	19968	6	11299	10	33898	10
34	49	4	3247	4	23215	10	13284		39852	

Suite du SIXIEME TABLEAU du Jeu par AMBES, terminé par la sortie de 3 Numéros à la fois & dirigé sur 12 Numéros liés.

Tirages.	PRIX de l'Amb. par lui-même à chaque Tirage.		MONTANT de la Mise par elle-même à chaque Tirage.		TOTAL des Sommes déja employées jusques & compris le Tirage indiqué.		MONTANT du Produit que donne la sortie de deux Numéros.		MONTANT du Produit que donne la sortie de trois Numéros.	
	tt	ſ	tt	ſ	tt	ſ	tt	ſ	tt	ſ
35	57	18	3821	8	27036	18	15633		46899	
36	68	2	4494	12	31531	10	18387		55161	
37	79	19	5276	14	36808	4	21586	10	64759	10
38	93	12	6177	12	42985	16	25272		75816	
39	109	4	7207	4	50193		29484		88452	
40	126	18	8375	8	58568	8	34263		102789	
41	147		9702		68270	8	39690		119070	
42	169	19	11216	14	79487	2	45886	10	137659	10
43	196	7	12959	2	92446	4	53014	10	159043	10
44	226	19	14978	14	107424	18	61276	10	183829	10
45	262	13	17334	18	124759	16	70915	10	212746	10
46	300		19800		144559	16	81000		243000	

(H. 66)   (A. 223)   (E. 2190^{tt} 6ſ)

SEPTIEME TABLEAU

du Jeu par AMBES, terminé par la sortie de 3 Numéros à la fois & dirigé sur 13 Numéros liés.

	tt	ſ	tt	ſ	tt	ſ	tt	ſ	tt	ſ
1		3	11	14	11	14	40	10	121	10
2		6	23	8	35	2	81		243	
3		9	35	2	70	4	121	10	364	10
4		12	46	16	117		162		486	
5		15	58	10	175	10	202	10	607	10
6		18	70	4	245	14	243		729	
7	1	1	81	18	327	12	283	10	850	10
8	1	4	93	12	421	4	324		972	
9	1	7	105	6	526	10	364	10	1093	10
10	1	10	117		643	10	405		1215	
11	1	13	128	14	772	4	445	10	1336	10
12	1	16	140	8	912	12	486		1458	

Suite du SEPTIEME TABLEAU *du Jeu par* AMBES, *ter-miné par la sortie de 3 Numéros à la fois & dirigé sur 13 Numéros liés.*

Tirages.	PRIX de l'Amb. par lui-même à chaque Tirage.		MONTANT de la Mile par elle-même à chaque Tirage.		TOTAL des Sommes déja employées jusques & compris le Tirage indiqué.		MONTANT du Produit que donne la sortie de deux Numéros.		MONTANT du Produit que donne la sortie de trois Numéros.	
	tt	ſ	tt	ſ	tt	ſ	tt	ſ	tt	ſ
13	1	19	152	2	1064	14	526	10	1579	10
14	2	2	163	16	1228	10	567		1701	
15	2	5	175	10	1404		607	10	1822	10
16	2	8	187	4	1591	4	648		1944	
17	2	11	198	18	1790	2	688	10	2065	10
18	2	14	210	12	2000	14	729		2187	
B 19	2	17	222	6	2223		769	10	2308	10 B
20	3	3	245	14	2468	14	850	10	2551	10
21	3	12	280	16	2749	10	972		2916	
22	4	4	327	12	3077	2	1134		3402	
23	4	19	386	2	3463	4	1336	10	4009	10
24	5	17	456	6	3919	10	1579	10	4738	10
25	6	18	538	4	4457	14	1863		5589	
26	8	2	631	16	5089	10	2187		6561	
27	9	9	737	2	5826	12	2551	10	7654	10
28	10	19	854	2	6680	14	2956	10	8869	10
29	12	12	982	16	7663	10	3402		10206	
30	14	8	1123	4	8786	14	3888		11664	
31	16	7	1275	6	10062		4414	10	13243	10
32	18	9	1439	2	11501	2	4981	10	14944	10
33	20	14	1614	12	13115	14	5589		16767	
34	23	2	1801	16	14917	10	6237		18711	
35	25	13	2000	14	16918	4	6925	10	20776	10
36	28	7	2211	6	19129	10	7654	10	22963	10
37	31	4	2433	12	21563	2	8424		25272	
38	34	7	2679	6	24242	8	9274	10	27823	10
39	37	19	2960	2	27202	10	10246	10	30739	10
40	42	3	3287	14	30490	4	11380	10	34141	10
41	47	2	3673	16	34164		12717		38151	
42	52	19	4130	2	38294	2	14296	10	42889	10
43	59	17	4668	6	42962	8	16159	10	48478	10
44	67	19	5300	2	48262	10	18346	10	55039	10

Suite du SEPTIEME TABLEAU *du Jeu par* AMBES, *terminé par la sortie de 3 Numéros à la fois & dirigé sur 13 Numéros liés.*

Tirages.	PRIX de l'Amb. par lui-même à chaque Tirage.		MONTANT de la Mise par elle-même à chaque Tirage.		TOTAL des Sommes déja employées jusques & compris le Tirage indiqué.		MONTANT du Produit que donne la sortie de deux Numéros.		MONTANT du Produit que donne la sortie de trois Numéros.	
	tt	f	tt	f	tt	f	tt	f	tt	f
45	77	8	6037	4	54299	14	20898		62694	
46	88	7	6891	6	61191		23854	10	71563	10
47	100	19	7874	2	69065	2	27256	10	81765	10
48	115	7	8997	6	78062	8	31144	10	93433	10
49	131	14	10272	12	88335		35559		106677	
50	150	3	11711	14	100046	14	40540	10	121621	10
51	170	17	13326	6	113373		46129	10	138388	10
52	193	19	15128	2	128501	2	52366	10	157099	10
53	219	12	17128	16	145629	18	59292		177876	
54	247	19	19340	2	164970		66946	10	200839	10
55	279	3	21773	14	186743	14	75370	10	226111	10

(H. 78) (A. 224) (E. 2394tt 3f)

HUITIEME TABLEAU

du Jeu par AMBES, *terminé par la sortie de 3 Numéros à la fois & dirigé sur 13 Numéros liés.*

	tt	f	tt	f	tt	f	tt	f	tt	f
1		3	11	14	11	14	40	10	121	10
2		6	23	8	35	2	81		243	
3		9	35	2	70	4	121	10	364	10
4		12	46	16	117		162		486	
5		15	58	10	175	10	202	10	607	10
6		18	70	4	245	14	243		729	
7	1	1	81	18	327	12	283	10	850	10
8	1	4	93	12	421	4	324		972	
9	1	7	105	6	526	10	364	10	1093	10
10	1	10	117		643	10	405		1215	
11	1	13	128	14	772	4	445	10	1336	10
12	1	16	140	8	912	12	486		1458	
13	1	19	152	2	1064	14	526	10	1579	10

Suite du HUITIEME TABLEAU *du Jeu par* AMBES *, terminé par la sortie de 3 Numéros à la fois & dirigé sur* 13 *Numéros liés.*

Tirages.	PRIX de l'Amb. par lui-même à chaque Tirage.		MONTANT de la Mise par elle-même à chaque Tirage.		TOTAL des Sommes déja employées jusques & compris le Tirage indiqué.		MONTANT du Produit que donne la sortie de deux Numéros.		MONTANT du Produit que donne la sortie de trois Numéros.	
	tt	ſ	tt	ſ	tt	ſ	tt	ſ	tt	ſ
14	2	2	163	16	1228	10	567		1701	
15	2	5	175	10	1404		607	10	1822	10
B16	...2....	8	...187...	4	...1591....	4	.... 648.....		...1944......B	
17	2	14	210	12	1801	16	729		2187	
18	3	3	245	14	2047	10	850	10	2551	10
19	3	15	292	10	2340		1012	10	3037	10
20	4	10	351		2691		1215		3645	
21	5	8	421	4	3112	4	1458		4374	
22	6	9	503	2	3615	6	1741	10	5224	10
23	7	13	596	14	4212		2065	10	6196	10
24	9		702		4914		2430		7290	
25	10	10	819		5733		2835		8505	
26	12	3	947	14	6680	14	3280	10	9841	10
27	13	19	1088	2	7768	16	3766	10	11299	10
28	15	18	1240	4	9009		4293		12879	
29	18		1404		10413		4860		14580	
30	20	5	1579	10	11992	10	5467	10	16402	10
31	22	13	1766	14	13759	4	6115	10	18346	10
32	25	7	1977	6	15736	10	6844	10	20533	10
33	28	10	2223		17959	10	7695		23085	
34	32	5	2515	10	20475		8707	10	26122	10
35	36	15	2866	10	23341	10	9922	10	29767	10
36	42	3	3287	14	26629	4	11380	10	34141	10
37	48	12	3790	16	30420		13122		39366	
38	56	5	4387	10	34807	10	15187	10	45562	10
39	65	5	5089	10	39897		17617	10	52852	10
40	75	15	5908	10	45805	10	20452	10	61357	10
41	87	18	6856	4	52661	14	23733		71199	
42	101	17	7944	6	60606		27499	10	82498	10
43	117	15	9184	10	69790	10	31792	10	95377	10
44	135	15	10588	10	80379		36652	10	109957	10
45	156		12168		92547		42120		126360	

Suite du HUITIEME TABLEAU du Jeu par AMBES, terminé par la sortie de 3 Numéros à la fois & dirigé sur 13 Numéros liés.

Tirages.	PRIX de l'Amb. par lui-même à chaque Tirage.		MONTANT de la Mise par elle-même à chaque Tirage.		TOTAL des Sommes déja employées jusques & compris le Tirage indiqué.		MONTANT du Produit que donne la sortie de deux Numéros.		MONTANT du Produit que donne la sortie de trois Numéros.	
	tt	f	tt	f	tt	f	tt	f	tt	f
46	178	13	13934	14	106481	14	48235	10	144706	10
47	204		15912		122393	14	55080		165240	
48	232	10	18135		140528	14	62775		188325	
49	264	15	20650	10	161179	4	71482	10	214447	10
50	300		23400		184579	4	81000		243000	

(H. 78)   (A. 225)   (E. 2366tt 8f)

NEUVIEME TABLEAU
du Jeu par AMBES, terminé par la sortie de 3 Numéros à la fois & dirigé sur 13 Numéros liés.

	tt	f	tt	f	tt	f	tt	f	tt	f
I		3	11	14	11	14	40	10	121	10
2		6	23	8	35	2	81		243	
3		9	35	2	70	4	121	10	364	10
4		12	46	16	117		162		486	
5		15	58	10	175	10	202	10	607	10
6		18	70	4	245	14	243		729	
7	I	I	81	18	327	12	283	10	850	10
8	I	4	93	12	421	4	324		972	
9	I	7	105	6	526	10	364	10	1093	10
10	I	10	117		643	10	405		1215	
11	I	13	128	14	772	4	445	10	1336	10
B12	I	16	140	8	912	12	486		1458	B
13	2	2	163	16	1076	8	567		1701	
14	2	11	198	18	1275	6	688	10	2065	10
15	3	3	245	14	1521		850	10	2551	10
16	3	18	304	4	1825	4	1053		3159	
17	4	16	374	8	2199	12	1296		3888	
18	5	17	456	6	2655	18	1579	10	4738	10
19	7	I	549	18	3205	16	1903	10	5710	10

Suite du NEUVIEME TABLEAU *du Jeu par* AMBES, *terminé par la sortie de 3 Numéros à la fois & dirigé sur 13 Numéros liés.*

Tirages.	Prix de l'Amb. par lui-même à chaque Tirage.		Montant de la Mise par elle-même à chaque Tirage.		Total des Sommes deja employées jusques & compris le Tirage indiqué.		Montant du Produit que donne la sortie de deux Numéros.		Montant du Produit que donne la sortie de trois Numéros.	
	tt	f	tt	f	tt	f	tt	f	tt	f
20	8	8	655	4	3861		2268		6804	
21	9	18	772	4	4633	4	2673		8019	
22	11	11	900	18	5534	2	3118	10	9355	10
23	13	7	1041	6	6575	8	3604	10	10813	10
24	15	9	1205	2	7780	10	4171	10	12514	10
25	18		1404		9184	10	4860		14580	
26	21	3	1649	14	10834	4	5710	10	17131	10
27	25	1	1953	18	12788	2	6763	10	20290	10
28	29	17	2328	6	15116	8	8059	10	24178	10
29	35	14	2784	12	17901		9639		28917	
30	42	15	3334	10	21235	10	11542	10	34627	10
31	51	3	3989	14	25225	4	13810	10	41431	10
32	61	1	4761	18	29987	2	16483	10	49450	10
33	72	12	5662	16	35649	18	19602		58806	
34	85	19	6704	2	42354		23206	10	69619	10
35	101	8	7909	4	50263	4	27378		82134	
36	119	8	9313	4	59576	8	32238		96714	
37	140	11	10962	18	70539	6	37948	10	113845	10
38	165	12	12916	16	83456	2	44712		134136	
39	195	9	15245	2	98701	4	52771	10	158314	10
40	231	3	18029	14	116730	18	62410	10	187231	10
41	273	18	21364	4	138095	2	73953		221859	

(H. 78) (A. 226) E. 1770tt 9f)

DIXIEME TABLEAU

du Jeu par AMBES, *terminé par la sortie de 3 Numéros à la fois & dirigé sur 14 Numéros liés.*

1	3f		13tt	13f	13tt	13f	40tt	10f	121tt	10f
2	6		27	6	40	19	81		243	
3	9		40	19	81	18	121	10	364	10

Suite du DIXIEME TABLEAU *du Jeu par* AMBES,
*terminé par la sortie de 3 Numéros à la fois
& dirigé sur 14 Numéros liés.*

Tirages.	PRIX de l'Amb. par lui-même à chaque Tirage.		MONTANT de la Mise par elle-même à chaque Tirage.		TOTAL des Sommes déja employées jusques & compris le Tirage indiqué.		MONTANT du Produit que donne la sortie de deux Numéros.		MONTANT du Produit que donne la sortie de trois Numéros.	
	tt	ſ	tt	ſ	tt	ſ	tt	ſ	tt	ſ
4		12	54	12	136	10	162		486	
5		15	68	5	204	15	202	10	607	10
6		18	81	18	286	13	243		729	
7	1	1	95	11	382	4	283	10	850	10
8	1	4	109	4	491	8	324		972	
9	1	7	122	17	614	5	364	10	1093	10
10	1	10	136	10	750	15	405		1215	
11	1	13	150	3	900	18	445	10	1336	10
12	1	16	163	16	1064	14	486		1458	
13	1	19	177	9	1242	3	526	10	1579	10
14	2	2	191	2	1433	5	567		1701	
15	2	5	204	15	1638		607	10	1822	10
B.16	.2...8.		.218...8.		.1856...8.		...648......		...1944.....B	
17	2	14	245	14	2102	2	729		2187	
18	3	3	286	13	2388	15	850	10	2551	10
19	3	15	341	5	2730		1012	10	3037	10
20	4	10	409	10	3139	10	1215		3645	
21	5	8	491	8	3630	18	1458		4374	
22	6	9	586	19	4217	17	1741	10	5224	10
23	7	13	696	3	4914		2065	10	6196	10
24	9		819		5733		2430		7290	
25	10	10	955	10	6688	10	2835		8505	
26	12	3	1105	13	7794	3	3280	10	9841	10
27	13	19	1269	9	9063	12	3766	10	11299	10
28	15	18	1446	18	10510	10	4293		12879	
29	18		1638		12148	10	4860		14580	
30	20	5	1842	15	13991	5	5467	10	16402	10
31	22	13	2061	3	16052	8	6115	10	18346	10
32	25	7	2306	17	18359	5	6844	10	20533	10
33	28	10	2593	10	20952	15	7695		23085	
34	32	5	2934	15	23887	10	8707	10	26122	10
35	36	15	3344	5	27231	15	9922	10	29767	10

Sui

Suite du DIXIEME TABLEAU *du Jeu par* AMBES *, terminé par la sortie de 3 Numéros à la fois & dirigé sur 14 Numéros liés.*

Tirages.	PRIX de l'Amb. par lui-même à chaque Tirage.		MONTANT de la Mise par elle-même à chaque Tirage.		TOTAL des Sommes déjà employées jusques & compris le Tirage indiqué.		MONTANT du Produit que donne la sortie de deux Numéros.		MONTANT du Produit que donne la sortie de trois Numéros.	
	tt	ſ	tt	ſ	tt	ſ	tt	ſ	tt	ſ
36	42	3	3835	13	31067	8	11380	10	34141	10
37	48	12	4422	12	35490		13122		39366	
38	56	5	5118	15	40608	15	15187	10	45562	10
39	65	5	5937	15	46546	10	17617	10	52852	10
40	75	15	6893	5	53439	15	20452	10	61357	10
41	87	18	7998	18	61438	13	23733		71199	
42	101	17	9268	7	70707		27499	10	82498	10
43	117	15	10715	5	81422	5	31792	10	95377	10
44	135	15	12353	5	93775	10	36652	10	109957	10
45	156		14196		107971	10	42120		126360	
46	178	13	16257	3	124228	13	48235	10	144706	10
47	204		18564		142792	13	55080		165240	
48	232	10	21157	10	163950	3	62775		188325	
49	264	15	24092	5	188042	8	71482	10	214447	10
50	300		27300		215342	8	81000		243000	

(H. 91)   (A. 227)   (E. 2366 tt 8 ſ)

ONZIEME TABLEAU

du Jeu par AMBES *, terminé par la sortie de 3 Numéros à la fois & dirigé sur 14 Numéros liés.*

	tt	ſ	tt	ſ	tt	ſ	tt	ſ	tt	ſ
1		3	13	13	13	13	40	10	121	10
2		6	27	6	40	19	81		243	
3		9	40	19	81	18	121	10	364	10
4		12	54	12	136	10	162		486	
5		15	68	5	204	15	202	10	607	10
6		18	81	18	286	13	243		729	
7	1	1	95	11	382	4	283	10	850	10
8	1	4	109	4	491	8	324		972	
9	1	7	122	17	614	5	364	10	1093	10

Suite du ONZIEME TABLEAU du Jeu par AMBES, *terminé par la sortie de 3 Numéros à la fois & dirigé sur 14 Numéros liés.*

Tirages.	PRIX de l'Amb. par lui-même à chaque Tirage.		MONTANT de la Mise par elle-même à chaque Tirage.		TOTAL des Sommes déja employées jusques & compris le Tirage indiqué.		MONTANT du Produit que donne la sortie de deux Numéros.		MONTANT du Produit que donne la sortie de trois Numéros.	
	tt	ſ	tt	ſ	tt	ſ	tt	ſ	tt	ſ
10	1	10	136	10	750	15	405		1215	
11	1	13	150	3	900	18	445	10	1336	10
12	· 1	16	163	16	1064	14	486		1458	
B. 13	…1.	19	…177…	9	…1242…	3	….526.	10	…1579.	10 B
14	2	5	204	15	1446	18	607	10	1822	10
15	2	14	245	14	1692	12	729		2187	
16	·3	6	300	6	1992	18	891		2673	
17	4	1	368	11	2361	9	1093	10	3280	10
18	4	19	450	9	2811	18	1336	10	4009	10
19	6		546		3357	18	1620		4860	
20	7	4	655	4	4013	2	1944		5832	
21	8	11	778	1	4791	3	2308	10	6925	10
22	10	1	914	11	5705	14	2713	10	8140	10
23	11	14	1064	14	6770	8	3159		9477	
24	13	10	1228	10	7998	18	3645		10935	
25	15	9	1405	19	9404	17	4171	10	12514	10
26	17	14	1610	14	11015	11	4779		14337	
27	20	8	1856	8	12871	19	5508		16524	
28	23	14	2156	14	15028	13	6399		19197	
29	27	15	2525	5	17553	18	7492	10	22477	10
30	32	14	2975	14	20529	12	8829		26487	
31	38	14	3521	14	24051	6	10449		31347	
32	45	18	4176	18	28228	4	12393		37179	
33	54	9	4954	19	33183	3	14701	10	44104	10
34	64	10	5869	10	39052	13	17415		52245	
35	76	4	6934	4	45986	17	20574		61722	
36	89	14	8162	14	54149	11	24219		72657	
37	105	3	9568	13	63718	4	28390	10	85171	10
38	122	17	11179	7	74897	11	33169	10	99508	10
39	143	5	13035	15	87933	6	38677	10	116032	10
40	166	19	15192	9	103125	15	45076	10	135229	10
41	194	14	17717	14	120843	9	52569		157707	

Suite du ONZIEME TABLEAU *du Jeu par* AMBES, *terminé par la sortie de 3 Numéros à la fois & dirigé sur 14 Numéros liés.*

Tirages.	PRIX de l'Amb. par lui-même à chaque Tirage.		MONTANT de la Mise par elle-même à chaque Tirage.		TOTAL des Sommes déja employées jusques & compris le Tirage indiqué.		MONTANT du Produit que donne la sortie de deux Numéros.		MONTANT du Produit que donne la sortie de trois Numéros.
	₶	ſ	₶	ſ	₶	ſ	₶		₶
42	227	8	20693	8	141536	17	61398		184194
43	266	2	24215	2	165751	19	71847		215541

(H. 91) (A. 228) (E. 1821₶ 9ſ)

DOUZIEME TABLEAU

du Jeu par AMBES, *terminé par la sortie de 3 Numéros à la fois & dirigé sur 14 Numéros liés.*

	₶	ſ	₶	ſ	₶	ſ	₶	ſ	₶	ſ
1		3	13	13	13	13	40	10	121	10
2		6	27	6	40	19	81		243	
3		9	40	19	81	18	121	10	364	10
4		12	54	12	136	10	162		486	
5		15	68	5	204	15	202	10	607	10
6		18	81	18	286	13	243		729	
7	1	1	95	11	382	4	283	10	850	10
8	1	4	109	4	491	8	324		972	
9	1	7	122	17	614	5	364	10	1093	10
B.10	1	10	136	10	750	15	405		1215	B
11	1	16	163	16	914	11	486		1458	
12	2	5	204	15	1119	6	607	10	1822	10
13	2	17	259	7	1378	13	769	10	2308	10
14	3	12	327	12	1706	5	972		2916	
15	4	10	409	10	2115	15	1215		3645	
16	5	11	505	1	2620	16	1498	10	4495	10
17	6	15	614	5	3235	1	1822	10	5467	10
18	8	2	737	2	3972	3	2187		6561	
19	9	12	873	12	4845	15	2592		7776	
20	11	8	1037	8	5883	3	3078		9234	
21	13	13	1242	3	7125	6	3685	10	11056	10
22	16	10	1501	10	8626	16	4455		13365	

Suite du DOUZIEME TABLEAU du Jeu par AMBES, terminé par la sortie de 3 Numéros à la fois & dirigé sur 14 Numéros liés.

Tirages.	PRIX de l'Amb. par lui-même à chaque Tirage.		MONTANT de la Mise par elle-même à chaque Tirage.		TOTAL des Sommes déja employées jusques & compris le Tirage indiqué.		MONTANT du Produit que donne la sortie de deux Numéros.		MONTANT du Produit que donne la sortie de trois Numéros.	
	tt	ſ	tt	ſ	tt	ſ	tt	ſ	tt	ſ
23	20	2	1829	2	10455	18	5427		16281	
24	24	12	2238	12	12694	10	6642		19926	
25	30	3	2743	13	15438	3	8140	10	24421	10
26	36	18	3357	18	18796	1	9963		29889	
27	45		4095		22891	1	12150		36450	
28	54	12	4968	12	27859	13	14742		44226	
29	66		6006		33865	13	17820		53460	
30	79	13	7248	3	41113	16	21505	10	64516	10
31	96	3	8749	13	49863	9	25960	10	77881	10
32	116	5	10578	15	60442	4	31387	10	94162	10
33	140	17	12817	7	73259	11	38029	10	114088	10
34	171		15561		88820	11	46170		138510	
35	207	18	18918	18	107739	9	56133		168399	
36	252	18	23013	18	130753	7	68283		204849	
37	300		27300		158053	7	81000		243000	

(H. 91)   (A. 229)   (E. 1736ᵗᵗ 17ſ)

TREIZIEME TABLEAU

du Jeu par AMBES, terminé par la sortie de 3 Numéros à la fois & dirigé sur 15 Numéros liés.

	tt	ſ	tt	ſ	tt	ſ	tt	ſ	tt	ſ
1		3	15	15	15	15	40	10	121	10
2		6	31	10	47	5	81		243	
3		9	47	5	94	10	121	10	364	10
4		12	63		157	10	162		486	
5		15	78	15	236	5	202	10	607	10
6		18	94	10	330	15	243		729	
7	1	1	110	5	441		283	10	850	10
8	1	4	126		567		324		972	
9	1	7	141	15	708	15	364	10	1093	10

Suite du TREIZIEME TABLEAU *du Jeu par* AMBES *, terminé par la ſortie de* 3 *Numéros à la fois & dirigé ſur* 15 *Numéros liés.*

Tirages.	PRIX de l'Amb. par lui-méme à chaque Tirage.		MONTANT de la Miſe par elle-même à chaque Tirage.		TOTAL des Sommes déia employées juſques & compris le Tirage indiqué.		MONTANT du Produit que donne la ſortie de deux Numéros.		MONTANT du Produit que donne la ſortie de trois Numéros.	
	tt	ſ	tt	ſ	tt	ſ	tt	ſ	tt	ſ
10	1	10	157	10	866	5	405		1215	
11	1	13	173	5	1039	10	445	10	1336	10
12	1	16	189		1228	10	486		1458	
13	1	19	204	15	1433	5	526	10	1579	10
B 14	...2	...2	...220	.10	...1653	.15	567	....	...1701	.....B
15	2	8	252		1905	15	648		1944	
16	2	17	299	5	2205		769	10	2308	10
17	3	9	362	5	2567	5	931	10	2794	10
18	4	4	441		3008	5	1134		3402	
19	5	2	535	10	3543	15	1377		4131	
20	6	3	645	15	4189	10	1660	10	4981	10
21	7	7	771	15	4961	5	1984	10	5953	10
22	8	14	913	10	5874	15	2349		7047	
23	10	4	1071		6945	15	2754		8262	
24	11	17	1244	5	8190		3199	10	9598	10
25	13	13	1433	5	9623	5	3685	10	11056	10
26	15	12	1638		11261	5	4212		12636	
27	17	14	1858	10	13119	15	4779		14337	
28	20	2	2110	10	15230	5	5427		16281	
29	22	19	2409	15	17640		6196	10	18589	10
30	26	8	2772		20412		7128		21384	
31	30	12	3213		23625		8262		24786	
32	35	14	3748	10	27373	10	9639		28917	
33	41	17	4394	5	31767	15	11299	10	33898	10
34	49	4	5166		36933	15	13284		39852	
35	57	18	6079	10	43013	5	15633		46899	
36	68	2	7150	10	50163	15	18387		55161	
37	79	19	8394	15	58558	10	21586	10	64759	10
38	93	12	9828		68386	10	25272		75816	
39	109	4	11466		79852	10	29484		88452	
40	126	18	13324	10	93177		34263		102789	
41	147		15435		108612		39690		119070	

Suite du TREIZIEME TABLEAU *du Jeu par* AMBES, *terminé par la sortie de 3 Numéros à la fois & dirigé sur* 15 *Numéros liés.*

Tirages.	PRIX de l'Amb. par lui-même à chaque Tirage.		MONTANT de la Mise par elle-même à chaque Tirage.		TOTAL des Sommes déja employées jusques & compris le Tirage indiqué.		MONTANT du Produit que donne la sortie de deux Numéros.		MONTANT du Produit que donne la sortie de trois Numéros.	
	tt	ſ	tt	ſ	tt	ſ	tt	ſ	tt	ſ
42	169	19	17844	15	126456	15	45886	10	137659	10
43	196	7	20616	15	147073	10	53014	10	159043	10
44	226	19	23829	15	170903	5	61276	10	183829	10
45	262	13	27578	5	198481	10	70915	10	212746	10
46	300		31500		229981	10	81000		243000	

(H. 105) (A. 230) (E. 2190ᵗᵗ 6ſ)

QUATORZIEME TABLEAU

du Jeu par AMBES, *terminé par la sortie de 3 Numéros à la fois & dirigé sur* 15 *Numéros liés.*

	tt	ſ	tt	ſ	tt	ſ	tt	ſ	tt	ſ
1		3	15	15	15	15	40	10	121	10
2		6	31	10	47	5	81		243	
3		9	47	5	94	10	121	10	364	10
4		12	63		157	10	162		486	
5		15	78	15	236	5	202	10	607	10
6		18	94	10	330	15	243		729	
7	1	1	110	5	441		283	10	850	10
8	1	4	126		567		324		972	
9	1	7	141	15	708	15	364	10	1093	10
10	1	10	157	10	866	5	405		1215	
B 11	.1.	13.	.173...5.		.1039.10.		...445.10.		.1336.10. B	
12	1	19	204	15	1244	5	526	10	1579	10
13	2	8	252		1496	5	648		1944	
14	3		315		1811	5	810		2430	
15	3	15	393	15	2205		1012	10	3037	10
16	4	13	488	5	2693	5	1255	10	3766	10
17	5	14	598	10	3291	15	1539		4617	
18	6	18	724	10	4016	5	1863		5589	
19	8	5	866	5	4882	10	2227	10	6682	10

Suite du QUATORZIEME TABLEAU *du Jeu par* AMBES, *terminé par la sortie de 3 Numéros à la fois & dirigé sur 15 Numéros liés.*

Tirages.	PRIX de l'Amb. par lui-même à chaque Tirage.		MONTANT de la Mile par elle-même à chaque Tirage.		TOTAL des Sommes déja employées jusques & compris le Tirage indiqué.		MONTANT du Produit que donne la sortie de deux Numéros.		MONTANT du Produit que donne la sortie de trois Numéros.	
	tt	ſ	tt	ſ	tt	ſ	tt	ſ	tt	ſ
20	9	15	1023	15	5906	5	2632	10	7897	10
21	11	8	1197		7103	5	3078		9234	
22	13	7	1401	15	8505		3604	10	10813	10
23	15	15	1653	15	10158	15	4252	10	12757	10
24	18	15	1968	15	12127	10	5062	10	15187	10
25	22	10	2362	10	14490		6075		18225	
26	27	3	2850	15	17340	15	7330	10	21991	10
27	32	17	3449	5	20790		8869	10	26608	10
28	39	15	4173	15	24963	15	10732	10	32197	10
29	48		5040		30003	15	12960		38880	
30	57	15	6063	15	36067	10	15592	10	46777	10
31	69	3	7260	15	43328	5	18670	10	56011	10
32	82	10	8662	10	51990	15	22275		66825	
33	98	5	10316	5	62307		26527	10	79582	10
34	117		12285		74592		31590		94770	
35	139	10	14647	10	89239	10	37665		112995	
36	166	13	17498	5	106737	15	44995	10	134986	10
37	199	10	20947	10	127685	5	53865		161595	
38	239	5	25121	5	152806	10	64597	10	193792	10
39	287	5	30161	5	182967	15	77557	10	232672	10

(H. 105) (A. 231) (E. 1742 tt 11 ſ)

QUINZIEME TABLEAU
du Jeu par AMBES, *terminé par la sortie de 3 Numéros à la fois & dirigé sur 15 Numéros liés.*

	ſ	tt	ſ	tt	ſ	tt	ſ	tt	ſ
1	3	15	15	15	15	40	10	121	10
2	6	31	10	47	5	81		243	
3	9	47	5	94	10	121	10	364	10
4	12	63		157	10	162		486	

Suite du QUINZIEME TABLEAU *du Jeu par* AMBES, *terminé par la sortie de* 3 *Numéros à la fois & dirigé sur* 15 *Numéros liés.*

Tirages.	PRIX de l'Amb. par lui-même à chaque Tirage.		MONTANT de la Mise par elle-même à chaque Tirage.		TOTAL des Sommes déja employées jusques & compris le Tirage indiqué.		MONTANT du Produit que donne la sortie de deux Numéros.		MONTANT du Produit que donne la sortie de trois Numéros.	
	tt	f	tt	f	tt	f	tt	f	tt	f
5		15	78	15	236	5	202	10	607	10
6		18	94	10	330	15	243		729	
7	1	1	110	5	441		283	10	850	10
B..8	...1...4		...126.....		....567....		....324....		....972.....B	
9	1	10	157	10	724	10	405		1215	
10	1	19	204	15	929	5	526	10	1579	10
11	2	11	267	15	1197		688	10	2065	10
12	3	6	346	10	1543	10	891		2673	
13	4	4	441		1984	10	1134		3402	
14	5	5	551	5	2535	15	1417	10	4252	10
15	6	9	677	5	3213		1741	10	5224	10
16	7	19	834	15	4047	15	2146	10	6439	10
17	9	18	1039	10	5087	5	2673		8019	
18	12	9	1307	5	6394	10	3361	10	10084	10
19	15	15	1653	15	8048	5	4252	10	12757	10
20	19	19	2094	15	10143		5386	10	16159	10
21	25	4	2646		12789		6804		20412	
22	31	13	3323	5	16112	5	8545	10	25636	10
23	39	12	4158		20270	5	10692		32076	
24	49	10	5197	10	25467	15	13365		40095	
25	61	19	6504	15	31972	10	16726	10	50179	10
26	77	14	8158	10	40131		20979		62937	
27	97	13	10253	5	50384	5	26365	10	79096	10
28	122	17	12899	5	63283	10	33169	10	99508	10
29	154	10	16222	10	79506		41715		125145	
30	194	2	20380	10	99886	10	52407		157221	
31	243	12	25578		125464	10	65772		197316	
32	300		31500		156964	10	81000		243000	

(H. 105)   (A. 232)   (E. 1494tt18f)

SEIZIEME

SEIZIEME TABLEAU
du Jeu par AMBES, *terminé par la sortie de 3 Numéros à la fois & dirigé sur 16 Numéros liés.*

Tirages.	PRIX de l'Amb. par lui-même à chaque Tirage.		MONTANT de la Mise par elle-même à chaque Tirage.	TOTAL des Sommes déja employées jusques & compris le Tirage indiqué.	MONTANT du Produit que donne la sortie de deux Numéros.		MONTANT du Produit que donne la sortie de trois Numéros.	
	tt	ſ	tt	tt	tt	ſ	tt	ſ
I		3	18	18	40	10	121	10
2		6	36	54	81		243	
3		9	54	108	121	10	364	10
4		12	72	180	162		486	
5		15	90	270	202	10	607	10
6		18	108	378	243		729	
7	I	I	126	504	283	10	850	10
8	I	4	144	648	324		972	
9	I	7	162	810	364	10	1093	10
10	I	10	180	990	405		1215	
11	I	13	198	1188	445	10	1336	10
B 12	.I.16.		....216...	....1404...	...486......		...1458.....B	
13	2	2	252	1656	567		1701	
14	2	11	306	1962	688	10	2065	10
15	3	3	378	2340	850	10	2551	10
16	3	18	468	2808	1053		3159	
17	4	16	576	3384	1296		3888	
18	5	17	702	4086	1579	10	4738	10
19	7	I	846	4932	1903	10	5710	10
20	8	8	1008	5940	2268		6804	
21	9	18	1188	7128	2673		8019	
22	11	11	1386	8514	3118	10	9355	10
23	13	7	1602	10116	3604	10	10813	10
24	15	9	1854	11970	4171	10	12514	10
25	18		2160	14130	4860		14580	
26	21	3	2538	16668	5710	10	17131	10
27	25	I	3006	19674	6763	10	20290	10
28	29	17	3582	23256	8059	10	24178	10
29	35	14	4284	27540	9639		28917	
30	42	15	5130	32670	11542	10	34627	10
31	51	3	6138	38808	13810	10	41431	10
32	61	I	7326	46134	16483	10	49450	10

Suite du SEIZIEME TABLEAU *du Jeu par* AMBES, *terminé par la sortie de 3 Numéros à la fois & dirigé sur 16 Numéros liés.*

Tirages.	PRIX de l'Amb. par lui-même à chaque Tirage.		MONTANT de la Mise par elle-même à chaque Tirage.	TOTAL des Sommes deja employées jusques & compris le Tirage indiqué.	MONTANT du Produit que donne la sortie de deux Numéros.		MONTANT du Produit que donne la sortie de trois Numéros.	
	tt	f	tt	tt	tt	f	tt	f
33	72	12	8712	54846	19602		58806	
34	85	19	10314	65160	23206	10	69619	10
35	101	8	12168	77328	27378		82134	
36	119	8	14328	91656	32238		96714	
37	140	11	16866	108522	37948	10	113845	10
38	165	12	19872	128394	44712		134136	
39	195	9	23454	151848	52771	10	158314	10
40	231	3	27738	179586	62410	10	187231	10
41	273	18	32868	212454	73953		221859	

(H. 120) (A. 233) (E. 1770ᵗᵗ 9ᶠ)

DIX-SEPTIEME TABLEAU

du Jeu par AMBES, *terminé par la sortie de 3 Numéros à la fois & dirigé sur 16 Numéros liés.*

	tt	f	tt	tt	tt	f	tt	f
1		3	18	18	40	10	121	10
2		6	36	54	81		243	
3		9	54	108	121	10	364	10
4		12	72	180	162		486	
5		15	90	270	202	10	607	10
6		18	108	378	243		729	
7	1	1	126	504	283	10	850	10
8	1	4	144	648	324		972	
9	1	7	162	810	364	10	1093	10
B 10	1	10	180	990	405		1215	B
11	1	16	216	1206	486		1458	
12	2	5	270	1476	607	10	1822	10
13	2	17	342	1818	769	10	2308	10
14	3	12	432	2250	972		2916	
15	4	10	540	2790	1215		3645	
16	5	11	666	3456	1498	10	4495	10

Suite du DIX-SEPTIEME TABLEAU *du Jeu par* AMBES, *terminé par la sortie de* 3 *Numéros à la fois & dirigé sur* 16 *Numéros liés.*

Tirages.	PRIX de l'Amb. par lui-même à chaque Tirage.		MONTANT de la Mise par elle-même à chaque Tirage.	TOTAL des Sommes déja employées jusques & compris le Tirage indiqué.	MONTANT du Produit que donne la sortie de deux Numéros.		MONTANT du Produit que donne la sortie de trois Numéros.	
	tt	ſ	tt	tt	tt	ſ	tt	ſ
17	6	15	810	4266	1822	10	5467	10
18	8	2	972	5238	2187		6561	
19	9	12	1152	6390	2592		7776	
20	11	8	1368	7758	3078		9234	
21	13	13	1638	9396	3685	10	11056	10
22	16	10	1980	11376	4455		13365	
23	20	2	2412	13788	5427		16281	
24	24	12	2952	16740	6642		19926	
25	30	3	3618	20358	8140	10	24421	10
26	36	18	4428	24786	9963		29889	
27	45		5400	30186	12150		36450	
28	54	12	6552	36738	14742		44226	
29	66		7920	44658	17820		53460	
30	79	13	9558	54216	21505	10	64516	10
31	96	3	11538	65754	25960	10	77881	10
32	116	5	13950	79704	31387	10	94162	10
33	140	17	16902	96606	38029	10	114088	10
34	171		20520	117126	46170		138510	
35	207	18	24948	142074	56133		168399	
36	252	18	30348	172422	68283		204849	
37	300		36000	208422	81000		243000	

(H. 120) (A. 234) (E. 1736^{tt}17^ſ)

DIX-HUITIEME TABLEAU

du Jeu par AMBES, *terminé par la sortie de* 3 *Numéros à la fois & dirigé sur* 16 *Numéros liés.*

	tt	ſ	tt	tt	tt	ſ	tt	ſ
1	3		18	18	40	10	121	10
2	6		36	54	81		243	
3	9		54	108	121	10	364	10
4	12		72	180	162		486	

Kk ij

Suite du DIX-HUITIEME TABLEAU *du Jeu par* AMBES, *terminé par la sortie de 3 Numéros à la fois & dirigé sur 16 Numéros liés.*

Tirages.	PRIX de l'Amb. par lui-même à chaque Tirage.		MONTANT de la Mise par elle-même à chaque Tirage.	TOTAL des Sommes déja employées jusques & compris le Tirage indiqué.	MONTANT du Produit que donne la sortie de deux Numéros.		MONTANT du Produit que donne la sortie de trois Numéros.	
	tt	ſ	tt	tt	tt	ſ	tt	ſ
5		15	90	270	202	10	607	10
6		18	108	378	243		729	
7	1	1	126	504	283	10	850	10
B… 8	…1…	4	…144…	…648…	…324…		…972…	B
9	1	10	180	828	405		1215	
10	1	19	234	1062	526	10	1579	10
11	2	11	306	1368	688	10	2065	10
12	3	6	396	1764	891		2673	
13	4	4	504	2268	1134		3402	
14	5	5	630	2898	1417	10	4252	10
15	6	9	774	3672	1741	10	5224	10
16	7	19	954	4626	2146	10	6439	10
17	9	18	1188	5814	2673		8019	
18	12	9	1494	7308	3361	10	10084	10
19	15	15	1890	9198	4252	10	12757	10
20	19	19	2394	11592	5386	10	16159	10
21	25	4	3024	14616	6804		20412	
22	31	13	3798	18414	8545	10	25636	10
23	39	12	4752	23166	10692		32076	
24	49	10	5940	29106	13365		40095	
25	61	19	7434	36540	16726	10	50179	10
26	77	14	9324	45864	20979		62937	
27	97	13	11718	57582	26365	10	79096	10
28	122	17	14742	72324	33169	10	99508	10
29	154	10	18540	90864	41715		125145	
30	194	2	23291	114156	52407		157221	
31	243	12	29232	143388	65772		197316	
32	300		36000	179388	81000		243000	

(H. 120)   (A. 235)   (E. 1494tt 18ſ)

DIX-NEUVIEME TABLEAU
du Jeu par AMBES, *terminé par la sortie de* 3 *Numéros à la fois & dirigé sur* 17 *Numéros liés.*

Tirages.	PRIX de l'Amb. par lui-même à chaque Tirage.		MONTANT de la Mise par elle-mê-mé à chaque Tirage.		TOTAL des Sommes déja employées jus-ques & com-pris le Tirage indiqué.		MONTANT du Produit que donne la sortie de deux Numéros.		MONTANT du Produit que donne la sortie de trois Numéros.	
	tt	s	tt	s	tt	s	tt	s	tt	s
1		3	20	8	20	8	40	10	121	10
2		6	40	16	61	4	81		243	
3		9	61	4	122	8	121	10	364	10
4		12	81	12	204		162		486	
5		15	102		306		202	10	607	10
6		18	122	8	428	8	243		729	
7	1	1	142	16	571	4	283	10	850	10
8	1	4	163	4	734	8	324		972	
9	1	7	183	12	918		364	10	1093	10
B 10	…1.	10	…204……		.1122……		…405……		… 1215…. B	
11	1	16	244	16	1366	16	486		1458	
12	2	5	306		1672	16	607	10	1822	10
13	2	17	387	12	2060	8	769	10	2308	10
14	3	12	489	12	2550		972		2916	
15	4	10	612		3162		1215		3645	
16	5	11	754	16	3916	16	1498	10	4495	10
17	6	15	918		4834	16	1822	10	5467	10
18	8	2	1101	12	5936	8	2187		6561	
19	9	12	1305	12	7242		2592		7776	
20	11	8	1550	8	8792	8	3078		9234	
21	13	13	1856	8	10648	16	3685	10	11056	10
22	16	10	2244		12892	16	4455		13365	
23	20	2	2733	12	15626	8	5427		16281	
24	24	12	3345	12	18972		6642		19926	
25	30	3	4100	8	23072	8	8140	10	24421	10
26	36	18	5018	8	28090	16	9963		29889	
27	45		6120		34210	16	12150		36450	
28	54	12	7425	12	41636	8	14742		44226	
29	66		8976		50612	8	17820		53460	
30	79	13	10832	8	61444	16	21505	10	64516	10
31	96	3	13076	8	74521	4	25960	10	77881	10
32	116	5	15810		90331	4	31387	10	94162	10

Suite du DIX-NEUVIEME TABLEAU *du Jeu par* AMBES *, terminé par la sortie de* 3 *Numéros à la fois & dirigé sur* 17 *Numéros liés.*

Tirages.	PRIX de l'Amb. par lui-même à chaque Tirage.		MONTANT de la Mise par elle-même à chaque Tirage.		TOTAL des Sommes déja employées jusques & compris le Tirage indiqué.		MONTANT du Produit que donne la sortie de deux Numéros.		MONTANT du Produit que donne la sortie de trois Numéros.	
	tt	f	tt	f	tt	f	tt	f	tt	f
33	140	17	19155	12	109486	16	38029	10	114088	10
34	171		23256		132742	16	46170		138510	
35	207	18	28274	8	161017	4	56133		168399	
36	252	18	34394	8	195411	12	68283		204849	
37	300		40800		236211	12	81000		243000	

(H. 136) (A. 236) (E. 1736tt 17f)

VINGTIEME TABLEAU
du Jeu par AMBES *, terminé par la sortie de* 3 *Numéros à la fois & dirigé sur* 17 *Numéros liés.*

	tt	f	tt	f	tt	f	tt	f	tt	f
1		3	20	8	20	8	40	10	121	10
2		6	40	16	61	4	81		243	
3		9	61	4	122	8	121	10	364	10
4		12	81	12	204		162		486	
5		15	102		306		202	10	607	10
6		18	122	8	428	8	243		729	
7	1	1	142	16	571	4	283	10	850	10
B.. 8	.1....4..		.163....4.		....734....8.		....324........		....972......B	
9	1	10	204		938	8	405		1215	
10	1	19	265	4	1203	12	526	10	1579	10
11	2	11	346	16	1550	8	688	10	2065	10
12	3	6	448	16	1999	4	891		2673	
13	4	4	571	4	2570	8	1134		3402	
14	5	5	714		3284	8	1417	10	4252	10
15	6	9	877	4	4161	12	1741	10	5224	10
16	7	19	1081	4	5242	16	2146	10	6439	10
17	9	18	1346	8	6589	4	2673		8019	
18	12	9	1693	4	8282	8	3361	10	10084	10
19	15	15	2142		10424	8	4252	10	12757	10

Suite du VINGTIEME TABLEAU *du Jeu par* AMBES, *terminé par la sortie de 3 Numéros à la fois & dirigé sur 17 Numéros liés.*

Tirages.	PRIX de l'Amb. par lui-même à chaque Tirage.		MONTANT de la Mise par elle-même à chaque Tirage.		TOTAL des Sommes déia employées jusques & compris le Tirage indiqué.		MONTANT du Produit que donne la sortie de deux Numéros.		MONTANT du Produit que donne la sortie de trois Numéros.	
	tt	ſ	tt	ſ	tt	ſ	tt	ſ	tt	ſ
20	19	19	2713	4	13137	12	5386	10	16159	10
21	25	4	3427	4	16564	16	6804		20412	
22	31	13	4304	8	20869	4	8545	10	25636	10
23	39	12	5385	12	26254	16	10692		32076	
24	49	10	6732		32986	16	13365		40095	
25	61	19	8425	4	41412		16726	10	50179	10
26	77	14	10567	4	51979	4	20979		62937	
27	97	13	13280	8	65259	12	26365	10	79096	10
28	122	17	16707	12	81967	4	33169	10	99508	10
29	154	10	21012		102979	4	41715		125145	
30	194	2	26397	12	129376	16	52407		157221	
31	243	12	33129	12	162506	8	65772		197316	
32	300		40800		203306	8	81000		243000	

(H. 136)   (A. 237)   (E. 1494 tt 18 ſ)

VINGT-UNIEME TABLEAU

du Jeu par AMBES, *terminé par la sortie de 3 Numéros à la fois & dirigé sur 17 Numéros liés.*

	tt	ſ	tt	ſ	tt	ſ	tt	ſ	tt	ſ
1		3	20	8	20	8	40	10	121	10
2		6	40	16	61	4	81		243	
3		9	61	4	122	8	121	10	364	10
4		12	81	12	204		162		486	
5		15	102		306		202	10	607	10
B.. 6		....18.	.122...8..		...428...8.		...243......		...729......B	
7	1	4	163	4	591	12	324		972	
8	1	13	224	8	816		445	10	1336	10
9	2	5	306		1122		607	10	1822	10
10	3		408		1530		810		2430	
11	3	18	530	8	2060	8	1053		3159	

Suite du VINGT-UNIEME TABLEAU *du Jeu par* AMBES, *terminé par la sortie de 3 Numéros à la fois & dirigé sur 17 Numéros liés.*

Tirages.	PRIX de l'Amb. par lui-même à chaque Tirage.		MONTANT de la Mise par elle-même à chaque Tirage.		TOTAL des Sommes déjà employées jusques & compris le Tirage indiqué.		MONTANT du Produit que donne la sortie de deux Numéros.		MONTANT du Produit que donne la sortie de trois Numéros.	
	tt	ſ	tt	ſ	tt	ſ	tt	ſ	tt	ſ
12	5	2	693	12	2754		1377		4131	
13	6	15	918		3672		1822	10	5467	10
14	9		1224		4896		2430		7290	
15	12		1632		6528		3240		9720	
16	15	18	2162	8	8690	8	4293		12879	
17	21		2856		11546	8	5670		17010	
18	27	15	3774		15320	8	7492	10	22477	10
19	36	15	4998		20318	8	9922	10	29767	10
20	48	15	6630		26948	8	13162	10	39487	10
21	64	13	8792	8	35740	16	17455	10	52366	10
22	85	13	11648	8	47389	4	23125	10	69376	10
23	113	8	15422	8	62811	12	30618		91854	
24	150	3	20420	8	83232		40540	10	121621	10
25	198	18	27050	8	110282	8	53703		161109	
26	263	11	35842	16	146125	4	71158	10	213475	10

(H. 136)   (A. 238)   (E. 1074^{tt} 9^ſ)

VINGT-DEUXIEME TABLEAU

du Jeu par AMBES, *terminé par la sortie de 3 Numéros à la fois & dirigé sur 18 Numéros liés.*

	tt	ſ	tt	ſ	tt	ſ	tt	ſ	tt	ſ
1		3	22	19	22	19	40	10	121	10
2		6	45	18	68	17	81		243	
3		9	68	17	137	14	121	10	364	10
4		12	91	16	229	10	162		486	
5		15	114	15	344	5	202	10	607	10
6		18	137	14	481	19	243		729	
7	1	1	160	13	642	12	283	10	850	10
B. 8.	. 1...4.		. 183 . 12 .		... 826 ... 4 .		. 324		... 972 ..... B	
9	1	10	229	10	1055	14	405		1215	

Suite

Suite du VINGT-DEUXIEME TABLEAU *du Jeu par* AMBES, *terminé par la sortie de 3 Numéros à la fois & dirigé sur 18 Numéros liés.*

Tirages.	PRIX de l'Amb. par lui-même à chaque Tirage.		MONTANT de la Mise par elle-même a chaque Tirage.		TOTAL des Sommes deja employées juſ-ques & compris le Tirage indiqué.		MONTANT du Produit que donne la sortie de deux Numéros.		MONTANT du Produit que donne la sortie de trois Numéros.	
	tt	ſ	tt	ſ	tt	ſ	tt	ſ	tt	ſ
10	1	19	298	7	1354	1	526	10	1579	10
11	2	11	390	3	1744	4	688	10	2065	10
12	3	6	504	18	2249	2	891		2673	
13	4	4	642	12	2891	14	1134		3402	
14	5	5	803	5	3694	19	1417	10	4252	10
15	6	9	986	17	4681	16	1741	10	5224	10
16	7	19	1216	7	5898	3	2146	10	6439	10
17	9	18	1514	14	7412	17	2673		8019	
18	12	9	1904	17	9317	14	3361	10	10084	10
19	15	15	2409	15	11727	9	4252	10	12757	10
20	19	19	3052	7	14779	16	5386	10	16159	10
21	25	4	3855	12	18635	8	6804		20412	
22	31	13	4842	9	23477	17	8545	10	25636	10
23	39	12	6058	16	29536	13	10692		32076	
24	49	10	7573	10	37110	3	13365		40095	
25	61	19	9478	7	46588	10	16726	10	50179	10
26	77	14	11888	2	58476	12	20979		62937	
27	97	13	14940	9	73417	1	26365	10	79096	10
28	122	17	18796	1	92213	2	33169	10	99508	10
29	154	10	23638	10	115851	12	41715		125145	
30	194	2	29697	6	145548	18	52407		157221	
31	243	12	37270	16	182819	14	65772		197316	
32	300		45900		228719	14	81000		243000	

(H. 153) (A. 239) (E. 1494^{tt} 18ſ)

VINGT-TROISIEME TABLEAU
du Jeu par AMBES *, terminé par la sortie de 3 Numéros à la fois & dirigé sur 18 Numéros liés.*

Tirages.	PRIX de l'Amb. par lui-même à chaque Tirage.		MONTANT de la Mise par elle-même à chaque Tirage.		TOTAL des Sommes deja employées jusques & compris le Tirage indiqué.		MONTANT du Produit que donne la sortie de deux Numéros.		MONTANT du Produit que donne la sortie de trois Numéros.	
	tt	ſ	tt	ſ	tt	ſ	tt	ſ	tt	ſ
1		3	22	19	22	19	40	10	121	10
2		6	45	18	68	17	81		243	
3		9	68	17	137	14	121	10	364	10
4		12	91	16	229	10	162		486	
5		15	114	15	344	5	202	10	607	10
6		18	137	14	481	19	243		729	
B..7	...1	...1	...160	.13	...642	.12	...283	.10.	850	.10B
8	1	7	206	11	849	3	364	10	1093	10
9	1	16	275	8	1124	11	486		1458	
10	2	8	367	4	1491	15	648		1944	
11	3	3	481	19	1973	14	850	10	2551	10
12	4	1	619	13	2593	7	1093	10	3280	10
13	5	2	780	6	3373	13	1377		4131	
14	6	9	986	17	4360	10	1741	10	5224	10
15	8	5	1262	5	5622	15	2227	10	6682	10
16	10	13	1629	9	7252	4	2875	10	8626	10
17	13	16	2111	8	9363	12	3726		11178	
18	17	17	2731	1	12094	13	4819	10	14458	10
19	22	19	3511	7	15606		6196	10	18589	10
20	29	8	4498	4	20104	4	7938		23814	
21	37	13	5760	9	25864	13	10165	10	30496	10
22	48	6	7389	18	33254	11	13041		39123	
23	62	2	9501	6	42755	17	16767		50301	
24	79	19	12232	7	54988	4	21586	10	64759	10
25	102	18	15743	14	70731	18	27783		83349	
26	132	6	20241	18	90973	16	35721		107163	
27	169	19	26002	7	116976	3	45886	10	137659	10
28	218	5	33392	5	150368	8	58927	10	176782	10
29	280	7	42893	11	193261	19	75694	10	227083	10

(H. 153)   (A. 240)   (F. 1263 tt 3 ſ)

VINGT-QUATRIEME TABLEAU

du Jeu par Ambes, *terminé par la sortie de 3 Numéros à la fois & dirigé sur 19 Numéros liés.*

Tirages.	PRIX de l'Amb. par lui-même à chaque Tirage.		MONTANT de la Mise par elle-même à chaque Tirage.		TOTAL des Sommes déja employées jusques & compris le Tirage indiqué.		MONTANT du Produit que donne la sortie de deux Numéros.		MONTANT du Produit que donne la sortie de trois Numéros.	
	tt	f	tt	f	tt	f	tt	f	tt	f
1		3	25	13	25	13	40	10	121	10
2		6	51	6	76	19	81		243	
3		9	76	19	153	18	121	10	364	10
4		12	102	12	256	10	162		486	
5		15	128	5	384	15	202	10	607	10
6		18	153	18	538	13	243		729	
B.. 7	...1	...1	...179	.11	718	...4	...283	.10.	850	.10 B
8	1	7	230	17	949	1	364	10	1093	10
9	1	16	307	16	1256	17	486		1458	
10	2	8	410	8	1667	5	648		1944	
11	3	3	538	13	2205	18	850	10	2551	10
12	4	1	692	11	2898	9	1093	10	3280	10
13	5	2	872	2	3770	11	1377		4131	
14	6	9	1102	19	4873	10	1741	10	5224	10
15	8	5	1410	15	6284	5	2227	10	6682	10
16	10	13	1821	3	8105	8	2875	10	8626	10
17	13	16	2359	16	10465	4	3726		11178	
18	17	17	3052	7	13517	11	4819	10	14458	10
19	22	19	3924	9	17442		6196	10	18589	10
20	29	8	5027	8	22469	8	7938		23814	
21	37	13	6438	3	28907	11	10165	10	30496	10
22	48	6	8259	6	37166	17	13041		39123	
23	62	2	10619	2	47785	19	16767		50301	
24	79	19	13671	9	61457	8	21586	10	64759	10
25	102	18	17595	18	79053	6	27783		83349	
26	132	6	22623	6	101676	12	35721		107163	
27	169	19	29061	9	130738	1	45886	10	137659	10
28	218	5	37320	15	168058	16	58927	10	176782	10
29	280	7	47939	17	215998	13	75694	10	227083	10

(H. 171) (A. 241) (E. 1263 tt 3 f)

VINGT-CINQUIEME TABLEAU
du Jeu par AMBES, terminé par la sortie de 3 Numéros à la fois & dirigé sur 19 Numéros liés.

Tirages.	PRIX de l'Amb. par lui-même à chaque Tirage.		MONTANT de la Mise par elle-même à chaque Tirage.		TOTAL des Sommes déja employées jusques & compris le Tirage indiqué.		MONTANT du Produit que donne la sortie de deux Numéros.		MONTANT du Produit que donne la sortie de trois Numéros.	
	tt	f	tt	f	tt	f	tt	f	tt	f
1		3	25	13	25	13	40	10	121	10
2		6	51	6	76	19	81		243	
3		9	76	19	153	18	121	10	364	10
4		12	102	12	256	10	162		486	
5		15	128	5	384	15	202	10	607	10
B.. 6		...18	...153.	18	....538.	13	...243......		....729......B	
7	1	4	205	4	743	17	324		972	
8	1	13	282	3	1026		445	10	1336	10
9	2	5	384	15	1410	15	607	10	1822	10
10	3		513		1923	15	810		2430	
11	3	18	666	18	2590	13	1053		3159	
12	5	2	872	2	3462	15	1377		4131	
13	6	15	1154	5	4617		1822	10	5467	10
14	9		1539		6156		2430		7290	
15	12		2052		8208		3240		9720	
16	15	18	2718	18	10926	18	4293		12879	
17	21		3591		14517	18	5670		17010	
18	27	15	4745	5	19263	3	7492	10	22477	10
19	36	15	6284	5	25547	8	9922	10	29767	10
20	48	15	8336	5	33883	13	13162	10	39487	10
21	64	13	11055	3	44938	16	17455	10	52366	10
22	85	13	14646	3	59584	19	23125	10	69376	10
23	113	8	19391	8	78976	7	30618		91854	
24	150	3	25675	13	104652		40540	10	121621	10
25	198	18	34011	18	138663	18	53703		161109	
26	263	11	45067	1	183730	19	71158	10	213475	10

(H. 171) (A. 242) (E. 1074tt 9f)

VINGT-SIXIEME TABLEAU

du Jeu par AMBES, *terminé par la sortie de 3 Numéros à la fois & dirigé sur 20 Numéros liés.*

Tirages.	PRIX de l'Amb. par lui-même à chaque Tirage.		MONTANT de la Mise par elle-même à chaque Tirage.		TOTAL des Sommes déja employées jusques & compris le Tirage indiqué.		MONTANT du Produit que donne la sortie de deux Numéros.		MONTANT du Produit que donne la sortie de trois Numéros.	
	tt	ſ	tt	ſ	tt	ſ	tt	ſ	tt	ſ
1		3	28	10	28	10	40	10	121	10
2		6	57		85	10	81		243	
3		9	85	10	171		121	10	364	10
4		12	114		285		162		486	
5		15	142	10	427	10	202	10	607	10
B.. 6		18	...171.....		....598.	10	...243..	....	.....729.....B	
7	1	4	228		826	10	324		972	
8	1	13	313	10	1140		445	10	1336	10
9	2	5	427	10	1567	10	607	10	1822	10
10	3		570		2137	10	810		2430	
11	3	18	741		2878	10	1053		3159	
12	5	2	969		3847	10	1377		4131	
13	6	15	1282	10	5130		1822	10	5467	10
14	9		1710		6840		2430		7290	
15	12		2280		9120		3240		9720	
16	15	18	3021		12141		4293		12879	
17	21		3990		16131		5670		17010	
18	27	15	5272	10	21403	10	7492	10	22477	10
19	36	15	6982	10	28386		9922	10	29767	10
20	48	15	9262	10	37648	10	13162	10	39487	10
21	64	13	12283	10	49932		17455	10	52366	10
22	85	13	16273	10	66205	10	23125	10	69376	10
23	113	8	21546		87751	10	30618		91854	
24	150	3	28528	10	116280		40540	10	121621	10
25	198	18	37791		154071		53703		161109	
26	263	11	50074	10	204145	10	71158	10	213475	10

(H. 190)   (A. 243)   (E. 1074^{tt} 9^ſ)

VINGT-SEPTIEME TABLEAU
du Jeu par AMBES *, terminé par la sortie de 3 Numéros à la fois & dirigé sur 20 Numéros liés.*

Tirages.	PRIX de l'Amb. par lui-même à chaque Tirage.		MONTANT de la Mise par elle-même à chaque Tirage.		TOTAL des Sommes deja employées jusques & compris le Tirage indiqué.		MONTANT du Produit que donne la sortie de deux Numéros.		MONTANT du Produit que donne la sortie de trois Numéros.	
	tt	s	tt	s	tt	s	tt	s	tt	s
1		3	28	10	28	10	40	10	121	10
2		6	57		85	10	81		243	
3		9	85	10	171		121	10	364	10
4		12	114		285		162		486	
B..5	......	15	...142	.10	427	.10	...202	.10.	607	.10 B
6	1	1	199	10	627		283	10	850	10
7	1	10	285		912		405		1215	
8	2	2	399		1311		567		1701	
9	2	17	541	10	1852	10	769	10	2308	10
10	3	18	741		2593	10	1053		3159	
11	5	8	1026		3619	10	1458		4374	
12	7	10	1425		5044	10	2025		6075	
13	10	7	1966	10	7011		2794	10	8383	10
14	14	5	2707	10	9718	10	3847	10	11542	10
15	19	13	3733	10	13452		5305	10	15916	10
16	27	3	5158	10	18610	10	7330	10	21991	10
17	37	10	7125		25735	10	10125		30375	
18	51	15	9832	10	35568		13972	10	41917	10
19	71	8	13566		49134		19278		57834	
20	98	11	18724	10	67858	10	26608	10	79825	10
21	136	1	25849	10	93708		36733	10	110200	10
22	187	16	35682		129390		50706		152178	
23	259	4	49248		178638		69984		209952	

(H. 190)   (A. 244)   (E. 940 tt 4 s)

VINGT-HUITIEME TABLEAU

du Jeu par Ambes, *terminé par la sortie de 3 Numéros à la fois & dirigé sur* 21 *Numéros liés.*

Tirages.	Prix de l'Amb. par lui-même à chaque Tirage. tt	f	Montant de la Mise par elle-même à chaque Tirage. tt	f	Total des Sommes déja employées jusques & compris le Tirage indiqué. tt	f	Montant du Produit que donne la sortie de deux Numéros. tt	f	Montant du Produit que donne la sortie de trois Numéros. tt	f
1		3	31	10	31	10	40	10	121	10
2		6	63		94	10	81		243	
3		9	94	10	189		121	10	364	10
4		12	126		315		162		486	
B.. 5	......	15	...157.	10	....472.	10	.... 202.	10	....607.	10 B
6	1	1	220	10	693		283	10	850	10
7	1	10	315		1008		405		1215	
8	2	2	441		1449		567		1701	
9	2	17	598	10	2047	10	769	10	2308	10
10	3	18	819		2866	10	1053		3159	
11	5	8	1134		4000	10	1458		4374	
12	7	10	1575		5575	10	2025		6075	
13	10	7	2173	10	7749		2794	10	8383	10
14	14	5	2992	10	10741	10	3847	10	11542	10
15	19	13	4126	10	14868		5305	10	15916	10
16	27	3	5701	10	20569	10	7330	10	21991	10
17	37	10	7875		28444	10	10125		30375	
18	51	15	10867	10	39312		13972	10	41917	10
19	71	8	14994		54306		19278		57834	
20	98	11	20695	10	75001	10	26608	10	79825	10
21	136	1	28570	10	103572		36733	10	110200	10
22	187	16	39438		143010		50706		152118	
23	259	4	54432		197442		69984		209952	

(H. 210)　(A. 245)　(E. 940tt 4f)

VINGT-NEUVIEME TABLEAU

du Jeu par AMBES, *terminé par la sortie de 3 Numéros à la fois & dirigé sur 21 Numéros liés.*

Tirages.	PRIX de l'Amb. par lui-même à chaque Tirage.		MONTANT de la Mise par elle-même à chaque Tirage.		TOTAL des Sommes déja employées jusques & compris le Tirage indiqué.		MONTANT du Produit que donne la sortie de deux Numeros.		MONTANT du Produit que donne la sortie de trois Numéros.	
	tt	ſ	tt	ſ	tt	ſ	tt	ſ	tt	ſ
1		3	31	10	31	10	40	10	121	10
2		6	63		94	10	81		243	
3		9	94	10	189		121	10	364	10
B.. 4		..12	..126		....315.....		...162......		....486.....B	
5		18	189		504		243		729	
6	1	7	283	10	787	10	364	10	1093	10
7	1	19	409	10	1197		526	10	1579	10
8	2	17	598	10	1795	10	769	10	2308	10
9	4	4	882		2677	10	1134		3402	
10	6	3	1291	10	3969		1660	10	4981	10
11	9		1890		5859		2430		7290	
12	13	4	2772		8631		3564		10692	
13	19	7	4063	10	12694	10	5224	10	15673	10
14	28	7	5953	10	18648		7654	10	22963	10
15	41	11	8725	10	27373	10	11218	10	33655	10
16	60	18	12789		40162	10	16443		49329	
17	89	5	18742	10	58905		24097	10	72292	10
18	130	16	27468		86373		35316		105948	
19	191	14	40257		126630		51759		155277	
20	280	19	58999	10	185629	10	75856	10	227569	10

(H. 210)   (A. 246)   (E. 883 tt 19 ſ)

TRENTIEME TABLEAU

du Jeu par AMBES, *terminé par la sortie de 3 Numéros à la fois & dirigé sur 22 Numéros liés.*

Tirages.	PRIX de l'Amb.		MONTANT de la Mise		TOTAL des Sommes		MONTANT Produit deux Num.		MONTANT Produit trois Num.	
1	3 ſ		34 tt 13 ſ		34 tt 13 ſ		40 tt 10 ſ		121 tt	10
2	6		69	6	103	19	81		243	
3	9		103	19	207	18	121	10	364	10
B.. 4	...12...		.138.12.		.346..10..		.162.........		.486......B	
5	18		207	18	554	8	243		729	

Suite

Suite du TRENTIEME TABLEAU *du Jeu par* AMBES, *terminé par la sortie de 3 Numéros à la fois & dirigé sur 22 Numéros liés.*

Tirages.	PRIX de l'Amb. par lui-même à chaque Tirage.		MONTANT de la Mise par elle-même à chaque Tirage.		TOTAL des Sommes déja employées jusques & compris le Tirage indiqué.		MONTANT du Produit que donne la sortie de deux Numéros.		MONTANT du Produit que donne la sortie de trois Numéros.	
	tt	ſ	tt	ſ	tt	ſ	tt	ſ	tt	ſ
6	1	7	311	17	866	5	364	10	1093	10
7	1	19	450	9	1316	14	526	10	1579	10
8	2	17	658	7	1975	1	769	10	2308	10
9	4	4	970	4	2945	5	1134		3402	
10	6	3	1420	13	4365	18	1660	10	4981	10
11	9		2079		6444	18	2430		7290	
12	13	4	3049	4	9494	2	3564		10692	
13	19	7	4469	17	13963	19	5224	10	15673	10
14	28	7	6548	17	20512	16	7654	10	22963	10
15	41	11	9598	1	30110	17	11218	10	33655	10
16	60	18	14067	18	44178	15	16443		49329	
17	89	5	20616	15	64795	10	24097	10	72292	10
18	130	16	30214	16	95010	6	35316		105948	
19	191	14	44282	14	139293		51759		155277	
20	280	19	64899	9	204192	9	75856	10	227569	10

(H. 231) (A. 247) (E. 883ᵗᵗ 19ſ)

TRENTE-UNIEME TABLEAU

du Jeu par AMBES , *terminé par la sortie de 3 Numéros à la fois & dirigé sur 22 Numéros liés.*

	tt	ſ	tt	ſ	tt	ſ	tt	ſ	tt	ſ
1		3	34	13	34	13	40	10	121	10
2		6	69	6	103	19	81		243	
3		9	103	19	207	18	121	10	364	10
4		15	173	5	381	3	202	10	607	10
5	1	4	277	4	658	7	324		972	
6	1	19	450	9	1108	16	526	10	1579	10
7	3	3	727	13	1836	9	850	10	2551	10
8	5	2	1178	2	3014	11	1377		4131	
9	8	5	1905	15	4920	6	2227	10	6682	10

Suite du TRENTE-UNIEME TABLEAU du Jeu par AMBES, terminé par la sortie de 3 Numéros à la fois & dirigé sur 22 Numéros liés.

Tirages.	PRIX de l'Amb. par lui-même à chaque Tirage.		MONTANT de la Mise par elle-même à chaque Tirage.		TOTAL des Sommes déia employées jusques & compris le Tirage indiqué.		MONTANT du Produit que donne la sortie de deux Numéros.		MONTANT du Produit que donne la sortie de trois Numéros.	
	tt	ſ	tt	ſ	tt	ſ	tt	ſ	tt	ſ
10	13	7	3083	17	8004	3	3604	10	10813	10
11	21	12	4989	12	12993	15	5832		17496	
12	34	19	8073	9	21067	4	9436	10	28309	10
13	56	11	13063	1	34130	5	15268	10	45805	10
14	91	10	21136	10	55266	15	24705		74115	
15	148	1	34199	11	89466	6	39973	10	119920	10
16	239	11	55336	1	144802	7	64678	10	194035	10

(H. 231)　(A. 248)　(E. 626tt17ſ)

TENTE-DEUXIEME TABLEAU
du Jeu par AMBES, terminé par la sortie de 3 Numéros à la fois & dirigé sur 23 Numéros liés.

Tirages.	tt	ſ	tt	ſ	tt	ſ	tt	ſ	tt	ſ
1		3	37	19	37	19	40	10	121	10
2		6	75	18	113	17	81		243	
3		9	113	17	227	14	121	10	364	10
B.. 4	....	12.	...151.	16	....379.	10	...162	......	....486...	..B
5		18	227	14	607	4	243		729	
6	1	7	341	11	948	15	364	10	1093	10
7	1	19	493	7	1442	2	526	10	1579	10
8	2	17	721	1	2163	3	769	10	2308	10
9	4	4	1062	12	3225	15	1134		3402	
10	6	3	1555	19	4781	14	1660	10	4981	10
11	9		2277		7058	14	2430		7290	
12	13	4	3339	12	10398	6	3564		10692	
13	19	7	4895	11	15293	17	5224	10	15673	10
14	28	7	7172	11	22466	8	7654	10	22963	10
15	41	11	10512	3	32978	11	11218	10	33655	10
16	60	18	15407	14	48386	5	16443		49329	
17	89	5	22580	5	70966	10	24097	10	72292	10

Suite du TRENTE-DEUXIEME TABLEAU *du Jeu par* AMBES, *terminé par la sortie de 3 Numéros à la fois & dirigé sur 23 Numéros liés.*

Tirages.	PRIX de l'Amb. par lui-même à chaque Tirage.		MONTANT de la Mile par elle-même à chaque Tirage.		TOTAL des Sommes déja employées jusques & compris le Tirage indiqué.		MONTANT du Produit que donne la sortie de deux Numéros.		MONTANT du Produit que donne la sortie de trois Numéros.	
	tt	s	tt	s	tt	s	tt	s	tt	s
18	130	16	33092	8	104059	18	35316		105948	
19	191	14	48500	2	152559		51759		155277	
20	280	19	71080	7	223639	7	75856	10	227569	10

(H. 253) (A. 249) (E. 883 tt 19 s)

TRENTE-TROISIEME TABLEAU

du Jeu par AMBES, *terminé par la sortie de 3 Numéros à la fois & dirigé sur 23 Numéros liés.*

	tt	s	tt	s	tt	s	tt	s	tt	s
1		3	37	19	37	19	40	10	121	10
2		6	75	18	113	17	81		243	
3		9	113	17	227	14	121	10	364	10
4		15	189	15	417	9	202	10	607	10
5	1	4	303	12	721	1	324		972	
6	1	19	493	7	1214	8	526	10	1579	10
7	3	3	796	19	2011	7	850	10	2551	10
8	5	2	1290	6	3301	13	1377		4131	
9	8	5	2087	5	5388	18	2227	10	6682	10
10	13	7	3377	11	8766	9	3604	10	10813	10
11	21	12	5464	16	14231	5	5832		17496	
12	34	19	8842	7	23073	12	9436	10	28309	10
13	56	11	14307	3	37380	15	15268	10	45805	10
14	91	10	23149	10	60530	5	24705		74115	
15	148	1	37456	13	97986	18	39973	10	119920	10
16	239	11	60606	3	158593	1	64678	10	194035	10

(H. 253) (A. 250) (E. 626 tt 17 s)

TRENTE-QUATRIEME TABLEAU
du Jeu par AMBES, *terminé par la sortie de* 3 *Numéros à la fois & dirigé sur* 24 *Numéros liés.*

Tirages.	PRIX de l'Amb. par lui-même à chaque Tirage.		MONTANT de la Mise par elle-même à chaque Tirage.		TOTAL des Sommes déja employées jusques & compris le Tirage indiqué.		MONTANT du Produit que donne la sortie de deux Numéros.		MONTANT du Produit que donne la sortie de trois Numéros.	
	tt	f	tt	f	tt	f	tt	f	tt	f
1		3	41	8	41	8	40	10	121	10
2		6	82	16	124	4	81		243	
3		9	124	4	248	8	121	10	364	10
4		15	207		455	8	202	10	607	10
5	1	4	331	4	786	12	324		972	
6	1	19	538	4	1324	16	526	10	1579	10
7	3	3	869	8	2194	4	850	10	2551	10
8	5	2	1407	12	3601	16	1377		4131	
9	8	5	2277		5878	16	2227	10	6682	10
10	13	7	3684	12	9563	8	3604	10	10813	10
11	21	12	5961	12	15525		5832		17496	
12	34	19	9646	4	25171	4	9436	10	28309	10
13	56	11	15607	16	40779		15268	10	45805	10
14	91	10	25254		66033		24705		74115	
15	148	1	40861	16	106894	16	39973	10	119920	10
16	239	11	66115	16	173010	12	64678	10	194035	10

(H. 276)   (A. 251)   (E. 626tt17f)

TRENTE-CINQUIEME TABLEAU
du Jeu par AMBES, *terminé par la sortie de* 3 *Numéros à la fois & dirigé sur* 24 *Numéros liés.*

Tirages.	tt	f	tt	f	tt	f	tt	f	tt	f
1		3	41	8	41	8	40	10	121	10
2		6	82	16	124	4	81		243	
Z..3	....	12 .	. 165 .	12 .	...289 .	16 .	...162	....	...486	.......Z
4		18	248	8	538	4	243		729	
5	1	10	414		952	4	405		1215	
6	2	8	662	8	1614	12	648		1944	
7	3	18	1076	8	2691		1053		3159	
8	6	6	1738	16	4429	16	1701		5103	

Suite du TRENTE-CINQ. TABLEAU *du Jeu par* AMBES, *terminé par la sortie de* 3 *Numéros à la fois & dirigé sur* 24 *Numéros liés.*

Tirages.	PRIX de l'Amb. par lui-même à chaque Tirage.		MONTANT de la Mise par elle-même à chaque Tirage.		TOTAL des Sommes déja employées jusques & compris le Tirage indiqué.		MONTANT du Produit que donne la sortie de deux Numéros.	MONTANT du Produit que donne la sortie de trois Numéros.
	tt	ſ	tt	ſ	tt	ſ	tt	tt
9	10	4	2815	4	7245		2754	8262
10	16	10	4554		11799		4455	13365
11	26	14	7369	4	19168	4	7209	21627
12	43	4	11923	4	31091	8	11664	34992
13	69	18	19292	8	50383	16	18873	56619
14	113	2	31215	12	81599	8	30537	91611
15	183		50508		132107	8	49410	148230
16	296	2	81723	12	213831		79947	239841

(H. 276) (A. 252) (E. 774tt 15ſ)

TRENTE-SIXIEME TABLEAU *du Jeu par* AMBES, *terminé par la sortie de* 3 *Numéros à la fois & dirigé sur* 25 *Numéros liés.*

Tirages.	tt	ſ	tt	tt	tt	ſ	tt	ſ
1		3	45	45	40	10	121	10
2		6	90	135	81		243	
3		9	135	270	121	10	364	10
4		15	225	495	202	10	607	10
5	1	4	360	855	324		972	
6	1	19	585	1440	526	10	1579	10
7	3	3	945	2385	850	10	2551	10
8	5	2	1530	3915	1377		4131	
9	8	5	2475	6390	2227	10	6682	10
10	13	7	4005	10395	3604	10	10813	10
11	21	12	6480	16875	5832		17496	
12	34	19	10485	27360	9436	10	28309	10
13	56	11	16965	44325	15268	10	45805	10
14	91	10	27450	71775	24705		74115	
15	148	1	44415	116190	39973	10	119920	10
16	239	11	71865	188055	64678	10	194035	10

(H. 300) (A. 253) (E. 626tt 17ſ)

TRENTE-SEPTIEME TABLEAU
du Jeu par AMBES *, terminé par la sortie de 3 Numéros à la fois & dirigé sur 25 Numéros liés.*

Tirages.	PRIX de l'Amb. par lui-même à chaque Tirage.		MONTANT de la Mise par elle-même à chaque Tirage.		TOTAL des Sommes déja employées jusques & compris le Tirage indiqué.		MONTANT du Produit que donne la sortie de deux Numéros.		MONTANT du Produit que donne la sortie de trois Numeros.	
	tt	ſ	tt	ſ	tt	ſ	tt	ſ	tt	ſ
1		3	45		45		40	10	121	10
2		6	90		135		81		243	
3		12	180		315		162		486	
4	1	4	360		675		324		972	
5	2	8	720		1395		648		1944	
6	4	16	1440		2835		1296		3888	
7	9	12	2880		5715		2592		7776	
8	19	4	5760		11475		5184		15552	
9	38	8	11520		22995		10368		31104	
10	76	16	23040		46035		20736		62208	
11	153	12	46080		92115		41472		124416	
12	300		90000		182115		81000		243000	

(H. 300)   (A. 254)   (E. 607tt 1ſ)

TRENTE-HUITIEME TABLEAU *du Jeu par* AMBES *, terminé par la sortie de 3 Numéros à la fois & dirigé sur 26 Numéros liés.*

Tirages.	tt	ſ	tt	ſ	tt	ſ	tt	ſ	tt	ſ
1		3	48	15	48	15	40	10	121	10
2		6	97	10	146	5	81		243	
B.. 3		9	...146...5		.....292.10		....121.10		....364.10B	
4		18	292	10	585		243		729	
5	1	16	585		1170		486		1458	
6	3	12	1170		2340		972		2916	
7	7	4	2340		4680		1944		5832	
8	14	8	4680		9360		3888		11664	
9	28	16	9360		18720		7776		23328	
10	57	12	18720		37440		15552		46656	
11	115	4	37440		74880		31104		93312	
12	230	8	74880		149760		62208		186624	

(H. 325)   (A. 255)   (E. 460tt 16ſ)

TRENTE-NEUVIEME TABLEAU
du Jeu par AMBES *, terminé par la sortie de 3 Numéros à la fois & dirigé sur 26 Numéros liés.*

Tirages.	PRIX de l'Amb. par lui-même à chaque Tirage.		MONTANT de la Mise par elle-même à chaque Tirage.		TOTAL des Sommes déja employées jusques & compris le Tirage indiqué.		MONTANT du Produit que donne la sortie de deux Numéros.		MONTANT du Produit que donne la sortie de trois Numéros.	
	tt	ſ	tt	ſ	tt	ſ	tt	ſ	tt	ſ
I		3	48	15	48	15	40	10	121	10
2		6	97	10	146	5	81		243	
3		12	195		341	5	162		486	
4	1	4	390		731	5	324		972	
5	2	8	780		1511	5	648		1944	
6	4	16	1560		3071	5	1296		3888	
7	9	12	3120		6191	5	2592		7776	
8	19	4	6240		12431	5	5184		15552	
9	38	8	12480		24911	5	10368		31104	
10	76	16	24960		49871	5	20736		62208	
11	153	12	49920		99791	5	41472		124416	
12	300		97500		197291	5	81000		243000	

(H. 325) (A. 256) (E. 607tt 1ſ)

QUARANTIEME TABLEAU *du Jeu par* AMBES *, terminé par la sortie de 3 Numéros à la fois & dirigé sur 27 Numéros liés.*

Tirages.	tt	ſ	tt	ſ	tt	ſ	tt	ſ	tt	ſ
I		3	52	13	52	13	40	10	121	10
2		6	105	6	157	19	81		243	
B.. 3		9	...157	.19	315	.18	121	.10	364	.10B
4		18	315	18	631	16	243		729	
5	1	16	631	16	1263	12	486		1458	
6	3	12	1263	12	2527	4	972		2916	
7	7	4	2527	4	5054	8	1944		5832	
8	14	8	5054	8	10108	16	3888		11664	
9	28	16	10108	16	20217	12	7776		23328	
10	57	12	20217	12	40435	4	15552		46656	
11	115	4	40435	4	80870	8	31104		93312	
12	230	8	80870	8	161740	16	62208		186624	

(H. 351) (A. 257) (E. 460tt 16ſ)

QUARANTE-UNIEME TABLEAU
du Jeu par AMBES, *terminé par la sortie de 3 Numéros à la fois & dirigé sur 27 Numéros liés.*

Tirages.	PRIX de l'Amb. par lui-même à chaque Tirage.		MONTANT de la Mise par elle-même à chaque Tirage.		TOTAL des Sommes déjà employées jusques & compris le Tirage indiqué.		MONTANT du Produit que donne la sortie de deux Numéros.		MONTANT du Produit que donne la sortie de trois Numéros.	
	tt	f	tt	f	tt	f	tt	f	tt	f
1		3	52	13	52	13	40	10	121	10
2		6	105	6	157	19	81		243	
3		12	210	12	368	11	162		486	
4	1	4	421	4	789	15	324		972	
5	2	8	842	8	1632	3	648		1944	
6	4	16	1684	16	3316	19	1296		3888	
7	9	12	3369	12	6686	11	2592		7776	
8	19	4	6739	4	13425	15	5184		15552	
9	38	8	13478	8	26904	15	10368		31104	
10	76	16	26956	16	53861	11	20736		62208	
11	153	12	53913	12	107775	3	41472		124416	
12	300		105300		213075	3	81000		243000	

(H. 351) (A. 258) (E. 607tt 1f)

QUARANTE-DEUXIEME TABLEAU *du Jeu par* AMBES, *terminé par la sortie de 3 Numéros à la fois & dirigé sur 28 Numéros liés.*

Tirages.	tt	f	tt	f	tt	f	tt	f	tt	f
1		3	56	14	56	14	40	10	121	10
2		6	113	8	170	2	81		243	
E.. 3		9	170	2	340	4	121	10	364	10 B
4		18	340	4	680	8	243		729	
5	1	16	680	8	1360	16	486		1458	
6	3	12	1360	16	2721	12	972		2916	
7	7	4	2721	12	5443	4	1944		5832	
8	14	8	5443	4	10886	8	3888		11664	
9	28	16	10886	8	21772	16	7776		23328	
10	57	12	21772	16	43545	12	15552		46656	
11	115	4	43545	12	87091	4	31104		93312	
12	230	8	87091	4	174182	8	62208		186624	

(H. 378) A. 259) (E. 460tt 16f)

QUARANTE-

QUARANTE-TROISIEME TABLEAU
du Jeu par AMBES, *terminé par la sortie de 3 Numéros à la fois & dirigé sur 28 Numéros liés.*

Tirages.	PRIX de l'Amb. par lui-même à chaque Tirage.		MONTANT de la Mise par elle-même à chaque Tirage.		TOTAL des Sommes déja employées jusques & compris le Tirage indiqué.		MONTANT du Produit que donne la sortie de deux Numéros.		MONTANT du Produit que donne la sortie de trois Numéros.	
	tt	ſ	tt	ſ	tt	ſ	tt	ſ	tt	ſ
1		3	56	14	56	14	40	10	121	10
2		6	113	8	170	2	81		243	
3		12	226	16	396	18	162		486	
4	1	4	453	12	850	10	324		972	
5	2	8	907	4	1757	14	648		1944	
6	4	16	1814	8	3572	2	1296		3888	
7	9	12	3628	16	7200	18	2592		7776	
8	19	4	7257	12	14458	10	5184		15552	
9	38	8	14515	4	28973	14	10368		31104	
10	76	16	29030	8	58004	2	20736		62208	
11	153	12	58060	16	116064	18	41472		124416	
12	300		113400		229464	18	81000		243000	

(H. 378) (A. 260) (E. 607tt 1ſ)

QUARANTE-QUATRIEME TABLEAU
du Jeu par AMBES, *terminé par la sortie de 3 Numéros à la fois & dirigé sur 29 Numéros liés.*

Tirages.	tt	ſ	tt	ſ	tt	ſ	tt	ſ	tt	ſ
1		3	60	18	60	18	40	10	121	10
2		6	121	16	182	14	81		243	
B.. 3	......	12	...243.	12.	....426...	6	...162.....		....486.... B	
4	1	7	548	2	974	8	364	10	1093	10
5	3		1218		2192	8	810		2430	
6	6	12	2679	12	4872		1782		5346	
7	14	11	5907	6	10779	6	3928	10	11785	10
8	32	2	13032	12	23811	18	8667		26001	
9	70	16	28714	16	52556	14	19116		57348	
10	156	3	63396	18	115953	12	42160	10	126481	10

(H. 406) (A. 261) (E. 285tt 12ſ)

QUARANTE-CINQUIEME TABLEAU
du Jeu par AMBES *, terminé par la sortie de 3 Numéros à la fois & dirigé sur 29 Numéros liés.*

Tirages.	PRIX de l'Amb. par lui-même à chaque Tirage.		MONTANT de la Mite par elle-même à chaque Tirage.		TOTAL des Sommes déja employées jusques & compris le Tirage indiqué.		MONTANT du Produit que donne la sortie de deux Numéros.		MONTANT du Produit que donne la sortie de trois Numéros.	
	tt	ſ	tt	ſ	tt	ſ	tt	ſ	tt	ſ
1		3	60	18	60	18	40	10	121	10
2		6	121	16	182	14	81		243	
B..3	12		....243.12		....426...6		...162.....		....486.....B	
4	1	10	609		1035	6	405		1215	
5	3	12	1461	12	2496	18	972		2916	
6	8	14	3532	4	6029	2	2349		7047	
7	21		8526		14555	2	5670		17010	
8	50	14	20584	4	35139	6	13689		41067	
9	122	8	49694	8	84833	14	33048		99144	
10	295	10	119973		204806	14	79785		239355	

(H. 406)   (A. 262)   (E. 504ᵗᵗ 9ſ)

QUARANTE-SIXIEME TABLEAU
du Jeu par AMBES *, terminé par la sortie de 3 Numéros à la fois & dirigé sur 30 Numéros liés.*

Tirages.										
	tt	ſ	tt	ſ	tt	ſ	tt	ſ	tt	ſ
1		3	65	5	65	5	40	10	121	10
2		6	130	10	195	15	81		243	
B..3	12		....261....		....456.15		...162.....		.....486.....B	
4	1	10	652	10	1109	5	405		1215	
5	3	12	1566		2675	5	972		2916	
6	8	14	3784	10	6459	15	2349		7047	
7	21		9135		15594	15	5670		17010	
8	50	14	22054	10	37649	5	13689		41067	
9	122	8	53244		90893	5	33048		99144	
10	295	10	128542	10	219435	15	79785		239355	

(H. 435)   (A. 263)   (E. 504ᵗᵗ 9ſ)

QUARANTE-SEPTIEME TABLEAU

du Jeu par AMBES *, terminé par la sortie de 3 Numéros à la fois & dirigé sur 30 Numéros liés.*

Tirages.	PRIX de l'Amb. par lui-même à chaque Tirage.		MONTANT de la Mise par elle-même à chaque Tirage.		TOTAL des Sommes deja employées jusques & compris le Tirage indiqué.		MONTANT du Produit que donne la sortie de deux Numéros.		MONTANT du Produit que donne la sortie de trois Numéros.	
	tt	ſ	tt	ſ	tt	ſ	tt	ſ	tt	ſ
1		3	65	5	65	5	40	10	121	10
2		9	195	15	261		121	10	364	10
3	1	7	587	5	848	5	364	10	1093	10
4	4	1	1761	15	2610		1093	10	3280	10
5	12	3	5285	5	7895	5	3280	10	9841	10
6	36	9	15855	15	23751		9841	10	29524	10
7	109	7	47567	5	71318	5	29524	10	88573	10
8	300		130500		201818	5	81000		243000	

(H. 435)   (A. 264)   (E. 463 tt 19 ſ)

FIN DES TABLEAUX.

PRINCIPES GÉNÉRAUX
de la Méthode employée dans l'exécution des différents Tableaux de cet Ouvrage.

Avant que d'entrer dans aucun détail relatif à ces Principes, il eſt bon de donner l'explication des Lettres alphabétiques qui ſe trouvent répandues dans chacun de mes Tableaux.

La lettre A & le nombre qui l'accompagne, indiquent le quantieme de chacun des Tableaux de l'Ouvrage en général.

Les deux lettres B....B dont l'une eſt placée au commencement de la ligne pointée qui traverſe horizontalement toutes les colonnes du Tableau, & l'autre à la fin de cette même ligne, indiquent le point ou la ligne de progreſſion majeure, c'eſt-à-dire, celui des Tirages, où pour pouvoir ſuivre, ſans perte, les Miſes contenues dans le Tableau, on eſt obligé d'augmenter avec une certaine progreſſion, le prix des chances que l'on a adoptées.

Les lettres C....C indiquent une ſeconde ligne de progreſſion majeure ou le Tirage où l'on eſt obligé de ſe ſervir d'un progreſſeur auxiliaire, & la lettre C non pointée déſigne ce progreſſeur auxiliaire.

CB....CB. On vient de voir que les lettres B...B indiquent toute ligne de progreſſion majeure, & la lettre C toute ligne de progreſſion auxiliaire. Ces deux lettres jointes enſemble de la maniere ſuivante CB....CB indiquent, dans les Tableaux où il ſe trouve deux lignes pointées, celle de ces deux lignes qui a, à elle ſeule, les qualités de ligne de progreſſion majeure & de ligne de progreſſion auxiliaire.

On ne trouve que dans quelques-uns de mes Tableaux les lettres Z. . . . Z : elles déſignent, ainſi que les lettres B. . . B, une ligne de progreſſion majeure qu'on n'a diſtinguée ainſi des autres lig. de progreſſion majeure, que parce qu'à commencer de cette ligne on n'augmente pas le prix de la chance pour les Tirages ſuivants, dans la même proportion qu'il l'a été pour les Tirages précédents.

La lettre D & le nombre dont elle eſt accompagnée, préſentent le montant progreſſif du prix des Extraits pendant le cours des Tirages compris dans le Tableau.

La lettre E & le nombre qui l'accompagne, préſentent le même montant relativement aux Ambes.

La lettre G & le nombre dont elle eſt accompagnée, préſente le même montant relativement aux Ternes.

La lettre H & le nombre qui l'accompagne, indiquent le nombre des Ambes qui réſultent de la quantité des Numéros ſur leſquels on dirige la Miſe.

La lettre K & le nombre dont elle eſt accompagnée, préſentent le nombre des Ternes qui réſultent également de la quantité des Numéros ſur leſquels la Miſe eſt dirigée.

APPLICATION DES CINQ LETTRES
ci-deſſus *D. E. G. H* & *K.*

De la lettre D *, placée à la fin de chaque Tableau des Jeux par Extraits liés.*

Multipliez le prix de la chance de la derniere ligne d'un Tableau quelconque par le nombre des

Extraits sur lesquels le Jeu est dirigé, le produit vous donnera le montant de la Mise par elle-même à cette derniere ligne. Multipliez le prix de la même chance à la derniere ligne par le nombre 15, le produit vous donnera le montant de celui que donne la sortie d'un Numéro. Doublez ce produit, & vous aurez le montant de celui que donne la sortie de deux Numéros. Multipliez le nombre qui accompagne la lettre D avec le nombre des Extraits sur lesquels le Tableau est dirigé, le produit vous donnera le total des sommes que vous aurez employées dans vos différentes Mises.

Application des lettres D. E & H *dans les Tableaux du Jeu par Extraits & Ambes.*

Multipliez le prix de l'Extrait à la derniere lig. par le nombre des Extraits sur lesquels le Tableau est dirigé, & posez-en le montant : multipliez ensuite le prix de l'Ambe à cette même ligne par le nombre qui accompagne la lettre H, & posez-en de même le montant sous le premier ; additionnez ces deux montants, & le total vous donnera celui de la Mise par elle-même à cette derniere ligne. Multipliez le prix de l'Extrait à cette même derniere ligne par le nombre 15, & le produit vous donnera celui de la sortie d'un Numéro. Multipliez ensuite le prix de l'Ambe à cette même ligne par 270, posez-en le montant auquel vous ajouterez le double du produit de la sortie d'un Numéro, aussi à cette même ligne, & le total vous donnera celui du produit de la sortie de 2 Numéros. Enfin multipliez le nombre qui accompagne la lettre D par le nombre des Extraits dont le Tableau est composé : posez-en le montant, & multipliez le nombre qui accompagne la lettre E par celui qui accompagne la lettre H : posez-en aussi le montant sous le premier , & additionnez-les ensemble ; le total vous donnera celui des sommes que vous avez employées.

Application des lettres D. E. G. H & K *dans les Tableaux du Jeu par Extraits, Ambes & Ternes.*

MULTIPLIEZ comme ci devant , 1°, le prix de l'Extrait à la derniere ligne par le nombre des Numéros sur lesquels le Tableau est dirigé : 2°, le prix de l'Ambe à cette même ligne par le nombre qui accompagne la lettre H : 3°, le prix du Terne également à cette derniere ligne par le nombre qui accompagne la lettre K , additionnez les trois montants de ces trois multiplications , le total vous donnera celui de la Mise par elle-même à la derniere ligne. Multipliez ensuite 1°, le prix de l'Extrait, à cette ligne , par le nombre 15 : 2°, le prix de l'Ambe par le nombre 270 : 3°, le prix du Terne par le nombre 5200. Les produits particuliers de ces différentes multiplications vous donneront le montant du produit de chaque chance. Par conséquent le premier produit vous donnera celui de la sortie d'un Numéro, le second produit joint au premier doubié, celui de la sortie de 2 Numéros, & le troisieme produit joint au premier triplé & au second aussi triplé, le produit de la sortie de 3 Numéros. Enfin multipliez 1°, le nombre qui accompagne la lettre D par le nombre des Numéros que contient le Tableau : 2°, le nombre qui accompagne la lettre E , par celui qui accompagne la lettre H : 3°, le nombre qui accompagne la lettre G par celui qui accompagne la lettre K , le total des 3 montants particuliers de ces 3 multiplications vous donnera le total des sommes que vous avez employées sur les trois sortes de chances pendant tous les Tirages indiqués dans votre Tableau.

Suivez la même maniere de calculer pour l'application de celles de ces cinq lettres que vous trouverez dans les Tableaux des Jeux d'Extraits & Ternes, d'Ambes, de Ternes, & d'Ambes & Ternes.

Nota. Il faut que les derniers résultats de votre Tableau soient exactement conformes aux résultats des opérations dont je viens de donner la clef, sans quoi il y auroit erreur dans la compofition du Tableau. Cette clef offre donc un moyen facile & curieux de prouver l'exactitude de toutes les parties du Tableau.

L'explication que je viens de donner, étoit nécessaire pour l'intelligence des principes de ma méthode, principes qui pourront fervir de clef aux Actionnaires calculateurs pour former d'autres Tableaux plus conformes à leur goût que les miens, soit par rapport aux sommes plus ou moins fortes qu'ils fe proposeront d'employer, foit par rapport aux gains plus ou moins confidérables qu'ils auront en vue, foit enfin à la carriere plus ou moins étendue pendant laquelle ils voudront avoir la liberté de fuivre leurs Mifes.

Pour rendre plus facile encore l'intelligence de ces principes, je vais appliquer au Jeu d'Extrait feulement les opérations dans lefquelles ils m'ont dirigé. Il fera aifé enfuite d'appliquer ces mêmes opérations aux Jeux compliqués : il fuffira pour cela de confulter les différents Tableaux de mon Ouvrage , comme il faudra de même les confulter pour comprendre plus aifément les détails que je vais donner.

Premiere Opération.

Tracez sur votre papier une certaine quantité de lignes proportionnée à peu près au nombre de Tirages que vous vous proposez de vous ménager ; que ces lignes, tirées à la regle & au compas, soient tracées à distances absolument égales de l'une à l'autre : cette égalité est indispensable. Divisez ces lignes en quatre colonnes. (*Notez que je ne parle ici que des Tableaux du Jeu par Extrait simple, & que pour les Jeux compliqués il faut un nombre de colonnes proportionné au nombre de chances que l'on veut poursuivre, ainsi que vous pouvez le voir par ceux de mes Tableaux de ce genre.*) Divisez, dis-je, ces lignes en quatre colonnes dont une pour l'indication de chacun des Tirages pendant lesquels vous voudrez poursuivre votre Mise ; une seconde, pour indiquer le prix de l'Extrait par lui-même à chacun de ces Tirages ; une troisieme, pour indiquer le total progressif des sommes déja employées jusques & compris chacun de ces Tirages, & une quatrieme pour indiquer le montant du produit que donne également à chacun de ces Tirages, la sortie du N°. sur lequel vous jouez.

Seconde Opération.

Aprés avoir posé sur la premiere ligne & dans la premiere colonne le chiffre 1 qui indique le premier des Tirages pendant lesquels vous pouvez suivre votre Mise, posez sur la même ligne, & à la seconde colonne, le premier prix que vous voulez mettre d'abord à l'Extrait. Posez la même somme à la troisieme colonne (pour ce premier Tirage seulement, parce qu'il n'y a point encore de progression dans votre dépense). Enfin posez à la quatrieme colonne le montant du produit que donne la sortie du N°.

Troisieme Opération.

La premiere ligne ainsi remplie, colonne par colonne, posez sur la seconde ligne à la premiere colonne le chiffre 2 qui désigne le second Tirage. Posez ensuite à la seconde colonne le double de la somme que vous avez placée sur l'Extrait au premier Tirage: cette double somme sera le prix de votre Extrait au second Tirage. Additionnez ce prix avec le 1^r total des sommes déja employées, & portez-en le montant à la 3me colonne : ce montant sera celui des sommes que vous avez déja employées jusques & compris le 2^d Tirage. Posez enfin à la 4me colonne, ainsi que vous avez fait à la seconde relativement au prix de l'Extrait, le double de la somme que vous avez posée sur la premiere ligne à cette 4me colonne ; cette double somme sera le montant du produit de votre Extrait au second Tirage.

Quatrieme Opération.

La seconde ligne ainsi remplie, la somme que vous avez d'abord placée sur l'Extrait au premier Tirage, & celle du produit de cet Extrait aussi au premier Tirage doivent vous servir de progresseurs pour former, aux Tirages suivants, au moyen de l'une l'accroissement progressif du prix de l'Extrait, & au moyen de l'autre l'accroissement progressif du produit de cet Extrait ; ce qui s'opere naturellement en les ajoutant chacune dans leur colonne respective, à celles de la 2e ligne pour former la 3e; à celles de la 3e pour former la 4e; à celles de la 4e pour former la 5e. & ainsi de suite, jusqu'au moment où vous voudrez commencer une progression majeure, c'eft-à-dire, ajouter fucceffivement à l'Extrait une fomme plus forte que le premier progreffeur que vous y avez ajouté jufques-là. Cette progreffion majeure devient néceffaire, lorfque le produit de la fortie du N°. ceffe d'être plus fort que le total des fommes que vous avez déja employées jufqu'à ce moment ; ce dont vous vous appercevrez fucceffivement en additionnant le montant de la feconde Mife avec le 1er total des *fommes déja employées* pour former & pofer le 2d total de ces mêmes fommes ; le montant de la 3e Mife avec le 2d total des *fommes déja employées* pour former & pofer le 3e total de ces fommes ; le montant de la 4e Mife avec le 3e total des *fommes déja employées* pour former & pofer le 4e total de ces fommes ; le montant de la 5e Mife avec le 4e total des *fommes déja employées* pour former & pofer le 5e total de ces fommes, & ainfi de fuite. Alors, foit que vous foyez forcé par cette derniere raifon à employer la progreffion majeure, foit que vous vous y déterminiez par goût & dans l'efpoir de parvenir à un gain plus promptement confidérable (fauf à vous réferver un moins grand nombre de Tirages) ; alors, dis-je, diftinguez la ligne ou le Tirage où vous en ferez par des points qui traverfent horizontalement & d'un bout à l'autre les quatre colonnes de votre Tableau : prenez enfuite un compas dont l'ouverture puiffe être affujettie au moyen d'une vis : pofez-en la pointe fupérieure fur la 2e ligne du Tableau (à la 2e colonne pour le prix de l'Extrait & à la 4e quand vous en ferez au produit de l'Extrait) & l'autre pointe fur votre ligne pointée : additionnez enfemble les deux fommes qui fe trouvent fous les deux pointes du compas, le montant qu'elles vous donneront à la 2e colonne, fera la fomme que vous devez pofer pour prix de l'Extrait fur la ligne qui fuit immédiatement votre ligne pointée. Defcendez enfuite la pointe inférieure de votre compas fur la ligne où vous venez de pofer ce montant; l'autre pointe qui aura quitté en même temps la 2e ligne, fe trouvera fur la 3e, additionnez les deux fommes fur lefquelles feront alors pofées les deux pointes du compas, & le montant qu'elles vous donneront, fera la fomme que vous devez pofer pour prix de l'Extrait fur la 2e ligne après votre ligne pointée & ainfi de fuite, jufqu'à la fin de votre Tableau, ou tant que le total fucceffif des fommes que vous avez déja employées, ne fera pas plus fort que le montant du produit fucceffif que donne la fortie du N°, & tant que le prix fucceffif de l'Extrait n'ira pas au-delà des 6000^{tt} fixées pour cette chance par l'Arrêt du Confeil.

Si après un certain nombre de Tirages, le prix de votre Extrait n'a pas encore atteint à beaucoup près le taux jufqu'auquel vous pouvez le pouffer, & que cependant le total des fommes que vous avez déja employées jufques-là, égale le montant du produit de votre Extrait, alors il faut employer une feconde ligne de progreffion majeure, & voici comment il faut opérer.

Cinquieme Opération.

On fixe pour 2e ligne de progreffion majeure celle où on en eft refté, en joignant aux deux qui ont opéré jufques-là une nouvelle ligne nommée *ligne auxiliaire*. On la choifit à volonté dans une des lignes fupérieures, & on additionne les trois lignes enfemble. Quelquefois même on a recours à une 4e ligne, & le total qui réfulte de ces fommes réunies forme le prix de l'Extrait à la ligne qui fuit immédiatement la 2e ligne de progreffion majeure, & ainfi de suite en descendant d'une ligne jusqu'à la fin. Mais comme dans cette circonstance on a trois & quelquefois 4 lignes, ou pour mieux dire, trois ou quatre sommes différentes à additionner, & qu'elles se trouvent à des distances souvent très-éloignées les unes des autres, il faut alors, pour opérer sûrement & promptement, faire usage d'un compas à verge tel que celui dont on trouvera le dessein, l'explication & l'application dans les détails que je vais donner sur la maniere de s'en servir.

Voilà toute la magie que j'ai employée pour former les différents Tableaux de mon Ouvrage. Les explications qu'il me reste à donner, acheveront d'éclaircir les endroits qui pourront paroître obscurs à quelques-uns de mes Lecteurs. Pour les mettre tous à portée de concevoir ma méthode, j'ai fait graver avec soin & précision quatre Planches qui représentent en partie les 9^c, 188^c, 197^c, 51^c & 190 Tableaux de mon Ouvrage, avec les opérations ou la marche des deux compas que j'ai été obligé d'employer dans mes opérations.

Explication de la premiere Planche contenant deux Tableaux.

PREMIER TABLEAU.

Ce Tableau est un de ceux du Jeu par Extraits liés: il est dirigé sur 3 Numéros & poussé jusqu'à 35 Tirages. Le prix de l'Extrait est de 12^f au 1^r Tirage. Pour en fixer le prix aux 2^d, 3e, 4e, 5e, 6e & 7e Tirages, je n'ai employé d'autre progresseur que le 1er prix que j'ai doublé pour former celui du 2^d Tirage : j'ai ajouté ce même premier prix à celui du 2^d Tirage pour former celui du 3e; à celui du 3e pour former celui du 4e; à celui du 4e pour former celui du 5e; à celui du 5ᵉ pour former celui du 6ᵉ, & à celui du 6ᵉ pour former celui du 7ᵉ. Le total des sommes déja employées jusques & compris ce 7ᵉ Tirage égalant le produit d'un Extrait à ce même Tirage, j'ai été obligé, pour conserver la balance & ménager même un certain bénéfice aux Tirages subséquents par la sortie d'un seul Nᵒ, d'employer une progression majeure dès ce 7ᵉ Tirage : elle est indiquée par des points & par la lettre B (*Voyez la Planche*). Cette progression a été suivie jusqu'à la fin du Tableau, au *Compas simple*, désigné dans deux endroits du Tableau par la lettre J. La lettre L qui accompagne les deux pointes du compas représenté au commencement du Tableau, indique la premiere position de ce compas, c'est-à-dire, qu'elle montre les deux pointes posées sur les deux sommes qui se trouvent à la seconde & à la 7ᵉ ligne, & que j'ai additionnées ensemble pour former la somme que j'avois à poser à la 8ᵉ ligne ou au 8ᵉ Tirage. En effet la pointe supérieure du compas est placée sur la somme 1ᵗᵗ 4ˢ, & la pointe inférieure sur 4ᵗᵗ 4ˢ : ces deux sommes additionnées font 5ᵗᵗ 8ˢ qui forment le montant de l'Extrait au 8ᵉ Tirage, & que j'ai posé à la 8ᵉ ligne. Le compas toujours *également* ouvert & assujetti par une vis, a marché de Tirage en Tirage en descendant d'une ligne, jusqu'au 34 Tirage où l'on voit ses deux pointes, marquées de la lettre M, posées sur les sommes des 29ᵉ & 34ᵉ lignes ou tirages, lesquelles sommes additionnées ensemble ont formé pour prix de l'Extrait au 35ᵉ Tirage 5056ᵗᵗ 4ˢ; si j'eusse descendu encore le compas d'une ligne, l'une de ses pointes se fût trouvée sur la somme 1441ᵗᵗ 4ˢ à la 30ᵉ ligne, & l'autre sur la somme 5056ᵗᵗ 4ˢ à la 35ᵉ ligne : ces deux sommes additionnées ensemble auroient formé pour le 36ᵉ Tirage un total de

6497^{tt} 8^f; mais comme cette somme auroit paſſé le taux fixé par l'Arrêt du Conſeil pour celle qu'on peut placer ſur l'Extrait, ſomme qui, comme je l'ai déja dit, ne peut aller au-delà de 6000^{tt}, j'ai été obligé de m'arrêter au 35e Tirage incluſivement.

N^a La lettre A *jointe au nombre 9 dans cette Planche, indique que le Tableau gravé eſt le neuvieme de tous ceux de mon Ouvrage. La même lettre jointe au nombre 188 dans la même Planche donne la même indication. Cette explication doit ſuffire pour les trois autres Planches où les Tableaux ſe trouvent également indiqués par la lettre* A & *le nombre qui les déſigne.*

Second Tableau de la premiere Planche.

Ce Tableau eſt un de ceux du Jeu par Extraits, terminé par la ſortie de deux Numéros à la fois, & dirigé ſur 12 Numéros : il eſt pouſſé juſqu'à 18 Tirages. La ligne de progreſſion majeure eſt la ſixieme; mais pour que le montant du produit de l'Extrait conſervât au 7e Tirage & ſucceſſivement aux Tirages ſuivants, la ſupériorité ſur le montant des ſommes déja employées juſqu'à ce 7e Tirage, & que j'avois à employer ſucceſſivement auſſi aux Tirages ſuivants, j'ai eu beſoin de deux progreſſeurs, & alors il a fallu avoir recours au compas à verge déſigné par la lettre N. Ce compas dont on voit le modele à la Planche 4, lettre T, eſt compoſé d'une verge de cuivre plate à 5 pans, de la longueur d'un pied diviſé en 12 pouces. A l'une des extrémités de la verge eſt fixée à demeure une pointe d'acier. Cette même verge eſt revêtue de trois autres pointes mobiles & coulantes au gré de celui qui veut en faire uſage : on les fixe par le moyen d'une vis dont chacune d'elles eſt garnie.

Revenons à notre Tableau. Les deux progreſſeurs que j'ai choiſis pour établir le prix de l'Extrait au 7ᵉ Tirage, ſont les ſommes que j'y ai placées au premier Tirage & au 5ᵉ; mais comme il falloit additionner ces deux ſommes avec celle de la 6ᵉ ligne ou ligne de progreſſion majeure pour former le prix de l'Extrait au 7ᵉ Tirage; celles des ſeconde & ſixieme avec celle de la 7ᵉ pour le 8ᵉ Tirage; celles des 3ᵉ & 7ᵉ avec celle de la 8ᵉ pour le 9ᵉ Tirage, & ainſi de ſuite juſqu'à la fin; mon opération eut été pénible, longue & peu exacte, ſi je n'euſſe pas eu le ſecours de mon compas à verge. Qu'on examine avec attention la Figure qui en eſt tracée ſur le Tableau, on verra qu'après avoir poſé la pointe fixe, marquée ainſi que les autres par la lettre P, ſur le premier progreſſeur, j'ai dirigé la ſeconde ſur le 2ᵈ progreſſeur, & la troiſieme ſur la ligne de progreſſion majeure; qu'étant ainſi poſées ſur ces trois lig. j'ai rendu fixes, au moyen des vis, les deux pointes mobiles, & reculé juſqu'au bout de la verge la 4ᵉ pointe marquée R dont je n'avois pas beſoin; qu'alors tenant ce compas de la main gauche, il m'a été facile d'additionner les trois ſommes ſur leſquelles portoient les trois pointes du compas, & de poſer le montant de ces trois ſommes pour former la ligne qui ſuit immédiatement la ligne pointée, & ainſi de ſuite en deſcendant d'une ligne le compas, toujours de la main gauche & dans le même état d'ouverture ou de proportion, juſqu'au 17ᵉ Tirage où les pointes marquées Q ſe trouvent la premiere ſur la ſomme de la 12ᵉ ligne, la ſeconde ſur celle de la 16ᵉ, & la troiſieme ſur celle de la 17ᵉ, leſquelles trois ſommes forment un total de 3837ᵗᵗ, c'eſt-à-dire, le prix de l'Extrait au 18ᵉ Tirage, prix que je n'ai pu pouſſer plus loin, parce qu'en deſ-

cendant

cendant encore d'une ligne il auroit paſſé le taux de 6000ᵗᵗ, comme on peut le voir en additionnant les trois ſommes, ſur leſquelles les trois pointes du compas ſe feroient trouvé poſées.

Explication de la ſeconde Planche.

ELLE ne repréſente qu'un Tableau avec les mouvements du compas ſimple & du compas à verge, dont j'ai été obligé de faire uſage pour le former. Ce Tableau eſt le premier de ceux du Jeu par Extraits terminé par la ſortie de 3 Numéros à la fois, & dirigé ſur 10 Numéros liés. Il eſt pouſſé juſqu'à 35 Tirages, & on y voit deux lignes de progreſſion dont la premiere marquée CB & pointée ſe forme, ainſi que dans le premier Tableau de la Planche précédente, au 7ᵉ Tirage. J'ai opéré pour celui-ci de la même maniere que pour l'autre juſqu'à la 26ᵉ ligne ou 26ᵉ Tirage incluſivement ; mais comme alors le total des ſommes déia employées juſques & compris ce 26ᵉ Tirage égaloit à peu près le montant du produit des 3 Numéros, dont la ſortie eſt néceſſaire pour produire l'effet deſiré, j'ai été obligé d'employer une ſeconde ligne de progreſſion que j'ai pointée au 27ᵉ Tirage. Alors je me ſuis muni de mon compas à verge dont j'ai poſé la premiere pointe ſur la premiere ligne de progreſſion majeure ; la ſeconde, ſur la 22ᵉ ligne du Tableau, & la troiſieme ſur la 27ᵉ ou ſeconde ligne de progreſſion majeure marquée d'un C & pointée. La quatrieme pointe du compas eſt reſtée dans l'inaction. J'ai additionné les trois ſommes ſur leſquelles les pointes ſe trouvoient poſéés, & le total m'a donné le prix de l'Extrait au 28ᵉ Tirage. (*Voyez la premiere Figure du Compas à verge dont les pointes agiſſantes ſont marquées dans cette ſeconde Plan-che par la lettre* P.) J'ai opéré ainſi de ſuite en deſ-cendant le compas d'une ligne juſqu'au 34e Tirage. Alors la premiere pointe du compas s'eſt trouvée naturellement poſée ſur la 14e ligne ou 14e Tirage ; la ſeconde ſur la 29e ligne, & la troiſieme ſur la 34e ligne. (*Voyez la ſeconde Figure du Compas dont les pointes agiſſantes ſont marquées dans cette ſeconde Plan-che par la lettre* Q). Ces trois ſommes additionnées enſemble ont formé 5171ᵗᵗ 8ſ, prix de l'Extrait au 35e Tirage. Il a fallu me borner là, pour ne pas excéder les 6000 livres.

Explication de la troiſieme Planche.

CETTE Planche ne repréſente, comme la précé-dente, qu'un Tableau exécuté de même par le moyen des deux Compas & de deux lignes de progreſſion majeure. Ce Tableau eſt un de ceux de la premiere Combinaiſon du Jeu par Ambes, ſur 11 Numéros liés, & il eſt pouſſé juſqu'à 31 Tira-ges. L'opération des compas eſt la même que pour le Tableau de la Planche précédente, excepté que dans celui-ci la premiere ligne de progreſſion ne commence qu'au 8e Tirage, & que le compas ſim-ple ne marche que juſqu'au 16e Tirage incluſive-ment. J'ai formé la ſeconde ligne de progreſſion au 17e Tirage, & ai fait uſage alors du compas à verge ; mais au lieu d'en poſer la premiere pointe ſur la premiere ligne de progreſſion majeure, je l'ai poſée ſur la premiere ligne du Tableau marquée d'un C, cette marque indique le progreſſeur auxi-liaire ; la ſeconde pointe ſur la 11e ligne, & la troi-ſieme ſur la 17e. (*Voyez la Figure du Compas à verge dont les pointes agiſſantes ſont marquées dans* cette troifieme *Planche comme dans la précédente par un* P). J'ai opéré ainfi de fuite jufqu'à la fin , & alors les pointes fe font trouvées fur les fommes des lignes 14, 24 & 30, lefquelles fommes ont produit 280tt 7f, prix de l'Ambe au 31e Tirage. (*Voyez la feconde Figure du Compas à verge dont les pointes font marquées dans cette troifieme Planche , ainfi que la précédente par la lettre* Q). J'ai terminé ce Tableau au 31e Tirage , parce qu'un Tirage de plus auroit porté le prix de l'Ambe au-delà des 300tt qu'il eft poffible de placer fur cette chance.

Explication de la quatrieme & derniere Planche.

CETTE Planche repréfente un Tableau du Jeu par Extraits , terminé par la fortie de 2 Numéros à la fois. Ce Tableau eft pouffé jufqu'à 15 Tirages. La ligne de progreffion majeure commence au 5e Tirage ; mais, pour balancer le total des fommes déja employées , avec le montant du produit des deux Extraits defirés , & le balancer de maniere que ce produit excédât les dépenfes, ou au moins ne fût pas au-deffous , il m'a fallu employer trois progreffeurs indépendamment de la ligne de progreffion majeure , & les additionner enfemble avec cette ligne de progreffion pour former le prix de l'Extrait à la ligne fuivante, c'eft-à-dire, au 6e Tirage , & ainfi de fuite jufqu'à la fin. C'eft alors que , fans me fervir du compas ordinaire , j'ai eu befoin des quatre pointes du compas à verge , & que dans la pofition où il eft deffiné fur cette Planche, (*Voyez la Figure marquée* S) j'ai chargé l'Extrait du 6e Tirage du total des quatre fommes fur lefquelles portoient fes pointes, & ai fait defcendre enfuite de ligne en ligne le compas qui a marché fucceffivement, ainfi jufqu'au 14ᵉ Tirage où alors les quatre fommes qui fe font trouvées fous les quatre pointes, m'ont donné, pour prix de l'Extrait au 15ᵉ Tirage, un total de 5044ᵗᵗ 16 fols..

La figure marquée T, tracée dans cette quatrieme Planche, repréfente, comme je l'ai déja dit, le compas à verge dans fa groffeur naturelle. (*Voyez la Defcription que j'en ai faite ci-deffus*, page 295).

Pour peu que l'on connoiffe la nature de la Loterie de l'Ecole Royale Militaire, il fera aifé, d'après les détails que je viens de donner, d'avoir une idée nette de ma méthode. Ceux qui la concevront, verront qu'ils font les maîtres de placer fur les chances, dès le premier Tirage, une fomme au-deffus de celles que j'ai adoptées dans mes Tableaux ; d'employer la ligne de progreffion majeure à tel Tirage que bon leur femblera, tant que la balance fera à peu près égale entre leurs dépenfes & le produit de la chance qu'ils pourfuivent ; que plutôt ils employeront cette progreffion majeure, moins ils auront de Tirages devant eux, mais plus auffi leur gain deviendra promptement confidérable par l'événement de la chance. Enfin ils verront par l'infpection feule des Tableaux de cet Ouvrage, qui s'étendent à tous les différents Jeux de cette Loterie, la façon dont on doit compofer les Tableaux des Jeux compliqués. Qu'ils n'oublient pas que le total des fommes déja employées & le montant du produit de la chance qu'ils pourfuivent, doivent être la bouffole de leurs opérations ; qu'ils fe reffouviennent auffi que pour former dans la compofition de leurs Tableaux les colonnes où doivent fe trouver les montants progreffifs du produit de la chance ou des chances, il faut opérer de la même maniere que pour former les colonnes où fe trouvent portés le prix de la chance par elle-même, & le montant de la mife par elle-même. Je ferois trop long, & rebuterois à coup fûr des Lecteurs éclairés fi j'entrois, à ces différents fujets, dans de plus amples détails.

F I N.

Tirages	Colonne du prix de la Chance		Colonne du prix de la Chance		Reprise et suite finale de la colonne précédente	
	l	s	l	s	l	s
1		12		12		12
2	1	4	1	4	1	4
3	1	16	1	16	1	16
4	2	8	3		3	
5	3		4	16	4	16
6	3	12	7	10		16
7	4	4	13	4	13	4
8	5	8			22	4
9	7	4			37	4
10	9	12			62	4
11	12	12			104	8
12	16	4			174	12
13	20	8			292	4
14	25	16			489	
15	33				818	4
16	42	12			1309	16
17	55	4			2292	12
18	71	8			3853	7
19	91	16				
20	117	12				
21	150	12				
22	193	4				
23	248	8				
24	319	16				
25	411	12				
26	529	4				
27	679	16				
28	873					
29	1121	8				
30	1441	4				
31	1852	16				
32	2382					
33	3001	16				
34	3934	16				
35	5056	4				

Tirages	Colonne du prix de la Chance		Reprise et suite de la Colonne du prix de la Chance		Reprise et suite finale de la Colonne précédente	
	#	s	#	s	#	s
1		12		12		12
2	1	4	1	4	1	4
3	1	16	1	16	1	16
4	2	8	2	8	2	8
5	3		3		3	
6	3	12	3	12	3	12
CB 7	4	4	4	4	4	4
8	5	8	5	8	5	8
9	7	4	7	4	7	4
10	9	12	9	12	9	12
11	12	12	12	12	12	12
12	16	4	16	4	16	4
13	20	8	20	8	20	8
14	25	16	25	16	25	16
15	33		33		33	
16	42	12	42	12	42	12
17	55	4	55	4	55	4
18	71	8	71	8	71	8
19	91	16	91	16	91	16
20	117	12	117	12	117	12
21	150	12	150	12	150	12
22	193	4	193	4	193	4
23	248	8	248	8	248	8
24	319	16	319	16	319	16
25	411	12	411	12	411	12
26	529	4	529	4	529	4
C 27	679	16	679	16	679	16
28			877	4	877	4
29					1131	
30					1458	
31					1879	4
32					2421	
33					3117	
34					4014	12
35					5171	8

Total	Colonne du prix de la Chance		Reprise et suite de la Colonne du prix de la Chance		Reprise et suite finale de la Colonne précédente	
	#	′	#	′	#	′
C 1		3		3		3
2		6		6		6
3		9		9		9
4		12		12		12
5		13		13		13
6		18		18		18
7	1	1	1	1	1	1
B 8	1	4	1	4	1	4
9	1	12	1	12	1	12
10	1	17	1	19	1	10
11	2	11	2	11	2	11
12	3	6	3	6	3	6
13	4	4	4	4	4	4
14	5	5	5	5	5	5
15	6	9	6	9	6	9
16	7	10	7	19	7	10
C 17	9	18	9	18	9	18
18			13	12	12	12
19					16	4
20					20	17
21					26	14
22					33	18
23					42	15
24					53	14
25					65	12
26					85	4
27					108	
28					137	5
29					174	9
30					221	6
31					260	7

(A. 51.)

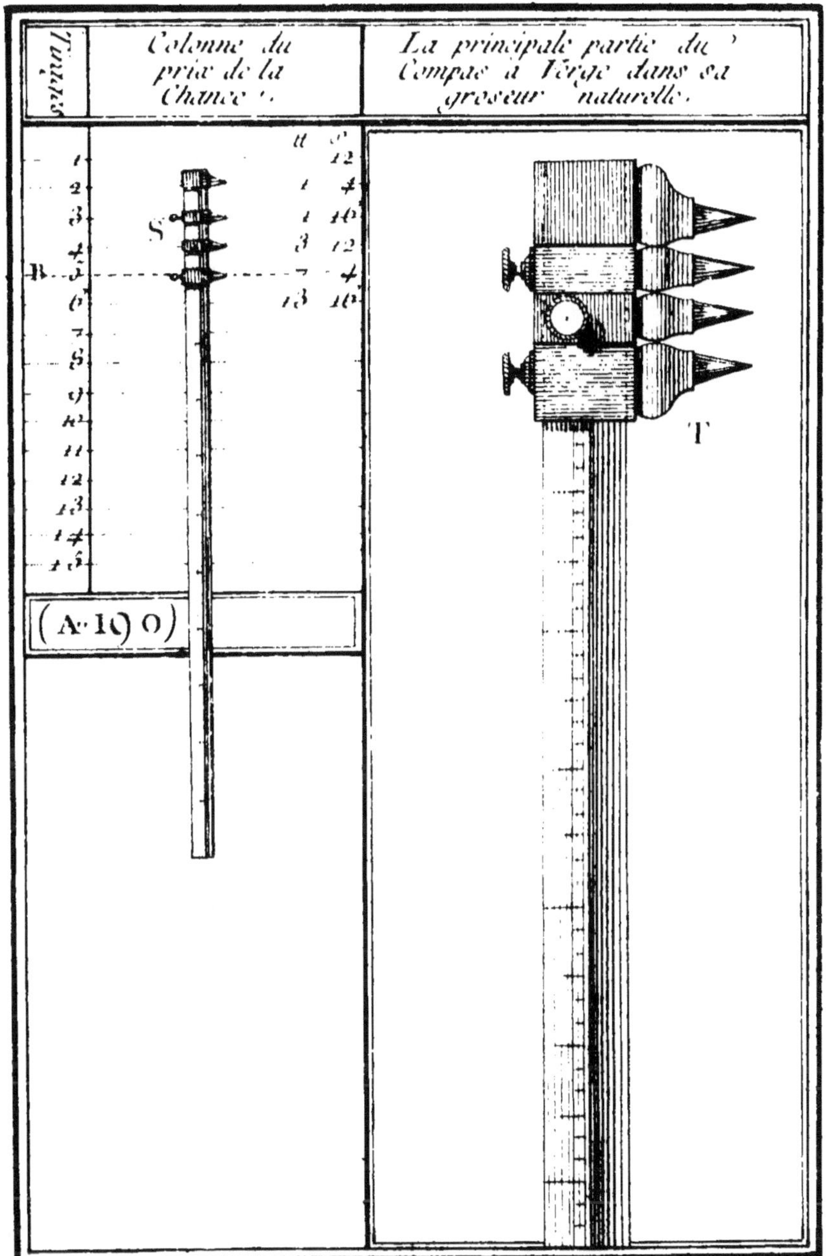
Colonne du prix de la Chance.
La principale partie du Compas à Verge dans sa grosseur naturelle.
S
T
(N. 10)

4

APPROBATION.

J'ai lu, par ordre de Monseigneur le Chancelier, un Manuscrit intitulé : *La Galerie des Combinateurs.* Cet Ouvrage m'a paru bien conçu & bien exécuté. A Paris le 18 Mai 1772.

MARIE.

PRIVILEGE DU ROI.

LOUIS, par la grace de Dieu, Roi de France & de Navarre : A nos amés & féaux Conseillers les Gens tenans nos Cours de Parlement, Maitres des Requêtes ordinaires de notre Hôtel, Grand-Conseil, Prévôt de Paris, Baillifs, Sénéchaux, leurs Lieutenants Civils, & autres, nos Justiciers qu'il appartiendra; SALUT. Notre amé le sieur GRÄFF, Nous a fait exposer qu'il désireroit faire graver & donner au Public, *La Galerie des Combinateurs;* s'il Nous plaisoit lui accorder nos Lettres de Privilege pour ce nécessaires : A CES CAUSES, voulant favorablement traiter l'Exposant, Nous lui avons permis & permettons par ces Présentes, de faire imprimer ledit Ouvrages autant de fois que bon lui semblera, & de le vendre, faire vendre & débiter par-tout notre Royaume pendant le temps de six années consécutives, à compter du jour de la date des Présentes : FAISONS défenses à tous Imprimeurs, Libraires & autres personnes, de quelque qualité & condition qu'elles soient, d'en introduire d'impression étrangere dans aucun lieu de notre obéissance; comme aussi d'imprimer ou faire imprimer, vendre, faire vendre, débiter, ni contrefaire ledit Ouvrage, ni d'en faire aucuns extraits, sous quelque prétexte que ce puisse être, sans la permission expresse &

par écrit dudit Expofant , ou de ceux qui auront droit de lui , à peine de confifcation des Exemplaires contrefaits , de trois mille livres d'amende contre chacun des contrevenants, dont un tiers à Nous, un tiers a l'Hôtel-Dieu de Paris , & l'autre tiers audit Expofant , ou à celui qui aura droit de lui. & de tous dépens , dommages & intérêts ; à la charge que ces Préfentes feront enregiftrées tout au long fur le Regiftre de la Communauté des Imprimeurs & Libraires de Paris , dans trois mois de la date d'icelles : que l'impreffion dudit Ouvrage fera faite dans notre Royaume & non ailleurs , en beau papier & beaux caracteres , conformément aux Réglements de la Librairie , & notamment à celui du dix Avril mil fept cent vingt-cinq ; a peine de déchéance du préfent Privilége ; qu'avant de l'expofer en vente, le Manufcrit qui aura fervi de copie à l'impreffion dudit Ouvrage , fera remis dans le même état ou l'Approbation y aura été donnée , ès mains de notre très-cher & féal Chevalier Chancelier Garde des Sceaux de France le Sieur DE MAUPEOU ; qu'il en fera enfuite remis deux Exemplaires dans notre Bibliotheque publique , un dans celle de notre Château du Louvre , & un dans celle dudit Sieur DE MAUPEOU : le tout à peine de nullité des Préfentes. Du contenu defquelles vous mandons & enjoignons de faire jouir ledit Expofant & fes ayant caufe , pleinement & paifiblement , fans fouffrir qu'il leur foit fait aucun trouble ou empêchement. Voulons que la copie des Préfentes , qui fera imprimée tout au long , au commencement ou à la fin dudit Ouvrage , foit tenue pour duement fignifiée , & qu'aux copies collationnées par l'un de nos amés & féaux Confeillers Secretaires , foi foit ajoutée comme à l'original. Commandons au premier notre Huiffier ou Sergent fur ce requis , de faire pour l'exécution d'icelles tous actes requis & néceffaires, fans demander autre permiffion , & nonobftant clameur de Haro , Charte Normande , & Lettres à ce contraires. CAR tel eft notre plaifir. DONNÉ à Paris le dixieme jour du mois de Juin , l'an de grace mil fept cent foixante-douze, & de notre Regne le cinquante-feptieme. Par le Roi en fon Confeil.

LE BEGUE.

Regiftré fur le Regiftre XVIII. de la Chambre Royale & Syndicale des Libraires & Imprimeurs de Paris , N°. 2135. fol. 664 , conformément au Réglement de 1723 , qui fait défenfes , Article IV, à toutes perfonnes de quelque qualité & condition qu'elles foient , autres que les Libraires & Imprimeurs de vendre, débiter, faire afficher aucuns livres pour les vendre en leurs noms, soit qu'ils s'en disent les Auteurs ou autrement, & à la charge de fournir à la susdite Chambre huit Exemplaires prescrits par l'Article 108 du même Réglement. A Paris ce 16 Juin 1772.

J. HERISSANT, *Syndic.*

De l'Imprimerie de L. F. DELATOUR.
1772.